电网调度典型事故处理与分析

孙骁强　范　越　白兴忠　等　编著

中国电力出版社
CHINA ELECTRIC POWER PRESS

内 容 提 要

为保证电力系统的安全、稳定运行，防止电力系统稳定破坏、电网瓦解、重大设备损坏和大面积停电。从调度运行的角度出发，分析各类典型事故处理原则，组织编写了《电网调度典型事故处理与分析》一书。

全书共分十一章，主要内容有调度运行管理，电力系统基本理论及基础知识，电力系统事故概述，电网异常及事故分析处理，电气设备异常及事故分析处理，继电保护、安全自动装置异常及故障分析处理，变电站、电厂交—直流系统异常及故障分析处理，梯级水电站调度运行及事故分析处理，调度自动化和通信系统异常及事故分析处理，电网典型事故和故障分析。

本书不仅可作为电力系统各级调度运行人员、技术人员和管理人员等学习、借鉴、培训之用，同时还可作为电力相关院校师生的参考用书。

图书在版编目（CIP）数据

电网调度典型事故处理与分析/孙骁强等编著. —北京：中国电力出版社，2011.3（**2020.1** 重印）

ISBN 978-7-5123-1129-9

Ⅰ.①电… Ⅱ.①孙… Ⅲ.①电力系统调度-事故-处理 ②电力系统调度-事故分析 Ⅳ.①TM73

中国版本图书馆 CIP 数据核字（2010）第 227621 号

中国电力出版社出版、发行
（北京市东城区北京站西街 19 号 100005 http://www.cepp.sgcc.com.cn）
三河市百盛印装有限公司印刷
各地新华书店经售

*

2011 年 3 月第一版 2020 年 1 月北京第五次印刷
787 毫米 X1092 毫米 16 开本 14.25 印张 345 千字
印数 8001—9000 册 定价 35.00 元

《电网调度典型事故处理与分析》
编 委 会

主　编　孙骁强　马晓伟

编　写　段乃欣　李　俊　薛　斌　褚云龙

江国琪　张小东　郑　力　王　鹏

谷永刚　任　冲　王世杰　向　异

彭明侨　张小奇　任　景　程　松

王智伟　杨　楠　贺元康　赵　鑫

周　鑫　冯　旭

前　言

随着我国电力事业的发展，电网规模越来越大，大型电力系统发生故障，如不能及时有效的控制和处理，将可能造成系统稳定破坏、电网瓦解、重大设备损坏和大面积停电，并给社会带来灾难性的后果。国外发生的美加大停电事故、莫斯科大停电事故等，均造成了严重的社会影响。近年来，国内虽然未发生大面积停电事故，但是仍然要防患未然，防止发生大面积停电事故。保证电力系统的安全、稳定运行，是从事电力系统生产管理、调度、运行人员的首要职责。

为及时总结经验教训，提高电力调度运行人员的工作责任心和业务素质，防止类似事故重复发生，编制《电网调度典型事故处理与分析》一书，以便电网各级调度运行部门相互交流、借鉴、学习，更进一步地做好电网的安全运行工作。

本书旨在通过研究和分析各种常见事故及典型电网事故，总结经验，并提出切实可行的处理原则及方法，有效地帮助调度运行人员提高自身理论水平、操作技能和事故处理能力。面向的主要对象为网、省级电力调度运行人员以及并网发电厂、变电站运行值班人员。

本书的编制从理论和实际运行两方面着手，侧重于电网运行，大体可分为调度运行管理，电力系统基本理论及基础知识，电力系统事故概述，电网异常及事故分析处理，电气设备异常及事故分析处理，继电保护、安全自动装置异常及故障分析处理，变电站、电厂交—直流系统异常及故障分析处理，梯级水电站调度运行及事故分析处理，调度自动化和通信系统异常及事故分析处理，电网典型事故和故障分析，涵盖了电力系统的各个方面。

本书的编写得到了西北电网有限公司的大力支持。在各级领导的关怀下，编写组的技术人员经过收集资料、分析事故、讨论交流，完成了本书的编写。

由于技术水平和时间有限，文中疏漏差错在所难免，希望读者批评指正。

编　者

2010 年 12 月

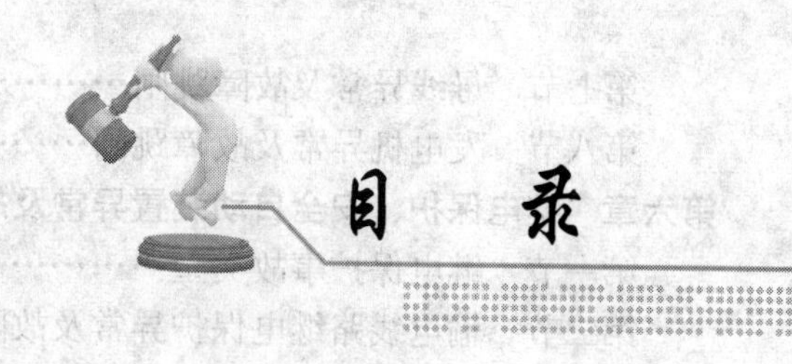

目录

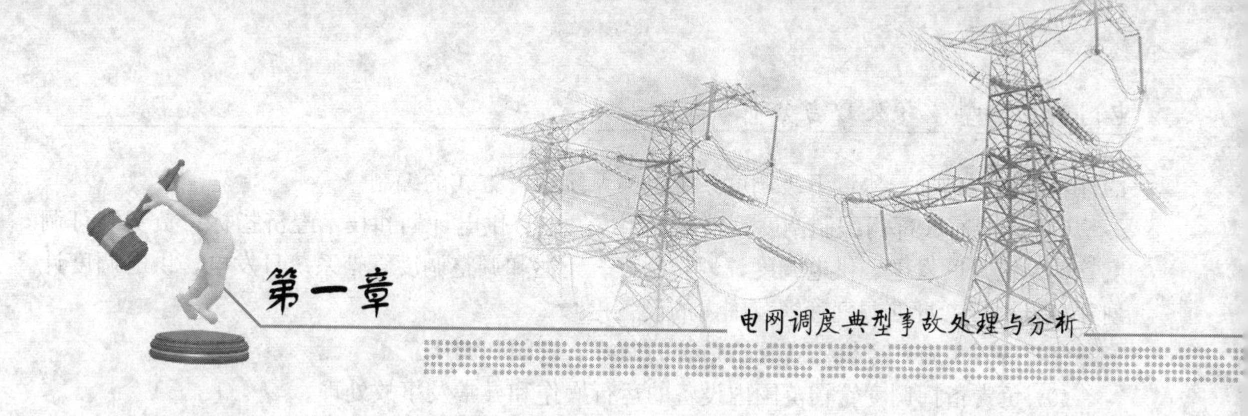

调度运行管理

第一节 电力系统调度控制的基本任务

《中华人民共和国电力法》规定，电网运行实行统一调度、分级管理；各级调度机构对各自调度管辖范围内的电网进行调度，依靠法律、经济、技术并辅之以必要的行政手段，指挥和保证电网安全、稳定、经济运行，维护国家安全和各利益主体的利益。《中华人民共和国电力法》明确了电力生产和电网运行应当遵守安全、优质、经济的原则。

一、电力调度的基本任务

调度管理的任务是组织、指挥、指导、协调电力系统的运行，保证实现下列基本要求：

(1) 按最大范围优化配置资源的原则，实现优化调度，充分发挥电网的发电、输电、供电设备能力，最大限度地满足社会和人民生活用电的需要；

(2) 按照电网的客观规律和有关规定使电网连续、稳定、正常运行，使电能质量（频率、电压和谐波分量等）指标符合国家规定的标准；

(3) 按照“公平、公正、公开”的原则，依有关合同或者协议，保护发电、供电、用电等各方的合法权益；

(4) 根据本电网的实际情况，充分且合理地利用一次能源，使全电网在供电成本最低或者发电能源消耗率及网损率最小的条件下运行；

(5) 按照电力市场调度规则，组织电力市场运营。

二、调度工作职责

(1) 负责调度管辖系统的调度管理；执行上级调度机构发布的调度指令；实施上级有关部门制定的相关标准和规定；制定并实施对下级调度的调度管理及考核办法。

(2) 主持制定调度管辖系统运行的有关规章制度和技术措施、规定并监督执行；负责调度管辖电力系统运行的技术指导和管理。

(3) 负责调度管辖系统的安全、优质、经济运行，按计划、合同或协议组织发电、供电。

(4) 针对调度管辖范围内运行中存在的问题，制订反事故措施，组织系统的反事故演习。

(5) 对调度管辖系统的继电保护、调度自动化和通信等进行归口管理。

(6) 组织编制和执行调度管辖范围内的电力系统运行方式；参加上级调度系统运行方式

的计算分析；指导、协调下级调度系统电力系统运行方式的编制。

（7）配合有关部门编制调度管辖系统年度发电、供电计划和技术经济指标；负责制订调度管辖系统月度发电、供电调度计划，制订、下达和调整调度管辖系统日发电、供电调度计划并监督执行；批准调度管辖范围内的设备检修。

（8）指挥实施并考核调度管辖系统的调峰、调频和调压。

（9）负责指挥调度管辖范围内设备的运行操作和异常及事故处理。

（10）负责划分下级调度单位的调度管辖范围；定期公布调度管辖范围的明细表。

（11）编制调度管辖内的新（改、扩）建设备的并网方案，参与签订并网协议；参加本系统与外系统联网方案的制订；参与组织系统新工程、新设备投产有关接入系统的工作。

（12）负责制订调度管辖系统事故限电序位表和超供电能力限电序位表，报人民政府批准后执行。

（13）负责水库流域优化调度、水库群联合优化调度和水火电联合优化调度；参与协调水电厂发电与防洪、灌溉、城市供水等方面的关系。

（14）参加系统规划、系统设计和有关工程设计的审查。

（15）负责调度管辖系统调度业务培训，负责调度对象的资格认证。

（16）负责审批调度管辖范围内厂（站）的命名和设备编号。

（17）行使上级批准（或者授予）的其他职权。

第二节　调度运行人员工作职责及岗位责任

全国各级电网调度部门调度运行人员设置有许多不同，国调及网调一般设 3 人值，省级电网调度一般设 2 人值，而且称呼也有许多差异。这里以西北电网调度运行人员工作职责及岗位责任为例进行说明。

一、调度长岗位工作标准

1. 职责

（1）调度值班长是当值电网运行的总指挥，负责领导本值工作；

（2）负责当值电力系统的运行操作、事故处理及保证系统安全、优质、经济运行；

（3）负责当值电力系统的调频、调峰、调压指挥；

（4）负责监督执行日调度计划，监视各省互供电情况，根据系统实际运行情况，有权修改日调度计划或采取其他有利于系统安全、优质、经济运行的措施；

（5）指挥调管范围内设备的倒闸操作，对电网事故处理负主要责任；

（6）审核操作票，发布操作指令，对调度指令正确性负责；

（7）批准当班内可以完工的临时检修申请或 24h 内可以完成的不影响系统正常供电的临时检修申请；

（8）正确使用调度室内通信、远动等设备，如发现故障应及时通知有关处室处理；

（9）填写交接班日志，主持交接班，并保持调度室内的整洁、肃静；

（10）执行领导指示，对系统中出现的重大问题应及时向有关领导汇报。

2. 任职条件

（1）文化程度：大学本科及以上。

(2) 专业技术：具有助理工程师及以上专业技术水平。

(3) 工作经历：从事调度运行专业 3 年以上，并经考试合格。

(4) 专业技能：具体要求如下。

1) 电力系统专业毕业，具有扎实的电力系统理论知识，掌握电力系统运行分析及操作；

2) 掌握有关调度专业规章制度、规程，了解国家有关电力系统建设和发展的方针、政策；

3) 具有丰富的调度运行经验，熟悉系统情况，熟练掌握电网正常运行调控及事故处理方法；

4) 掌握系统内继电保护及各类安全自动装置的原理及配置；

5) 掌握“EMS”的主要功能及调度室内通信与自动化装置的使用；

6) 熟悉电力市场、电网商业化运营知识；

7) 具有较强的文字和口头表达能力。

3. 考核标准

(1) 安全。

不发生本值的责任事故，杜绝一类障碍。

(2) 技术指标。

1) 本值全年频率合格率≥99.9%；

2) 本值调度命令票合格率达到 100%；

3) 本值调度运行日志合格率达到 100%；

4) 本值调度日报合格率达到 100%；

5) 本值 AGC 投运率≥90%。

(3) 文明建设。

1) 本值无违纪事故，未发生恶性事故；

2) 本值不发生违反调度纪律事件；

3) 保持调度室及调度员休息室环境整洁，达到调度中心规定要求。

4. 常规工作

(1) 执行领导指示，领导当值工作，按时完成任务，重大问题即时汇报；

(2) 执行相应电力系统调度规程、稳定规程和安规、事故调查规程有关部分，以及系统运行的有关规定，坚持“安全第一，预防为主，综合治理”的方针；

(3) 熟悉并掌握系统运行情况、运行原则和方式安排，执行日调度计划，根据具体情况可以修改日负荷曲线及系统运行方式，保证电网安全、经济、优质运行，负责审查次日调度计划和有关安全经济措施、方案；

(4) 严格执行操作制度和有关运行操作规定要求，依据检修工作批准时间按时正确地进行倒闸操作；

(5) 指挥系统频率调整，保证频率质量合乎规定标准；

(6) 正确、迅速地指挥系统事故处理，事故发生的 24h 内负责填写好处理报告，并参加事故分析；

(7) 根据系统方式变化要求，及时准确地调整系统一、二次运行方式，并针对薄弱环节和特殊方式进行事故预想；

(8) 充分利用发电、供电设备能力，按计划保证供应电网负荷需要，合理调度水电、火电资源；

(9) 负责监督各种运行记录、工作票、交接班日志、表报等的规范填写；

(10) 值班期间执行各项规章制度，坚守工作岗位，遵守值班制度；

(11) 坚持文明生产，执行文明生产规定，保持调度室肃静、整洁；

(12) 完成领导交办的其他工作。

二、正值调度值班员岗位工作标准

1. 职责

(1) 协助调度值班长做好电力系统的运行、操作和事故处理，保障电力系统安全且优质地发电、供电；

(2) 负责实施电力系统的调频、调峰、调压，保证电网电能质量符合国家标准；

(3) 负责日调度计划的执行，根据系统实际运行情况，有权修改日调度计划或采取其他有利于系统安全、优质、经济运行的措施；

(4) 指挥调管范围内设备的倒闸操作及事故处理，并及时填写事故报告；

(5) 拟定操作票，发布操作指令，在发布指令时，同值应互相监听，对调度指令的正确性负责；

(6) 批准当班内可以完工的临时检修申请或24h内可以完成的不影响系统正常供电的临时检修申请；

(7) 正确使用调度室内通信、远动等设备，发现故障，及时通知有关处室处理；

(8) 填写交接班日志，按时交接班，并保持调度室内的整洁、肃静；

(9) 执行领导指示，对系统中出现的重大问题应及时向有关领导汇报。

2. 任职条件

(1) 文化程度：大学本科及以上。

(2) 专业技术：具有助理工程师及以上专业技术水平。

(3) 工作经历：从事调度运行专业1～2年，并经考试合格。

(4) 专业技能：

1) 电力系统专业毕业，具有扎实的电力系统理论知识，熟悉电力系统运行分析及操作；

2) 掌握调度专业规章制度、规程；

3) 具有一定的调度运行经验，熟悉系统情况，掌握电网运行调控及事故处理方法；

4) 熟悉系统内继电保护及各类安全自动装置的原理及配置；

5) 掌握“EMS”的主要功能及调度室内通信与自动化装置的使用；

6) 了解电力市场、电网商业化运营知识；

7) 具有一定的文字和口头表达能力。

3. 考核标准

(1) 安全。

不发生本值的责任事故，杜绝一类障碍。

(2) 技术指标。

同调度长要求。

(3) 文明建设。

1) 本人无违纪事故，未发生恶性事故；

2）本人不发生违反调度纪律事件；

3）保持调度室及调度员休息室环境整洁，达到调通中心规定要求。

4. 常规工作

(1) 执行电力系统调度规程、稳定规程和安规、事故调查规程的有关部分，以及系统运行的有关规定，坚持“安全第一，预防为主，综合治理”的方针；

(2) 熟悉并掌握系统运行情况，运行原则和方式安排，保证电网安全、经济、优质运行，审查次日调度计划和有关安全经济措施、方案，根据系统方式变化进行事故预想；

(3) 值班期间接受调度值班长领导，并协助其工作；

(4) 协助调度值班长执行日负荷曲线，联系开停机，负责频率监视和调整；

(5) 负责监视电网运行状态，根据系统处下达的无功电压曲线合理平衡，保证电压质量合乎标准；

(6) 负责监视电网潮流分布并协助进行调整，保证潮流分布符合有关规定及要求，监督各省（区）按月度计划分配指标购电；

(7) 负责在16：00前下达次日日调度计划和答复检修申请，按时、正确、完整地制作负荷报表；

(8) 负责填写操作票，协助调度值班长正确进行系统各项操作，核对其发布的调度命令，及时处理模拟盘设备故障；

(9) 协助调度值班长处理系统事故，记录事故时频率、电压、出力变化等情况；

(10) 负责收集和统计电网运行的各类数据资料，整理当值的来往文件资料，监视调度室内的通信和自动化设备，发现异常及时通知有关人员处理；

(11) 协助调度值班长交班，补充交接遗漏事项；

(12) 完成调度值班长安排的其他工作。

三、副值调度值班员岗位工作标准

1. 职责

(1) 协助调度长或正值调度员指挥电力系统的运行、操作和事故处理，努力做到系统安全、优质及按计划发电和供电；

(2) 执行日调度计划，根据系统实际运行情况，经调度长同意后，有权修改日调度计划或采取其他有利于系统安全、优质、经济运行的措施；

(3) 指挥调管范围内设备的倒闸操作及事故处理，并及时填写事故报告；

(4) 拟订操作票，发布操作指令，在发布指令时，同值应互相监听，对调度指令的正确性负责；

(5) 批准当班内可以完工的临时检修申请或24h内可以完成的不影响系统正常供电的临时检修申请；

(6) 正确使用调度室内通信、远动等设备，如发现故障应及时通知有关处室处理；

(7) 填写交接班日志，按时交接班，并保持调度室内的整洁、肃静；

(8) 执行领导指示，对系统中出现的重大问题应及时向有关领导汇报；

(9) 完成调度长安排的其他工作。

2. 任职条件

(1) 文化程度：大学本科及以上。

（2）专业技术：具有助理工程师及以上专业技术水平。

（3）工作经历：调度员培训及现场实习1年，并经考试合格。

（4）专业技能：

1）电力系统专业毕业，具有扎实的电力系统理论知识，熟悉电力系统运行及操作；

2）掌握各类调度专业规章制度、规程；

3）具有一定的调度运行经验，熟悉系统情况，掌握电网正常运行调控及事故处理方法；

4）熟悉系统内继电保护及各类安全自动装置的原理及配置；

5）掌握“EMS”的主要功能及调度室内通信与自动化装置的使用；

6）了解电力市场、电网商业化运营知识；

7）具有一定的文字和口头表达能力。

3. 考核标准

（1）安全。

不发生本值的责任事故，杜绝一类障碍。

（2）技术指标。

同调度长的标准。

（3）文明建设。

1）本人无违纪事故，未发生恶性事故；

2）本人不发生违反调度纪律事件；

3）保持调度室及调度员休息室环境整洁，达到调通中心规定要求。

4. 常规工作

（1）执行相应电力系统调度规程、稳定规程和安规、事故调查规程有关部分，以及系统运行的有关规定，坚持“安全第一，预防为主，综合治理”的方针。

（2）值班期间熟悉并掌握系统运行情况、运行原则和方式安排，保证电网安全、经济、优质运行，审查次日调度计划和有关安全经济措施、方案，根据系统方式变化进行事故预想。

（3）值班期间接受调度长或正值领导，协助其工作。

（4）协助调度长执行日负荷曲线，联系开停机，负责频率监视和调整。

（5）负责监视电网运行状态，根据系统处下达的无功电压曲线合理平衡，保证电压质量合乎标准。

（6）负责监视电网潮流分布并协助进行调整，保证潮流分布符合有关规定及要求。监督各省（区）按月度计划分配指标用电。

（7）负责在16：00前下达次日日调度计划和答复检修申请。按时、正确、完整地抄报负荷。

（8）负责填写操作票，协助调度长正确地进行系统各项操作，核对其发布的调度命令，及时处理模拟盘设备故障。

（9）协助调度长处理系统事故，记录事故的频率、电压、出力变化等情况。

（10）负责正确收集和统计电网运行的各类数据资料，整理当值的来往文件资料，监视调度室内的通信和自动化设备，发现异常及时通知有关人员处理。

（11）协助调度长交班，补充交接遗漏事项。

第三节 各级调度运行管理权限划分

为了减少电力传输损耗，所有的大功率电力传输都采用高压传输。发电厂发出电能到用户，中间必须经过多级变压，从而产生多个电压级别，相应的电力系统地按照电压级别设立调度中心。

《电网调度管理条例》明确，调度机构分为五级，即国家调度机构，跨省、自治区、直辖市调度机构，省、自治区、直辖市级调度机构，省辖市级调度机构，县级调度机构，如图1-1所示。目前，国家电网公司系统已经建立了较完备的五级调度体系，分别是国家电力调度通信中心，简称国调；东北、华北、华东、华中、西北电力调度中心，简称网调；各省（直辖市、自治区）电力（网）公司电力调度中心，简称省调；还有270个地调和2000多个县调。

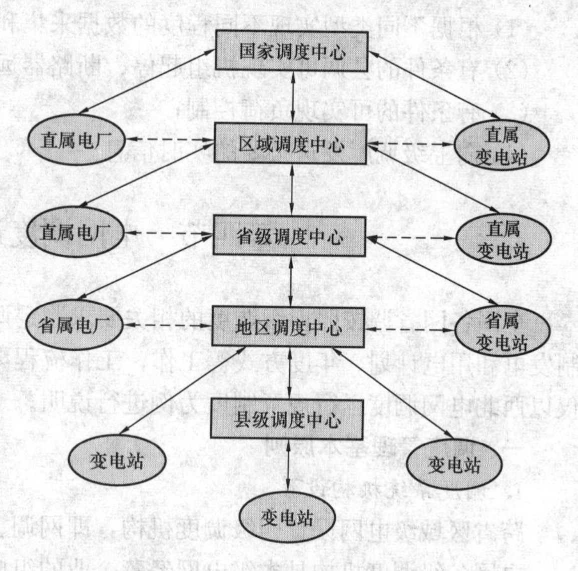

图1-1 电网调度控制分级图

一、国家级调度中心

国家级调度中心是我国电网调度的最高级，主要开展以下工作：

(1) 开展各大区网间和有关省网的调度指挥工作，对全国电网运行情况进行统计分析工作；

(2) 组织大区互联系统的潮流、稳定、短路电流及经济运行等分析；

(3) 开展中、长期安全且经济运行分析，并提出对策；

(4) 全国电网调度专业的管理工作。

二、区域级电网调度中心

区域级电网调度中心负责区域电网的安全优质经济运行，主要开展以下工作：

(1) 实现电网的数据收集和监控、经济调度和安全分析；

(2) 进行负荷预测，制订开停机计划、水火电经济调度日分配计划；

(3) 省（市）间和有关大区网的供售电量的计划编制和分析；

(4) 进行潮流、稳定、短路电流的经济运行分析计算。

三、省级调度中心

省级调度中心负责省网的安全运行，并按规定的发电、供电计划和监控原则进行管理，提高电能质量和经济运行水平。

(1) 实现电网的数据收集和监控。目前，省网有两种情况：独立网或大区内部与相邻省网相联，必须对电网中的开关状态、电压水平、功率进行采集计算，进行控制和经济调度。

(2) 进行负荷预测，制定开停机计划和水、火电经济调度日分配计划，编制地区间和省间有关网的供受电量的计划。

(3) 进行潮流、稳定、短路电流的经济运行分析计算。

四、地区调度中心

(1) 采集当地网的各种信息，进行安全监控；

(2) 进行有关站点（直接站点和集控站点）的远方操作，变压器分接头调节，电力电容器的投切等；

(3) 用电负荷和小电源的管理。

五、县级调度中心

县级调度中心按县网容量和厂站数分超大、大、中、小四级调度机构。

(1) 根据不同类型实现不同程度的数据采集和安全监视功能；

(2) 有条件的县调可实现机组起停、断路器远方操作和电力电容器的投切；

(3) 有条件的可实现负荷控制；

(4) 向上级调度发送必要的实时信息。

第四节　电网调度运行规章制度

全国各网省调按照上级调度的相关要求制定调度运行规章制度，开展调度专业管理、编制发电和用电计划、年度方式等工作，工作流程与内容大体一致，具体要求略有不同。这里仅以西北电网调度运行规章制度为例进行说明。

一、调度管理基本原则

1. 调度系统机构设置

跨省区域级电网设置四级调度机构，即网调、省调、地调、县调。

电网各级调度机构是本级电网经营企业的组成部分，既是生产运行单位，又是电网运行的职能机构，依法在电网运行中行使调度权。

2. 调度管理基本原则

根据统一调度、分级管理的原则，区域级电力调度通信中心（以下简称网调）依法对调度管辖系统实施调度管理，对电网的运行和操作进行组织、指挥、指导和协调，保证实现下列基本条件：

(1) 按照电力系统客观规律和有关规定使全网连续、稳定、正常运行，使电网的供电质量符合国家规定的标准；

(2) 按资源优化配置的原则，结合本网实际情况，充分发挥电网内发电、输电、变电设备的能力，合理利用一次能源，降低全网的运行成本，最大限度地满足社会发展及人民生活对电力的需求；

(3) 坚持“统一调度、分级管理”和“公平、公正、公开”的调度原则，依据有关协议或合同，维护各方合法权益。

网调是其调度管辖系统的最高调度指挥机构，各级调度机构在调度业务活动中是上下级关系，下级调度机构必须服从上级调度机构的调度，当危及主网运行安全时，网调有权越级调度。各发电、输电、配电、变电、用电单位对维护电网的安全、经济运行均负有相应责任。

二、电网的调峰、调频、调压

1. 系统调峰

电网调峰工作由网调统一安排、负责。

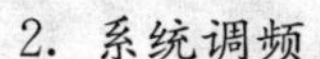

2. 系统调频

电网额定频率是 50.00Hz，在正常情况下，网调指定第一调频厂负责调频，网调的AGC采用定频率控制方式，或由各省分别负责调频，各省的AGC设定联络线功率＋频率偏差控制方式。

3. 系统调压

电网无功电压工作按照调管范围实行网调、省调、地调的分层、分区、分级管理。网调负责调管范围内电网母线电压的监视和调整，负责定期向调管厂站下达无功电压调度曲线，并进行无功电压的统计、考核及无功电压管理工作。

各直调发电厂按照网调下达的电压曲线进行监视，并调整发电机的无功出力。各变电站为电压监视点，当发现电压超出规定的电压曲线时，有调整能力的先进行适当的调整，无调整能力的汇报网调当值调度员进行调整。

网调调度员根据系统实际情况进行合理的调整。目前，主要采取的手段为发电机调压、投退高低压电抗器、电容器组、改变系统潮流分布、停运轻载线路等。

三、发用电计划的调度管理

1. 年度电量调度计划

每年 12 月份，网调根据全网年度电量计划，结合水情预测、负荷预测、火电厂年度上网协议（上网电量计划）等，经全网平衡后确定下年度电网分月电量调度计划，主要包括各水库分月运用计划、各直调电厂分月发电计划、各省（区）际间购电计划。

2. 月度电量调度计划

月度电量计划以年度计划确定的月度分解计划为基础，当水情及综合利用的要求变化时，应根据电网情况相应修改当月电量计划。

每月 23 日前，网调向各省调、直调厂通报次月计划。

每月 25 日前各省调根据网调的计划安排向网调提交调整申请，包括次月需要调整的分段电量及电价，与其他省达成交易的电量与电价，省负荷预测、省调调管的发电量计划、对直调厂发电量的意见。

网调经平衡后，28 日前向各省调、直调厂公布次月调度计划，包括以下内容：

(1) 省购电计划。

(2) 直调厂发电量计划。

(3) 水库运用计划。

(4) 调整电量计划。

(5) 日电力电量调度计划。每天 12：00 前，各省调向网调提交次日省调建议日计划曲线，包括预测用电负荷曲线，省调调管的发电负荷曲线、开机方式、可调出力等信息。网调经平衡后，于 16：00 前向各省调下达次日省际购电负荷曲线等，向各直调电厂下达发电负荷曲线，并作为次日电网运行的依据。

四、互供电调度管理

本着“公开、公平、公正”的调度原则，优先、合理安排水电等可再生能源的能源政策，利用市场机制进行适当调整，促进电网整体资源的优化利用。各省按市场机制自主协商与其他省的电力电量交换，报网调进行安全校核后，由网调实施其电力电量的交换。

网调依据发电、购电、送电方签订的协议和确定的年度生产计划、月度分解计划，在考虑电网发电及电气设备检修的基础上，逐月、逐日安排调度计划。

各直调厂在将实际抄表电量扣除受罚电量后与所在省公司按月结算。省际间发生的送购电量，按送购双方事先签订的包括送购电量和电价、违约处理办法等内容在内的送购电协议结算。

五、年度运行方式编制及管理

网调方式处负责电网年度运行方式的组织编制，并协调各省区电网年度运行方式的编制工作，根据对本年度电网运行数据的分析及下一个年度出力、负荷、电网的发展，预测下一个年度电网电力电量水平，开展电网的潮流、稳定、无功优化、网损、短路电流、工频过电压等理论计算，研究系统的存在问题，提出解决问题的方法，例如提出稳定运行的技术措施、控制方案，无功优化方案、补偿设备的装设及投退，高压电抗器运行规定，提出技术降损措施，电网短路电流水平。参与电网建设规划与设计审查工作，负责编制调管范围内新扩建设备接入系统的起动方案，负责组织安排系统试验，例如大机组的进相试验、提高系统输送能力的电力系统稳定器PSS系统试验、稳控装置的系统试验等。对系统中重大检修方式进行相关的理论计算，提出相应的运行控制值及方式上应该注意的事项，编制及修订《电力系统稳定运行规程》、《无功电压管理规定》、《网损管理规定》、《新设备接入系统规定》等，并依此对电网运行方式中稳定运行、无功电压、网损、新设备进行管理。

六、调度自动化系统

调度运行监控大部分使用EMS系统，它不仅能满足对电网进行实时安全监视、越限告警、事件记录、事故追忆、报表曲线生成与打印等功能，还具备自动发电控制（AGC）、状态估计（SE）、调度员潮流（DPF）、调度员培训（DTS），负荷预测等高级应用功能，满足了电网调度控制复杂程度越来越高对调度自动化的要求。

按照国家电力调度通信中心的要求，各级调度机构投运了操作管理系统（OMS），包括电调、水调、继电保护、运行方式、通信、自动化、综合办公等7个子系统，具有办公自动化、统计、报表生成、业务流程管理等功能。

七、继电保护管理

1. 主网保护配置

一般设备均配置双套主保护，并大部分采用微机保护，配置微机故障录波装置，为分析电网事故提供重要的依据。

2. 继电保护专业管理

调度中心继电保护专业主要进行如下工作：

(1) 定期编制调管范围内系统继电保护的整定方案。

(2) 定期对管辖系统继电保护动作情况进行统计分析。

(3) 对网内复杂保护装置的不正确动作，组织有关单位进行调查、分析、检查，作出评价，制订对策，定期修编反事故措施，并监督执行。

(4) 负责反映各类产品质量、运行及管理状况，对运行中的设备存在的缺陷提出处理意见，协助用户单位与生产厂家的关系。

八、安全管理

安全工作是电网调度永恒的主题，坚持“安全第一，预防为主，综合治理”的方针，主要从以下几个方面开展：

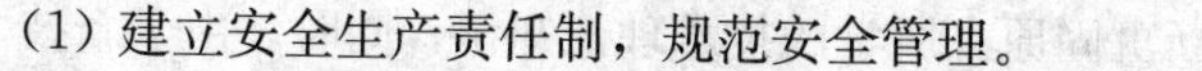

(1) 建立安全生产责任制，规范安全管理。

制定了《安全生产责任制》、《安全生产检查制度》、《安全生产劳动竞赛制度》、《安全考核奖罚规定》及消防、保卫等一系列的规章制度，使安全工作逐步走上规范化、程序化管理。

(2) 完善安全网络，落实安全责任。

建立安全网络体系，明确工作职责。规定网调中心主任是中心第一安全责任人，各处、室主要负责人为本部门第一责任人。各副职、安监工程师、安全员及重要岗位的专责都要承担相应的安全责任。全网调中心实行安全风险抵押金制度，使安全与每个人的利益相挂钩。

(3) 坚持安全学习、培训教育。

坚持每月一次的安全学习，组织全体职工认真学习安全工作会议精神，电网事故通报，提高全体职工的安全意识，并有针对性地开展安全培训教育。

(4) 定期开展安全活动，把安全工作放到重要议事日程上。

(5) 开展事故预想，制定防范措施，组织反事故演习，不断提高电网安全管理水平。

针对特殊运行方式和季节变化特点，提出各类事故预想和反事故措施，各专业基本上做到了每月组织一次反事故演习，每年组织一次全网联合反事故演习，使安全防范工作做到超前思维。

九、经济调度

全网的经济调度工作主要表现在水库经济调度工作方面，目前，主要从以下3个环节开展水库经济调度工作：

(1) 合理安排安康水库运行方式，努力增发季节性电能。

(2) 加强实时监控，降低水电厂耗水率。

(3) 充分发挥流域梯级水库补偿作用。

十、值班员培训

1. 调度值班人员的岗前培训

对于新进入公司担任调度岗位的员工，一般要进行1年的上岗前实习培训，分以下5个步骤：

(1) 认识实习，一般为1～3个月，主要针对电网的基本情况、调度运行各种法律、法规、规程、规定进行学习。

(2) 现场实习，6～10个月，主要是熟悉电力生产的全过程。

(3) 跟班实习，1～3个月，主要是熟悉调度员日常的工作内容。

(4) 上岗考核，考核包括笔试与口试两部分，由调度中心主任（总工程师）主持，其他专业部门人员参加，共同进行。考核合格后，批准上岗。

(5) 监护值班，上岗后1个月内，属于监护值班阶段。在此阶段内，新上岗的调度员不具备调度指令权，但可以进行值班期间一般的工作联系。监护值班结束后，直接转为正式调度值班员。

2. 调度值班员的岗位培训

目前，调度值班员的岗位培训主要通过以下2个方面进行：

(1) 业务理论学习。

调度值班人员在上岗后，要求不断巩固原来所学的技术理论知识，同时，由于新技术的发展，还需要不断扩大、更新自己的知识领域，以满足电网发展的需要。

(2) 新下现场学习。

调度值班人员在值班一段时间后，重新到现场学习，可以做到理论与实际相结合，可以加深对整个电网的认识水平。同时，由于新投发电厂、变电站的增加，也需要调度值班人员对现场设备有进一步的了解。

电力系统基本理论及基础知识

第一节 基 础 知 识

一、电路基础知识

1. 同步发电机

同步发电机就是将定子绕组按A、B、C三相顺序，彼此在空间相距120°排列，由转子磁场旋转，并不断切割定子绕组，从而在三个绕组中分别产生频率相同、幅值相等、三者在相位上相差120°的正弦交流电动势，当它们经负载形成闭合回路时，在回路中流动的电流就为三相交流电。交流电的大小和方向都是随时间做周期性变化的，通常的交流电是按正弦规律或余弦规律变化的，它的频率一般是50Hz，即每秒变化50次。

2. 交流电的数学表达式

在电压和电流都为正弦波形，负荷为线性时，电压和电流的瞬时值表达式可写为

$$u=\sqrt{2}U\sin\omega_1 t \tag{2-1}$$

$$\begin{aligned} i&=\sqrt{2}I\sin(\omega_1 t-\varphi)\\ &=\sqrt{2}I\cos\varphi\sin\omega_1 t-\sqrt{2} \end{aligned} \tag{2-2}$$

式中：U为电压的有效值；I为电流的有效值；φ为电流滞后电压的相角。

瞬时功率p为

$$\begin{aligned} p=ui&=2UI\sin\omega_1 t\sin(\omega_1 t-\varphi)\\ &=UI\cos\varphi(1-\cos2\omega_1 t)-UI\sin\varphi\sin2\omega_1 t \end{aligned} \tag{2-3}$$

有功功率P为

$$\begin{aligned} P&=\frac{1}{T}\int_0^T p\mathrm{d}t=\frac{1}{T}\int_0^T UI[\cos\varphi+\cos(2\omega_1 t-\varphi)]\mathrm{d}t\\ &=UI\cos\varphi \end{aligned} \tag{2-4}$$

当$\cos\varphi>0$时，表明该网络吸收有功功率；$\cos\varphi<0$时，表明该网络发出有功功率。常用的有功功率的单位为瓦（W）、千瓦（kW）、兆瓦（MW）等。

无功功率Q为

$$Q=UI\sin\varphi \tag{2-5}$$

当$\sin\varphi>0$时，该端口“吸收”无功功率；当$\sin\varphi<0$时，该端口“发出”无功功率。常用无功功率的单位为乏（var）、千乏（kvar）、兆乏（Mvar）等。

3. 电压

电压就是电网中两点间（如两相间的线电压和阻抗回路首末两点的电压降）或某一点对地（如相对地间的相对电压）的电动势差的数值，是标志电网运行状态（安全、经济）的重要运行标志。

电力线路输送的功率一定时，输电电压越高，线路电流越小，导线载流部分的截面积越小，投资也越小；但电压越高，对绝缘的要求越高，杆塔、变压器、断路器等的投资也越大。综合考虑这些因素，对应一定的输送功率和输送距离有一个最合理的线路电压。但是，从设备制造角度考虑，为了保证产品的系列性，应规定标准的电压等级。相邻电压等级之比不宜过小，一般在2左右。我国规定的电力网标准电压等级即是指线路的额定电压，主要有3、6、10、35、(60)、110、(154)、220、330、500、750、1000kV等。

一般来说，500、330、220kV多半用于大电力系统的主干线；110kV既用于中小电力系统的主干线，也用于大电力系统的二次网络；35kV既用于大城市或大工业企业内部网络，也广泛用于农村网络；10kV则是最常用的更低一级配电电压；只有负荷中高压电动机的比重很大时，才考虑用6kV配电的方案。显然，这种划分不是绝对的，也不是一成不变的，随着系统的扩大，更高一级电压的出现，原电压级有可能退居到次一级电网中使用。

在运行中，必须按照规定的电压质量标准，将电压偏差限制在允许的范围内。我国在《供电营业规则》中规定，用户受电端的电压偏差应满足以下要求：

(1) 35kV及以上电压供电的用户，允许偏差为额定值的±5%。

(2) 10kV及以下高压供电和低压电力用户，允许偏差为额定值的±7%。

(3) 低压照明用户，允许偏差为额定值的5%～10%。

4. 频率

电网的频率是指交流电每秒变化的次数，在稳定条件下各发电机同步运行，整个电网的频率相等，是一个全系统一致的运行参数。我国电网的频率额定值为50Hz（国外部分国家为60Hz），即交流电每秒变化50次。

目前，工业发达国家的频率质量都很高，规定的允许偏差一般在±0.2Hz以内，但实际运行的偏差一般不超过±0.1Hz。我国的标准规定：

(1) 我国电网频率正常为50Hz，对电网容量在3000MW及以上者，偏差不超过±0.2Hz。

(2) 对电网容量在3000MW以下者，偏差不超过±0.5Hz。

二、电力系统基础知识

发电厂是把各种天然能源，如燃料的化学能、水能、核能、风能等转化成电能的工厂。发电厂所发出的电能一般还要由变电站升压，经高压输电线路输送，再由变电站降压后供给各种不同用户使用。

1. 发电厂的类型

发电厂的类型一般是根据能源来分类的。目前，在电力系统中，起主导作用的为水力发电厂（站），火力发电厂和核能发电站。

(1) 水力发电站。

水力发电站是利用河流所蕴藏的水能资源来发电的。水能资源是最洁净、价廉的能源。根据水利枢纽布置的不同，水力发电站又可分为堤坝式水电站、引水式水电站和抽水蓄能式水电站等。

1）堤坝式水电站。在河床上的适当位置修建拦河坝，将水积蓄起来以形成水位差进行发电。这类水电站又可分为坝后式水电站和河床式水电站两类。

坝后式水电站的厂房建在大坝的后面，全部水头压力由坝体承受，坝后式水电站适合于高、中水头的情况。

河床式水电站的厂房和挡水堤坝连成一体，厂房也起挡水作用，由于厂房就修建在河床中，故称为河床式水电站。河床式水电站的水头一般较低，大多在 30m 以下。

2）引水式水电站。这种水电站建筑在山区水流湍急的河道上或河床坡度较陡的地段，由引水渠道提供水头且一般不需要修筑堤坝，只修低堰即可。

3）抽水蓄能式电站。抽水蓄能式电站是一类较为特殊形式的电站，既可以抽水，又可以发电。当电力系统处于低负荷时，系统会有多余出力，此时抽水蓄能式电站机组就以电动机—水泵方式工作，将下游水库的水抽至上游水库蓄存起来，当系统用电高峰到来时，机组则按水轮机—发电机方式运行，以满足系统高峰用电（调峰）的需要。此外，抽水蓄能式电站还可以用于调频、调相、系统备用容量和生产季节性电能等多种用途。

（2）火力发电厂。

以煤炭、石油、天然气等为燃料的发电厂称为火力发电厂。火力发电厂中的原动机大部分为汽轮机，也有少数采用柴油机或燃气轮机。火力发电厂按其工作情况不同又可分为：

1）凝汽式火电厂。在这类发电厂中，燃料燃烧时的化学能被转换成热能，再借助汽轮机等热力机械将热能转换成机械能，经由汽轮机带动发电机将机械能转换为电能。已做过功的蒸汽排入凝汽器内冷却成水，又重新送回到锅炉使用。由于在凝汽器中，大量的热量被循环水带走，所以这种火电厂的效率很低，即使在现代高温、超高压的火电厂，其效率也只能达到 37%～40%。

2）热电厂。热电厂与火电厂不同之处主要在于汽轮机中一部分做过功的蒸汽，从中间段抽出来供给用户，或经热交换将水加热后，把热水供给用户。热电厂通常建在热用户附近，除发电外还向用户供热，这样就减少了被冷却循环水带走的热量损失，从而提高了效率。现代热电厂的总效率可高达 60%～70%。

（3）核能发电站。

核能发电的基本原理是利用核燃料在反应堆内发生核裂变释放大量热能，由冷却剂带出，在蒸汽发生器中将水加热为蒸汽，然后与一般火电厂一样，用蒸汽推动汽轮机，再带动发电机发电。冷却剂在把热量传给水后，又被泵打回反应堆里去吸热，这样反复使用，不断地把核裂变释放的热能引导出来。

（4）其他类型发电站。

利用其他一次性能源发电的还有风力发电、潮汐发电、沼气发电、太阳能发电等。这些发电站的容量一般不大，是电力系统的一种补充，但这些电站在特定情况下，尤其是在交通不便的偏僻农村，能发挥很大的作用。

2. 变电站的类型

变电站是联系发电厂和用户的中间环节，起着变换和分配电能的作用。在电力系统中，变电站按其在系统中的地位和供电范围分成以下几种类型。

（1）枢纽变电站。

枢纽变电站位于电力系统的枢纽点，连接电力系统高压和中压的几个部分，汇集多个电源，容量较大，且电压等级较高为220～750kV等。

(2) 中间变电站。

中间变电站处于发电厂和负荷中心的中间，高压侧以穿越功率为主，在系统中起交换功率的作用，或使高压长距离输电线路分段。中间变电站除供系统交换功率外，同时还降低电压供给所在地区用户用电，这类变电站一般汇集2～3个电源，电压等级多为220kV。

(3) 地区变电站。

地区变电站的高压侧一般为110～220kV，低压侧一般为10～110kV，主要对地区用户供电，所以这类变电站是一个地区或城市的主要变电站，若全站停电，仅该地区中断供电，影响面较小。

(4) 终端变电站。

终端变电站位于输电线路的终端，接近负荷点，高压侧一般为10～110kV，经降压后直接向用户供电，若全站停电只是用户受到损失，影响较小。

3. 电力系统稳定

电力系统在受到扰动后，凭借系统本身固有的能力和控制设备的作用，恢复到原始稳态运行方式，或者达到新的稳态运行方式。一般用以表示发电机组对系统或系统对系统间的同步运行稳定。电力系统稳定与扰动的大小、经受扰动的时间、系统的结构与运行方式、电力系统各元件的参数、各种调节和控制装置的性能等很多因素有关。保证电力系统稳定是电力系统正常运行的必要条件。只有在保持电力系统稳定的条件下，电力系统才能不间断地向各类用户提供符合质量要求的电能。

同步发电机的转速决定于作用在其轴上转矩的平衡，当转矩平衡变化时，转速也将发生相应的变化。正常运行时，原动机的功率与发电机的输出功率是平衡的，从而保证了发电机以恒定的同步转速运行。对于电力系统中并列运行的所有发电机组来说，这种功率的平衡状况是相对的、暂时的。由于电力系统的负荷随时都在变化，甚至还有偶然事故的发生，因此随时都将打破这种平衡状态，发电机将因输入/输出功率的不平衡而发生转速的变化。在一般情况下，由于各发电机组的这种功率不平衡的程度不同，因此转速变化的规律也不同，有的变化较大，有的变化较小，甚至导致一部分发电机加速时，另一部分发电机减速，从而在各发电机组转子之间将产生相对运动。电力系统中各同步发电机只有在同步状态下运行才是稳定运行状态；相反，如果电力系统中并联运行的各发电机间不能保持同步，则各发电机送出的电功率将不是定值，全系统各节点的电压及支路的功率也不再保持定值，都将发生很大的波动。如果不能使系统中各发电机间恢复同步运行，系统将持续地处于失步状态，即该系统将失去稳定的状态。

一般对电力系统暂态稳定性的研究限制在大干扰后几秒钟内。但是，在现代电力系统中有各种自动调节装置，它们对各种干扰自动地做出各自的反应。所以，在这些系统中，一个干扰的全部影响有时要在它发生几秒钟甚至更长的时间以后才能反映出来。这种在受到小的或大的干扰后，在发电机本身的阻尼、自动调节、控制装置的作用下，使电力系统的振荡衰减，保持较长过程稳定性的能力也称为电力系统动态稳定。对于这种较长时间的稳定性研究，有时需要考虑一般暂态稳定研究中不考虑的那些系统元件的动态特性，例如锅炉、原子反应堆、水电厂压力管道、继电保护和系统调节装置等（如调频和功率调节装置）元件。在一定的系统参数、运行方式和调节方式下，不涉及系统的非线性特性，一般可用研究静态稳

定的方法来进行研究，所以广义的静态稳定也包括这类情况。

4. 电力系统的三道防线

三道防线是指在电力系统受到不同扰动时，对电网保证稳定、可靠供电方面提出的要求。

(1) 当电网发生常见的、概率高的单一故障时，电力系统应当保持稳定运行，同时保持对用户的正常供电。

(2) 当电网发生了性质较严重，但概率较低的单一故障时，要求电力系统保持稳定运行，但允许损失部分负荷（或直接切除某些负荷，或因系统频率下降，负荷自然降低）。

(3) 当电网发生了罕见的多重故障（包括单一故障，同时继电保护动作不正确等）时，电力系统可能不能保持稳定运行，但必须有预定的措施以尽可能地缩小故障影响范围和缩短影响时间。

第二节 典型电气主接线

一、3/2 断路器接线

通常在 330～500kV 配电装置中，当进线为 6 回及以上时，配电装置在系统中具有重要地位，则宜采用 3/2 断路器接线。

如图 2-1 所示，每 2 个元件（出线、电源）用 3 台断路器构成一串接至 2 组母线，称为 3/2 断路器接线，又称 3/2 接线。在一串中，2 个元件（进线、出线）各自经 1 台断路器接至不同母线。两回路之间的断路器称为联络断路器。

运行时，两组母线和同一串的 3 台断路器都投入运行，称为完整串运行，形成多环路状供电，具有很高的可靠性。其主要特点是，任一母线故障或检修，均不致停电；任一断路器检修也不引起停电；甚至在于 2 组母线同时故障（或一组母线检修另一组母线故障）的极端情况下，功率仍能继续输送。一串中任何一台断路器退出或检修时，这种运行方式称为不完整串运行，此时仍不影响任何一个元件的运行。这种接线运行方便、操作简单，隔离开关只在检修时作为隔离带电设备使用。

二、双母线接线

双母线接线（见图 2-2）具有供电可靠，检修方便，调度灵活和便于扩建等优点。但是，

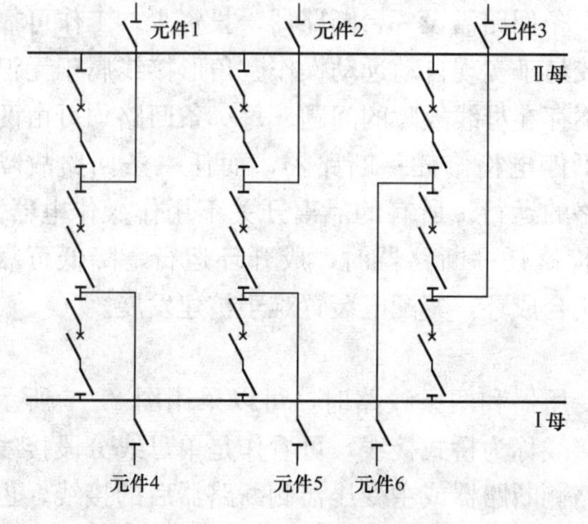

图 2-1 3/2 断路器接线

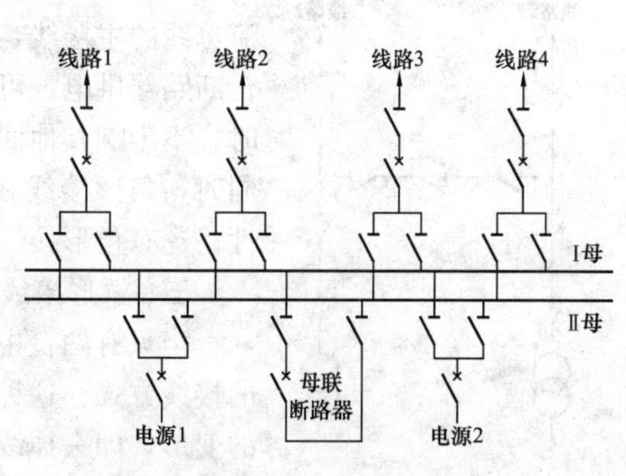

图 2-2 双母线接线

双母线接线存在一些缺点：这种接线所用设备多（特别是隔离开关），配电装置复杂，经济性较差；在运行中，隔离开关作为操作电器，容易发生误操作，且实现自动化不便；在任一线路断路器检修时，该回路仍需停电或短时停电，但可用旁路或母联断路器代替其工作；尤其当母线系统故障时，须短时切除较多电源和线路，这对特别重要的大型发电厂和变电站是较少采用的。

三、双母线分段接线

用分段断路器将工作母线分为 A 段和 B 段，每段工作母线各自的母联断路器与备用母线相连，电源和出线回路均匀地分布在两段工作母线上。

双母线分段接线有较高的可靠性和灵活性，当一段工作母线发生故障后，在继电器保护作用下，分段断路器先自动跳开，而后将故障段母线所连的电源回路的断路器跳开，该段母线所连的出线回路停电；随后，将故障段母线所连的电源回路和出线回路切换到备用母线上，即可恢复供电。这样，只是部分短时停电，而不必全部短期停电。

双母线分段接线被广泛应用于发电厂的发电机电压配电装置中，同时在 220～500kV 的大容量配电装置中，不仅常采用双母线单分段接线，也有采用双母线双分段接线的，如图 2-3 所示。

四、角形接线

角形接线又称环形接线，其接线形式如图 2-4 所示。角形接线中，断路器数等于回路数，且每条回路都与两台断路器相连接，即接在“角”上。

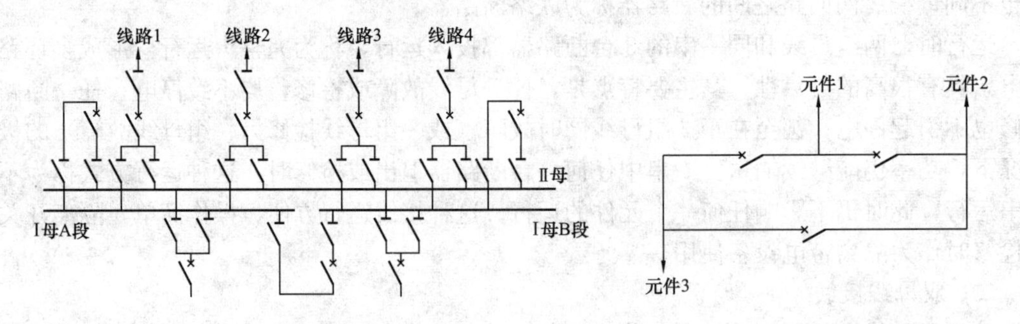

图 2-3　双母线分段接线

图 2-4　角形接线

角形接线的经济性较好，这种接线平均每一条回路需设一台断路器，投资少；工作可靠性与灵活性较高，较易于实现自动远动操作。角形接线属于无汇流母线的主接线，不存在母线故障的问题。每一条回路均可由两台断路器供电，可不停电检修任一断路器，而任一条回路故障时，不影响其他回路的运行。所有的隔离开关不用作操作电器。同时，角形接线在检修任一断路器时，成开环运行，降低可靠性；还有角形接线闭合成环，其配电装置难于扩建发展。

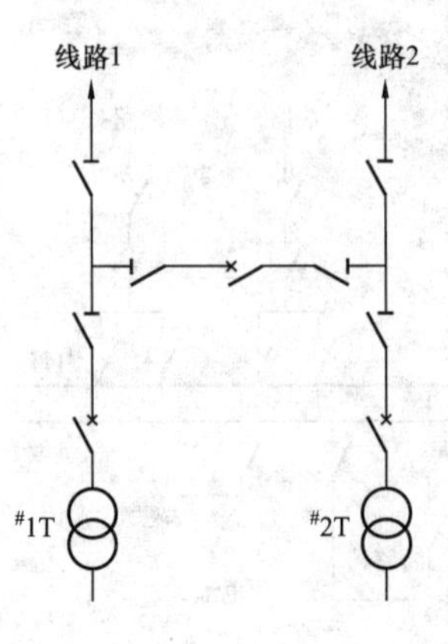

图 2-5　桥形接线

五、桥形接线

当只有两台主变压器和两条线路时，可以采用图 2-5 所示的接线方式。这种接线称为桥式接线，可看作是单母线分段接线的变形，即去掉线路侧断路器或主变压器侧断路器后的接线，也可看作是变压器—线路单元接线的变形，即在两组变压器—线路

单元接线的升压侧增加一横向连接桥臂后的接线。

桥式接线的桥臂由断路器及其两侧隔离开关组成，正常运行时处于接通状态。

第三节　电气设备结构及原理

一、发电机

发电机是构成电力系统的最基本部分，企业生产、居民用电使用的电力（有功功率）都是由发电机发出的，也可以说没有发电机的存在和发展就没有电力系统和现代社会的发展。

1. 发电机基本结构

发电机分为卧式和立式两种，汽轮发电机一般为卧式，水轮发电机一般为立式。发电机主要由以下三大部分组成。

(1) 发电机转子铁芯绕组。在正常工作时，发电机转子铁芯和绕组高速旋转（汽轮发电机转速 3000r/min)，因此称为转子。在转子绕组中通入直流电流，因此形成了一个电磁铁。电磁铁有 S 极和 N 极，在周围空间中形成磁场，高速旋转的电磁铁（转子）就形成了高速旋转的磁场。

(2) 定子铁芯和定子绕组。运行时定子绕组是不动的，因此称为定子。定子铁芯主要提供磁的通路，定子绕组受磁通变化的影响会感应出电势，若垫子绕组外连接导线、接上负荷，就会产生电流，从而向外提供功率。

(3) 氢气冷却系统。发电机在运行时，导线中流过电流、铁芯有损耗、摩擦发热等，造成温度升高，因此必须外加冷却物质（氢气）通过发电机绕组、铁芯等部位，使其得到冷却。

2. 发电机工作原理

根据法拉第电磁定律，当导电体在一定的磁场中移动时，导电体的两端将产生电动势。或者说，一个导电体处于变化的磁场中时，其两端也将产生变化的电动势。在发电厂内，首先把各种能量转换为作用在发电机的转轴上的机械能，这种能量包括水能、热能等。在火电厂里，当把蒸汽送入汽轮机时，汽轮机叶片受到蒸汽推动而转动，于是发电机的转轴受到机械转矩作用而高速旋转。同时，在绕于发电机转轴上的绕组（称为转子绕组）中通入直流电流，就会在周围空间中形成一定的磁场，磁场分 S 极和 N 极两极，就像一块在空间中旋转的磁铁，形成一个旋转的磁场。发电机定子由铁芯和定子绕组组成，包围在转子的外面。在发电机转子旋转时，磁场是旋转的，于是就有变化的磁力线切割定子绕组，由此定子绕组中就有感应电动势产生，形成了发电机的端电压，如图 2-6 所示。如果这时在发电机定子绕组出线端接上一个用电设备，就有电流产生，电压和电流的乘积就构成了发电机向外输出的功率。

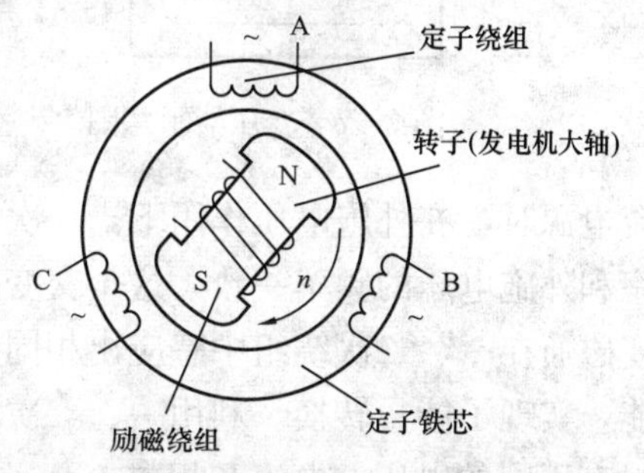

图 2-6　同步发电机原理图

发电机发电的过程就是将原动机转轴上的动能通过发电机转子与定子间的磁场耦合作用，在定子绕组上变成电能的过程。按照原动机的不同，通常同步发电机分为水轮发电机、汽轮发电机、燃气轮发电机及柴油发电机等。由于水轮发电机组、燃气轮发电机组起动迅速，宜于承担电力系统变动大的负荷。而火电机组以及核电机组（均为汽轮发电机），则由于不能快速起动，宜于承担电力系统的基本负荷。按照冷却介质的不同，同步发电机可分为空气冷却、氢气冷却、水冷却等，其中还可分为外冷式（冷却介质不直接与导线接触）和内冷式（冷却介质直接与导线接触）。

近年来，我国电力系统中发电机单机容量不断增长，200、300MW 的单机已成为系统中的主力机组，600、900MW 的单机也逐步进入一些大的电力系统。单机容量增长的原因是：

(1) 可降低电厂基建安装费用，若 200MW 机组安装费用为 100％，则 500MW 机组的单位安装费用只需 85％。

(2) 可降低发电机的造价和材料消耗量，例如一台 800MW 机组比一台 500MW 机组的单位成本要降低 17％；相比一台 100MW 机组，其材料耗损率只有 60％。

(3) 可降低运行费用，单机容量大的机组的运行人员数和厂用电均较单机容量小的机组低。

当然，并不是在任何情况下单机容量越大越好，如果电力系统总容量较小而单机容量过大则不仅事故停机影响大，平时安排检修也有困难。所以，系统大机组的单机容量应与系统总容量相匹配。

二、变压器

变压器一般是由铁芯、绕组、绝缘套管、油箱、分接头开关和冷却系统、保护装置等主要部件组成。铁芯和绕组是变压器进行电磁能量转换的部件。油箱是油浸式变压器的外壳，箱内灌满了变压器油，变压器油起绝缘和散热作用。绝缘套管是将变压器内部的高压、低压引线引出到油箱的外部，不但作为引线对地的绝缘，而且担负着固定引线的作用。冷却系统是用来保证变压器在额定条件下运行时温升不应超过允许值的。

变压器是应用电磁感应原理来进行能量转换的，其结构的主要部分是两个（或两个以上）互相绝缘的绕组，套在一个共同的铁芯上，两个绕组之间通过磁场而耦合，但在电的方面没有直接联系，能量的转换以磁场作媒介，如图 2-7 所示。

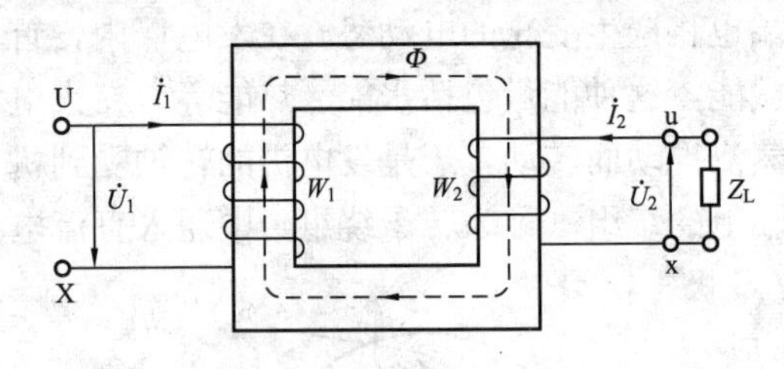

图 2-7　变压器示意图

在两个绕组中，把接到电源的一个绕组称为一次绕组（简称原边），而把接到负荷的一个绕组称为二次绕组（简称副边）。当原边接到交流电源时，在外施电压作用下，一次绕组中通过交流电流，并在铁芯中产生交变磁场，其频率和外施电压的频率一致，这个交变磁通同时交链着一、二次绕组，根据电磁感应定律，交变磁通在一、二次绕组中感应出相同频率的电动势，二次绕组有了电动势便可向负荷输出电能，实现了能量转换。利用一、二次绕组匝数的不同及不同的绕组连接法，可使一、二次绕组有不同的电压、电流和相数。

在变压器中，若忽略负荷电流的影响，一次侧电压和二次侧电压的比值可以用一次绕组和二次绕组的匝数比来表达，称为变压器的变比，即

$$\frac{U_1}{U_2}=\frac{W_1}{W_2}=K$$

(1) 按相数来区分，变压器可以分为三相变压器和单相变压器。在电力系统中，一般应用三相变压器。当容量过大且受运输条件限制时，在三相电力系统中也可应用3台单相变压器连接成三相变压器组。

(2) 按绕组数目来区分，变压器可分为两绕组变压器和三绕组变压器。所谓两绕组变压器即在一相铁芯上套有两个绕组，一个为一次绕组，另一个为二次绕组。升压变压器的一次绕组是低压绕组，二次绕组是高压绕组，而降压变压器则相反。容量较大（5600kVA以上）的变压器，有时可能有3个绕组，即在一相铁芯上套有3个绕组，用以连接3种不同电压，此种变压器称为三绕组变压器，例如，在电力系统中，220、110和35kV之间有时就采用三绕组变压器。

(3) 按冷却介质来区分，变压器可以分为油浸式变压器、干式变压器（空气冷却式）以及水冷式变压器。干式变压器多用在低电压、小容量或用在放火防爆的场所，而电压较高、容量较大的变压器多采用油浸式，称为油浸式变压器。

三、母线

母线也叫做汇流排，是用来汇集和分配电流的导体。工程上应用的母线分软母线和硬母线两类。

1. 母线材料

常用的母线材料有铜、铝和铝合金。铜母线的导电性能好，机械强度高，防腐性能好，但其价格较贵，因此只有在大电流装置或有腐蚀性的配电装置中才采用铜母线；铝母线的导电性能次于铜母线，机械强度也比铜母线小得多，表面易氧化，但铝轻质软，容易安装加工，且我国铝藏量较丰富，因此，在输配电工程中广泛采用铝母线；钢母线与铜母线、铝母线相比，导电性能差，易生锈，但其机械强度比铜母线强，且价格也便宜。

2. 母线的截面形状

户内配电装置中的母线都用绝缘子来固定，称为硬母线，其截面形状有矩形、槽形、圆形、空心圆管形等，也有采用水内冷或封闭母线。在户外配电装置中，一般采用多芯绞线作母线，称为软母线。有时也用硬母线。

3. 母线的排列

户内母线的排列必须考虑散热和短路电流通过时的动稳定与热稳定，一般排列方式有立放垂直排列、立放水平排列、平放水平排列等。

四、输电线路

电能的传输是在输电线路上进行的。输电线路按结构可分为架空线路和电缆线路两类，其中架空线路是将裸导线架设在杆塔上；电缆线路一般是将电缆敷设在地下或水底。

1. 架空线路

架空线路由导线、避雷线、杆塔、绝缘子和金具等主要元件组成，如图2-8所示。

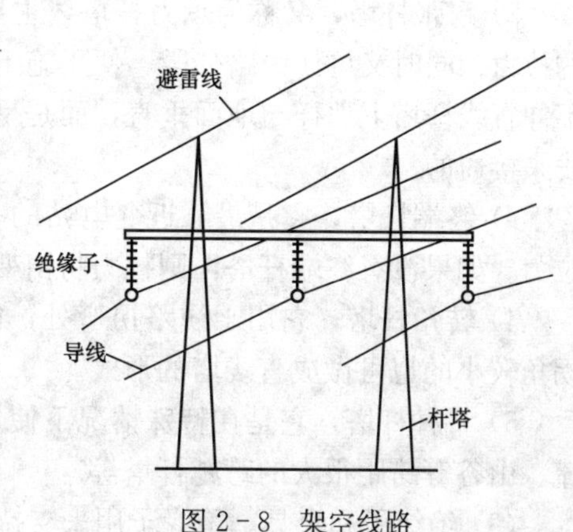

图2-8　架空线路

(1) 导线和避雷线。导线和避雷线均采用裸线，导线的作用是传输电能，避雷线的作用是将雷电流引入大地，保护电力线路免受雷击，因此它们都应有较好的导电性能。导线和避雷线均架设在户外，除了要承受导线自身重量、风力、冰雪及温度变化等产生的机械力作用外，还要承受空气中有害气体的化学腐蚀作用。所以，导线和避雷线还应有较高的机械强度和抗化学腐蚀性能。导线常用的材料有铜、铝、铝合金和钢等。

裸导线有单股线，一般是由一种材料制成的多股绞线和由两种材料制成的多股绞线，如图 2-9 所示。由于多股绞线柔性好，机械强度高，便于制造、安装和保管，因此架空线路大多数采用多股绞线。为了增加导线的机械强度，减少架空线路的杆塔数目，节约线路的投资，10kV 以上的线路广泛采用钢芯铝绞线。钢芯铝绞线是由多股铝线绕在单股或多股的钢导线外层而构成的。铝线是主要的载流部分，而机械应力则由钢线和铝线共同承担，这就可以充分利用铝线导电性能好、钢线机械强度高的优点。在 220kV 以上的输电线路中，为了减少电晕损耗，常采用特殊结构的导线，例如扩径导线和每相由多根多股标准导线构成的分裂导线等。

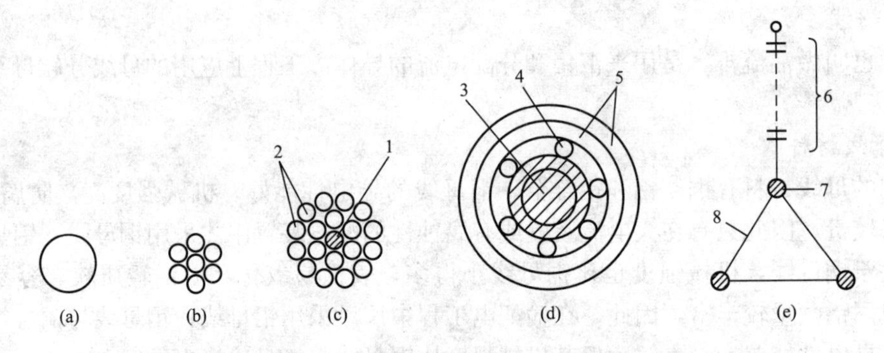

图 2-9　架空输电线路导线的结构示意图

(a) 单股线；(b) 多股线；(c) 钢芯铝线；(d) 扩径导线；(e) 一相分裂导线

1—钢线；2—铝线；3—多股钢芯线；4—支撑层 6 股铝线；5—外层多股铝线；

6—绝缘子串；7—多股绞线；8—金属间隔棒

(2) 杆塔。杆塔用来支持导线和避雷线，并使导线和导线之间、导线和杆塔之间、导线和避雷线之间，以及导线与大地之间保持一定的安全距离。按杆塔所承担的任务可分为以下几种：

1) 直线杆塔，又称为中间杆塔，主要用来悬挂导线，是线路上用得最多的一种杆塔。

2) 耐张杆塔，又称为承力杆塔，主要用来承担线路正常及故障（如断线）情况下导线的拉力；同时又可使线路分段，便于施工和检修，限制故障范围。在耐张杆塔上，绝缘子串不像直线杆塔上那样与地面垂直，而是呈与导线相同的走向。杆塔两边同一向导线是通过跳线来接通的。

3) 终端杆塔，它是最靠近变电站的一座杆塔，用来承受最后一个耐张档距导线的单向拉力。如果没有终端杆塔，则拉力将由变电站建筑物承担，那样就会增加变电站的造价。

4) 转角杆塔，它用于线路拐弯处，能承受侧向拉力。拐角较大时做成耐张塔的形式，拐角较小的也可做成直线塔的形式。

5) 特种杆塔，它是在特殊情况下使用的一种杆塔，如导线换位用的换位杆塔，跨越河流、山谷等跨距很大的跨越杆塔等。

(3) 绝缘子和金具。绝缘子用来支持或悬挂导线并使导线与杆塔绝缘。因此，它必须具

有良好的绝缘性能和机械强度。架空线路上用的绝缘子有针式、悬式等各种型式。针式绝缘子应用在电压不超过35kV的线路上。悬式绝缘子可以根据线路电压的高低，用不同数目的绝缘子组成绝缘子串。当使用X－4.5型瓷绝缘子时，35kV线路不少于3片，110kV线路不少于7片，220kV线路不少于13片，330kV线路不少于19片。棒式绝缘子，是实心整块的瓷棒，可以用来代替悬式绝缘子串。瓷横担是既起绝缘子作用又起横担作用的瓷棒。

金具是用来组装架空线路的各种金属零件的总称，其品种繁多，用途各异。例如，结合金具用来连接悬式绝缘子串；连接金具用来连接导线；紧固金具用来将导线固定在悬式绝缘子串上；保护金具中的防震锤用以防止导线因震动而损坏等。

2. 电缆线路

电力电缆的结构主要包括导体、绝缘层和保护包皮3个部分。

(1) 电缆的导体通常采用多股铜绞线或铝绞线，以增加电缆的柔性，使之能在一定程度内弯曲而不变形。根据电缆中导体数目的不同，可分为单芯、三芯和四芯电缆。单芯电缆的导线截面总是圆形的；三芯或四芯电缆的导体截面除了圆形外，还有扇形的。

(2) 电缆的绝缘层用来使各导体之间以及导体与包皮之间绝缘。绝缘层使用的绝缘材料种类较多，如橡胶、聚乙烯、纸、油、气等，一般多采用油浸纸绝缘及充油、充气绝缘。

(3) 电缆的保护包皮用来保护绝缘层，使其在运输、敷设和运行过程中不受外力损伤，并防止水分浸入。在油浸纸绝缘电缆中，还有防止绝缘油外流的作用，如常用的有铅包皮和铝包皮。为了防止外力破坏，有的电缆最外层还有钢带铠甲。

五、断路器与隔离开关

1. 高压断路器

高压断路器是电力系统中最重要的实现控制和保护的操作电器。利用断路器的控制作用，可以根据电网运行的需要，将一部分电力设备或线路投入或退出运行；其次，当电力设备或线路发生故障时，通过继电保护装置作用于断路器，将故障部分从电网中迅速切除，保证电网的其他部分的正常运行。

(1) 高压断路器的灭弧原理。

当拉开电路中有电流通过的断路器时，在断路器的触头之间可以看到强烈而刺眼的亮光，这是在触头之间发生了放电，这种放电称为电弧。拉开断路器时，触头虽然已经分开，但是电流通过触头间的电弧仍继续流通，也就是说电路并未真正断开，要使电路真正断开，必须将电弧熄灭。由于电弧的温度很高，最高可达10 000℃以上，如果电弧燃烧时间过长，不仅会将触头烧坏，严重时会使电器烧毁，危害电力系统的安全运行。所以，在切断电路时，如何保证迅速而又可靠地熄灭电弧是一切断路器的核心问题。

电弧是金属触头，触头间物质由于电场强度大、周围温度高而发射电子或分离成离子及带电粒子高速运行碰撞分离形成的。为了有效地、迅速地熄灭电弧，需要采取吹入新鲜的物质（液体或气体），降低温度，加强正、负离子复合过程，加速离子由密集的空间向密度小的方向扩散等措施。

工程上采用的熄灭交流电弧的方法概括有以下5种：

1) 迅速拉长电弧：提高断路器的分闸速度，采用多断口结构等。

2) 吹弧：利用气体（空气、氢气、SF_6或在高温下固体绝缘材料分解出的气体等）或绝缘油吹动电弧，使电弧拉长、冷却，这是高压断路器的主要灭弧手段。

3）采用真空：减少碰撞分离的可能性，迅速恢复介质绝缘强度。

4）弧隙并联电阻：主要用来提高断路器的熄弧能力，通常在220kV及以上线路侧断路器上使用。

5）提高弧隙介质压力：有利于加强正、负离子复合过程。

(2) 高压断路器的类型。

高压断路器按安装地点可分为户内和户外两种；按灭弧介质及灭弧原理可分为SF_6断路器、真空断路器、油断路器（又分为多油、少油断路器）、空气断路器等。

1）SF_6断路器。

以具有优良灭弧性能的SF_6气体作为灭弧介质的断路器，称为SF_6断路器。这种断路器具有开断能力强、全开断时间短，断口开距小，制造工艺、材料和密封要求高，价格昂贵。目前，国内生产的SF_6断路器有10～500kV电压级产品。SF_6断路器与以SF_6为绝缘的有关电器组成的封闭组合电器（GIS），在城市高压配电装置中的应用日益广泛。

2）真空断路器。

利用真空（真空度为133.3×10^{-4}Pa以下）的高介质强度来实现灭弧的断路器，称为真空断路器。这种断路器具有开断能力强、灭弧迅速、触头不易氧化、运行维护简单，灭弧室不需检修，结构简单、体积小、质量轻，噪声低、寿命长，无火灾和爆炸危险等优点；但制造工艺、材料和密封要求高，开断电流和断口电压不能做得很高。目前，国内只生产35kV及以下电压级产品。

3）油断路器。

以绝缘油作为灭弧介质的断路器，称为油断路器。

在多油断路器中，油除了作为灭弧介质外，还作为触头断开后，弧隙绝缘及带电部分与接地外壳之间的绝缘。这种断路器具有结构简单，制造方便，易于加装单匝环形电流互感器，受大气条件影响较小等优点；但耗钢、耗油量大，体积大，额定电流不易做大，全开断时间较长，并有发生火灾的可能性。目前，国内只生产10、35kV电压级产品。

在少油断路器中，油主要作为灭弧介质及触头断开后弧隙绝缘，对地绝缘主要靠瓷介质。这种断路器开断性能好，结构简单，制造方便，具有耗钢、耗油量少，体积和质量较小，价格较低等优点；但油易冻结和劣化，不适用于严寒地带。长期以来，少油断路器在我国电力系统中应用广泛，但近年来在35kV及以下系统中有被真空断路器取代的趋势。

4）空气断路器。

以压缩空气作为灭弧介质及兼作操动机构能源的断路器，称为压缩空气断路器，简称空气断路器。这种断路器具有灭弧能力强，动作迅速、全开断时间短，无火灾危险，可适用于严寒地带等优点；但结构较复杂，制造工艺和材料要求高，有色金属消耗量大，维修周期长，噪声大，价格较高，且需配备一套压缩空气装置。

(3) 高压断路器的基本结构。

虽然高压断路器有多种类型，具体结构也不相同，但其基本结构类似，主要包括电路通断元件、绝缘支撑元件、操动机构、基座等4部分。电路通断元件安装在绝缘支撑元件上，而绝缘支撑元件则安装在基座上。

电路通断元件是其关键部件，承担着接通和断开电路的任务，它由接线端子、导电杆、触头及灭弧室等组成；绝缘支撑元件起着固定通断元件的作用，并使其带电部分与地绝缘；

操动机构起控制通断元件的作用，当操动机构接到合闸或分闸命令时，操动机构动作，经中间传动机构驱动动触头，实现断路器的合闸或分闸。

2. 隔离开关

隔离开关是高压开关电器的一种。因为它没有专门的灭弧结构，所以它不能用来开合负荷电流和短路电流。它需要与断路器配合使用，只要当断路器开断电流后才能进行操作。

(1) 在电力系统中，隔离开关的主要用途是：

1) 将停役的电气设备与带电的电网隔离，保证有明显的断开点，确保检修的安全。

2) 在改变设备状态（运行、备用、检修）时用来配合断路器协同完成倒闸操作。

3) 接通或开断小电流电路，如接通或开断电压 10kV、距离 5km 的空负荷送电线路，接通或开断电压为 35kV、容量为 1000kVA 及以下的以及电压为 110kV、容量为 3200kVA 及以下的空负荷变压器等。

(2) 隔离开关的种类和型式很多。按装设地点可分为户内式和户外式；按产品组装极数可分为单极式（每极单独装于一个底座上）和三极式（三极装于一个底座上）；按每极绝缘支柱数目可分为单柱式、双柱式、三柱式等。

1) 户内隔离开关。

户内隔离开关由导电部分、支持绝缘子、操作绝缘子及底座组成。

导电部分包含可由操作绝缘子带动而转动的隔离开关（动触头），以及固定在支持绝缘子上的静触头。隔离开关及静触头采用铜导体制成，一般额定电流为 3000A 及以下的隔离开关采用矩形截面铜导体，额定电流为 3000A 以上则采用槽形截面铜导体，使铜的利用率较好。隔离开关由两片平行刀片组成，电流平均流过两刀片且方向相同，产生相互吸引的电动力，使接触压力增加。支持绝缘子固定在角钢底座上，承担导电部分的对地绝缘。

操作绝缘子与隔离开关及轴上对应的拐臂铰接，操动机构则与轴端拐臂连接，各拐臂均与轴硬性连接。当操动机构动作时，带动转轴转动，从而驱动隔离开关转动而实现分、合闸。

2) 户外隔离开关。

与户内隔离开关比较，户外隔离开关的工作条件较为恶劣，并承受母线或线路拉力，因而对其绝缘及机械强度要求较高，要求其触头应制造得在操作时有破冰作用，并且不导致支持绝缘子损坏。户外隔离开关一般均制成单极式。

户外隔离开关可分为单柱式、双柱式和三柱式 3 种型式。

六、互感器

互感器包括电压互感器和电流互感器，是一次系统和二次系统间的联络元件用以分别向测量仪表、继电器和其他二次设备的电压绕组和电流绕组供电，准确反映电气设备的正常运行和故障情况。

1. 电流互感器

目前，在电力系统中广泛采用的是电磁式电流互感器，是由铁芯、一次绕组、二次绕组、接线端子及绝缘支持物等组成，其原理接线图如图 2-10 所示。电流互感器的铁

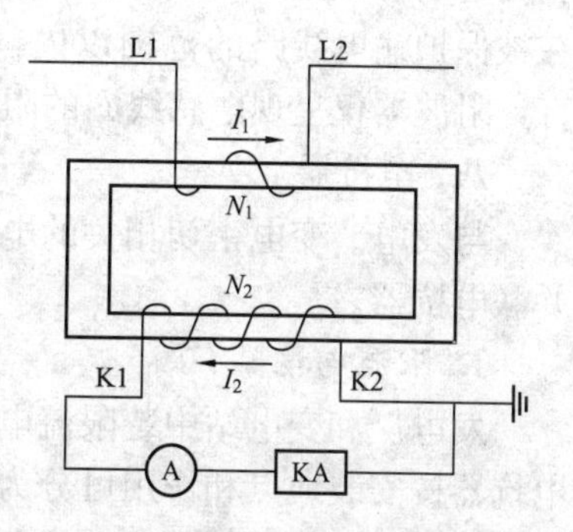

图 2-10 电流互感器原理接线图

芯是由硅钢片或各种镍合金钢片叠制而成的，铁芯的作用是构成磁路，使得一、二次绕组产生电磁联系，从而将电流进行转换。一次绕组与电力系统的线路串联，流过较大的被测电流 I_1，且一次绕组匝数 N_1 很少。二次绕组与仪表、继电器等的电流线圈串联而组成互感器的二次回路，仪表和保护装置的电流线圈阻抗很小。在正常运行时，电流互感器处于近似于短路状态，其额定电流规定通常为5A（1A或0.5A）。

电流互感器的工作原理和变压器相似，但其使用方法与变压器不同。在变压器的铁芯内，交变主磁通是由一次绕组两端所加的交流电压的电流产生，而电流互感器铁芯内的交变主磁通是由一次绕组内通过的电流所产生。铁芯内的交变主磁通在电流互感器的二次绕组内感应出相应的二次电动势和二次电流。

由于一次绕组和二次绕组被同一交变主磁通所交链，所以在数值上一次绕组和二次绕组的安匝数相等，即 $I_1N_1=I_2N_2$，所以$\frac{I_1}{I_2}=\frac{N_2}{N_1}=K_{TA}$，$K_{TA}$称为电流互感器的变比。

2. 电压互感器

电压互感器的构造与电流互感器类似，主要由铁芯、一次绕组、二次绕组、接线端子及绝缘支持物等组成，其接线原理图如图2-11所示。电压互感器的一次绕组接于需采集电压量的高压回路上，其额定电压等于电网电压。二次绕组接测量仪表、继电保护自动装置，为规范化起见，二次侧额定电压规定为100V或$100/\sqrt{3}$V。因此电网电压与二次侧电压之比即为电压互感器的变比，即

$$K_{TV}=\frac{U_{1N}}{U_{2N}}$$

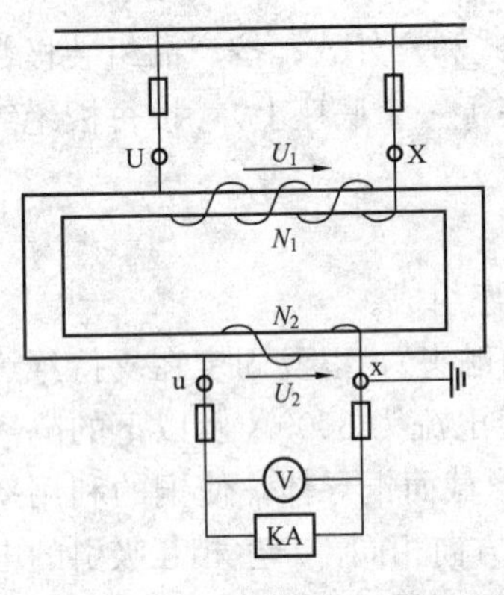

图2-11　电压互感器原理接线图

由于接入电压互感器二次绕组的设备的阻抗都很大，电压互感器二次回路中电流很小。在正常运行时，电压互感器处于接近空载状态。由于处于空负荷状态，反映到高压侧的电流很小，电压互感器的一次绕组导线线径做得较细，匝数也多，一次绕组对外显示的是较大的阻抗。若电压互感器二次回路发生短路，将严重损坏电压互感器。因此，电压互感器二次侧是严禁短路的，并采用熔断器作为电压互感器的保护。

七、阻波器

阻波器是由电感与可变电容器并联组成的回路。当并联谐振时，它所呈现的阻抗最大。利用这一特性做成的阻波器，需使其谐振频率为所用的载波频率。这样，高频信号就被限制在被保护输电线路的范围以内，而不能穿越到相邻线路上去。但对于50Hz的工频电流而言，阻波器仅呈现电感线圈的阻抗，数值很小（约为0.04Ω左右），并不影响它的传输。

八、电抗器

与发电、变电密切相关的电抗器有限流电抗器、串联电抗器、中压并联电抗器及超高压并联电抗器。

1. 限流电抗器

发电厂和变电站中装限流电抗器的目的是限制短路电流，以便能经济合理的选择电器。电抗器按安装地点和作用可分为线路电抗器和母线电抗器；按结构型式可分为混凝土柱式限流电抗器和干式空心限流电抗器，各有普通电抗器和分裂电抗器两类。线路电抗器串联在电

缆馈线上，用来限制该馈线的短路电流；母线电抗器串联在发电机电压母线的分段处或主变压器的低压侧，用来限制厂内、外短路时的短路电流。

(1) 混凝土柱式限流电抗器。

在电压为6～10kV的屋内配电装置中，我国广泛采用混凝土柱式限流电抗器（又称水泥电抗器），其额定电流150～2000A。

1) 普通电抗器。

NKL型水泥电抗器由绕组、水泥支柱及绝缘子构成。绕组用纱包纸绝缘的多芯铝线绕成。在专设的支架上浇注成水泥支柱，再放入真空罐中干燥，因水泥的吸湿性很大，所以，干燥后需涂漆，以防止水分浸入水泥中。

水泥电抗器具有维护简单，运行安全，没有铁芯，不存在磁饱和，电抗值线性度好，不易燃等优点，其布置方式有三相垂直、三相水平及二垂一平（品字形）3种。

2) 分裂电抗器。

为了限制短路电流和使母线有较高的残压，要求电抗器有较大的电抗；而为了减少正常运行时电抗中的电压和功率损失，又要求电抗器有较小的电抗。这是一个矛盾，采用分裂电抗器有助于解决这一矛盾。

分裂电抗器在构造上与普通电抗器相似，但其每相绕组有中间抽头，绕组形成2个分支，其额定电流、自感抗相等，一般中间抽头接电源侧，两端头接负荷侧。由于2分支有磁耦合，故正常运行或其中一个分支短路时，表现不同的电抗值，前者小，后者大。

(2) 干式空心限流电抗器。

我国制造的干式空心限流电抗器，额定电压有6kV和10kV两种，额定电流200～4000A，其绕组采用多根并联小导线多股并行绕制，匝间绝缘强度高，损耗比水泥电抗器低得多；采用环氧树脂浸透的玻璃纤维包封，整体高温固化，整体性强、质量轻、噪声低、机械强度高、可承受大短路电流的冲击；绕组层间有通风道，对流自然冷却性能好，由于电流均匀分布在各层，动、热稳定性高；电抗器外表面涂以特殊的抗紫外线老化的耐气候树脂涂料，能承受户外恶劣的气象条件，可在户内、户外使用。

2. 串联电抗器和并联电抗器

(1) 串联电抗器。

与并联电容补偿装置或交流滤波装置回路中的电容器串联，组成谐振回路，滤除指定的高次谐波，抑制其他次谐波放大，减少系统电压波形畸变，提高电压质量，同时减少电容器组涌流。补偿装置一般接成星形，并联接于需要补偿无功的变（配）电站的母线上，或接于主变压器低压侧。

(2) 并联电抗器。

并联电抗器在电力系统中的应用。

1) 中压并联电抗器一般并联接于大型发电厂或110～500kV变电站的6～63kV母线上，用于向电网提供可阶梯调节的感性无功，补偿电网剩余的容性无功，保证电压稳定在允许范围内。

2) 超高压并联电抗器一般并联接于330kV及以上的超高压线路上，用于补偿输电线路的充电功率，以降低系统的工频过电压水平。它对于降低系统绝缘水平和系统故障率，提高运行可靠性，均有重要意义。

(3) 串、并联电抗器类型。

1) 油浸式电抗器。

油浸式电抗器外形与配电变压器相似，但内部结构不同。电抗器是一个磁路带气隙的电感绕组，其电抗值在一定范围内恒定。其铁芯用冷轧硅钢片叠成，绕组用钢线绕制并套在铁芯柱上，整个器身装于油箱内，并浸于变压器油中。目前这类串联电抗器有 3～63kV 产品，并联电抗器有 10、15、35、63、330、500kV 产品。

2) 干式电抗器。

干式电抗器有铁芯电抗器和空芯电抗器两种。干式铁芯电抗器采用干式铁芯结构，辐射形叠片叠装，损耗小，无漏油、易燃等缺点；绕组采用分段筒式结构，改善了电压分布；绝缘采用玻璃纤维与环氧树脂最优配方组合，绝缘包封层薄，散热性能好。目前，这类串联电抗器有 6、10kV 产品，并联电抗器有 10、35kV 产品。

九、避雷器

避雷器是一种用来限制雷电过电压的保护电器，它可防止雷电过电压沿线路侵入变电站或其他建筑物内，危害电气设备绝缘。避雷器应与被保护物并联，装在被保护物的电源侧。正常时，避雷器的间隙保持绝缘状态，不影响系统运行。当线路上出现危及设备绝缘的雷电过电压时，避雷器的火花间隙先于被保护物击穿，避雷器立即对地放电，将大部分雷电流泄入大地，从而使被保护设备的绝缘免遭破坏。

避雷器的主要型式有保护间隙、管型避雷器、阀型避雷器和金属氧化物避雷器等。

1. 保护间隙

保护间隙又称角型避雷器，它由两个圆钢型电极组成，其中一个电极接线路，另一个电极接地。当雷电波入侵时，间隙先击穿，从而使被保护设备的绝缘免遭过电压的损害。当过电压消失后，间隙中有工频续流流过，由于间隙的熄弧能力差，工频电弧不能自行熄灭，续流必须依靠断路器切断才能断开。可见，保护间隙虽然简单经济，维修方便，但它的保护性能差，容易造成断路器跳闸，线路停电。因此，为了提高供电的可靠性，一般应将其与自动重合闸装置配合使用。

保护间隙主要用于室外且负荷不重要的线路上。

2. 管型避雷器

管型避雷器又称“排气式避雷器”，它实质上是一种具有较高熄弧能力的保护间隙，由内部间隙、外部间隙和产气管组成，其结构原理如图 2-12 所示。产气管由纤维、有机玻璃或塑料制成；内部间隙装在产气管内，管内棒形电极通过接地支座与接地体相连接；环形电极经过外部间隙与线路相连。

当雷电波沿线路袭来时，内外间隙被击穿，雷电流通过接地装置泄入大地。雷电过电压消失后，随之而来的工频续流产生强烈的电弧，使产气管内的产气材料分解出大量高压气体，气体从开口喷出，形成强烈的纵吹作用，使工频电弧第一次过零时熄灭，灭弧时间不超过 0.01s。

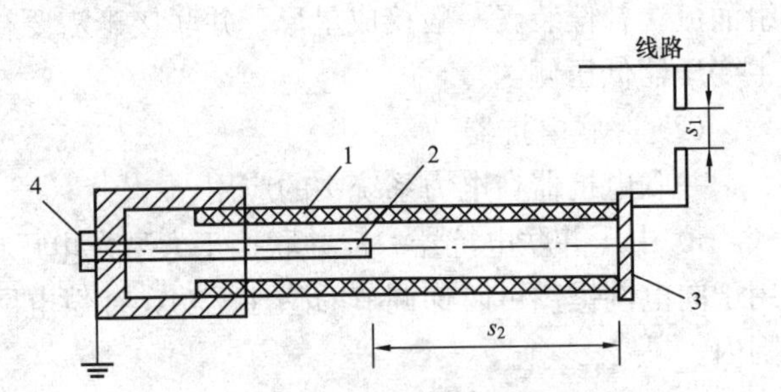

图 2-12 管型避雷器的结构原理图

1—产气管；2—棒形电极；3—环形电极；4—螺母

s_1—外部间隙；s_2—内部间隙

管型避雷器的熄弧能力由开断电流的大小决定。续流太小时产气太少，避雷器将不能灭弧；续流太大时产气过多，又会使管子爆炸或破裂。因此，管型避雷器熄灭电弧续流的能力具有一定的范围。选择管型避雷器时，应使其安装处的短路电流最大值（考虑非周期分量）小于开断续流的上限，短路电流的最小有效值（不考虑非周期分量）大于开断续流的下限。另外，管型避雷器在使用过程中，随着动作次数增加，管径逐渐增大，管壁变薄，下限电流将升高，因此选择下限电流时要留有裕度。

3. 阀型避雷器

阀型避雷器是一种性能较好的避雷器，它的基本元件是装在密封瓷套中的火花间隙和阀片，如图 2－13 所示。火花间隙用铜片冲制而成，每个火花间隙均由两个黄铜电极和一个云母垫圈组成。阀片是用金刚砂颗粒和结合剂在一定温度下烧结而成的非线性电阻元件，它的阻值随通过电流的大小而变化。当通过电流较大时，电阻值很小；当通过电流较小时，电阻值很大。

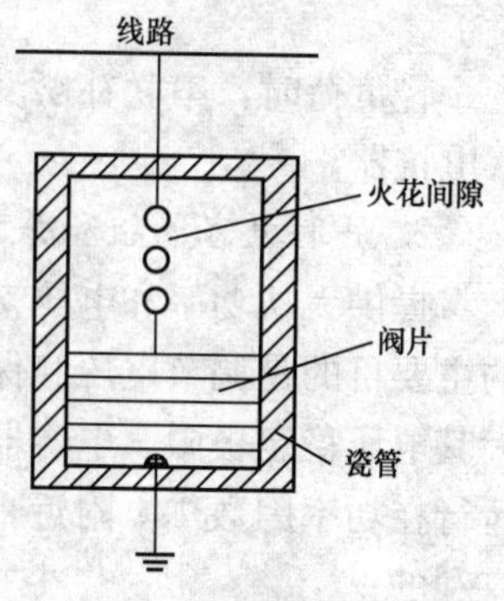

图 2－13 阀型避雷器的结构原理图

阀型避雷器的作用依靠火花间隙和阀片配合来完成。当线路上出现雷电过电压时，其火花间隙被击穿，此时阀片电阻很小，雷电流顺畅地泄入大地，在阀片上产生的残压不高，低于被保护设备的冲击耐压。当雷电流过电压消失、线路上恢复工频电压时，间隙中将流过工频续流，此时阀片电阻变得很大，将工频续流限制到很小，从而很快被火花间隙切断，线路恢复正常运行。由此可见，这里的非线性电阻很像一个阀门：对于雷电流，阀门打开使其泄入大地；对于工频续流，阀门关闭，迅速切断，故称为阀型避雷器。

4. 金属氧化物避雷器

金属氧化物避雷器又称压敏避雷器，它没有火花间隙，只有压敏电阻片。压敏电阻片是以氧化锌为主要材料，掺以其他金属氧化物添加剂在高温下烧结而成的陶瓷元件，具有良好的非线性压敏电阻特性。在工频电压下，它呈现很大的电阻值，能迅速有效地抑制工频续流；在雷电过电压下，其电阻值很小，能很好地泄放雷电流。同时，压敏电阻的通断能力很强，阀片面积较小，避雷器的体积也较小，工作寿命较长，特别适合在 SF_6 全封闭组合电器中应用。目前，金属氧化物避雷器已广泛应用于高低压电气设备的防雷保护中，而且它的发展潜力很大，是目前各国避雷器发展的主要方向，也是未来特高压系统过电压保护的关键设备之一。

氧化锌避雷器与阀型避雷器相比，具有通断容量大、残压低、动作迅速、可靠性高、维护简单等优点，对线路过电压和雷电过电压都能起到很好的保护作用。

十、无功补偿装置

无功补偿可分为串联补偿和并联补偿两种，它也可以分成有源补偿和无源补偿两种，通常的无功补偿设备有串联电容器组、并联电抗器和电容器组、静止无功补偿器和静止无功发生器、同步调相机等，有载变压器的分接头位置改变也调节了电压/无功。

1. 串联电容器

通常情况下，串联电容器补偿都与长输电线提高功率传输能力和暂态稳定性相联系。但是，现在串联电容器也应用于较短的输电线以提高电压稳定性。振荡负荷引起电压闪变需要瞬时响应，解决电压闪变问题也是配电串联电容的主要应用。

串联电容器减少了输电线路的纯感性电抗，有效地缩短了线路长度。它发出的无功（I^2X_C）补偿输电线的无功消耗（I^2X_L）。串联电容器发出的无功随电流的平方而增加，而与节点电压无关。这样，在系统最需要无功的时候串联电容产生最多无功。这种快速的、固有的自我调节是串联电容补偿非常重要的特性，对电压稳定十分有利。不同于并联电容器，串联电容器降低了线路的特性阻抗和电气长度，结果是电压调节和角度稳定性都大大地改善了。

轻负荷时，串联补偿没有什么作用。轻负荷长线因为可能产生过电压，所以必须配置并联电抗器。

2. 并联电容器组和并联电抗器

提供无功功率和电压支持的最廉价方法是利用并联电容器。在负荷区附近进行并联补偿的主要目的是调节电压和保持负荷稳定。电容器通过提高受电端负荷功率因数可以有效地扩大其电压稳定极限。电容器还可以用来释放发电机的“旋转无功备用”，允许附近的发电机运行在功率因数1.0附近，这相当于增加了系统能快速响应的无功储备，对电压稳定是非常有利的。

然而，从电压稳定和控制的观点看，并联电容器有若干固有的局限性，具体内容如下所述。

(1) 在一个大量应用并联电容器补偿无功的系统中，电压调节能力反而变差。

(2) 由并联电容器产生的无功功率正比于电压的平方，在系统低电压期间无功的输出反而下降，这是一个恶性循环的问题。这点与串联电容器的自我调节性能完全相反。

并联电容器总是连接在母线上而不是在线路上，而并联电抗器可以连接在线路上也可连接在母线上（经常在自耦变压器三次侧绕组上）。

3. 静止无功补偿器

静止无功补偿器（SVC）是一种不受领先—滞后范围限制、大多无响应延时、能快速调节无功功率的装置。静止无功补偿器根据其斜率特性调节电压。这种斜率与调节器的稳态增益有关，通常在整个调节范围内为1%～5%。在可调节范围内，没有电压控制和不稳定问题。当达到极限时，SVC变成一个简单的电容器，这可能是导致电压不稳定的一个原因。

当静止无功补偿器和机械式投切并联电容器组或电抗器配合使用时，称之为静止无功补偿系统（SVS）。补偿器可能包括晶闸管控制电抗器（TCR）、晶闸管投切电容器（TSC）和谐波过滤器F。谐波过滤器在基频下是容性的，而且为TCR无功容量的10%～30%。如果TCR，它通常比TSC稍大一点，这样可以实现连续调节。另外，可能还有固定电容器（FC）和晶闸管投切电抗器（TSR）。

4. 同步调相机

由于初始成本和运行费用高，同步调相机通常无法与静止无功补偿器相竞争。前者的成本费可以比后者的高20%～30%。调相机（和发电机）的满负荷损耗为1.5%，空负荷损耗（浮充输出）约为0.5%。

同步调相机在电压很弱的网络中有比静止无功补偿器更为优越之处。网络电压下降后，调相机无功输出立刻增加。接下来的内电动势或磁通的衰减由励磁控制所补偿。静止无功补偿器在其线性范围以外运行时变成普通电容器，具有电压平方的电容器特性，电压越低，系

统越需要无功时，它向系统输出的无功越小，可称之为电压负调节效应。而同步调相机，不同于SVS，它有一个内电压源，系统电压比较低时，它可连续供给无功功率。此外，调相机和发电机还有几十秒的过负荷容量。因此，调相机能够提供更为稳定的电压特性，当交流系统无功短缺或直流输电换流站交流侧电压可能大幅度降低时，为了防止电压崩溃，可以装设一定比例的同步调相机。

5. 输电网络分接头可调变压器

在输电网络中，可以改变负荷分接头的自耦变压器可用来调节电压和无功。分接头可调变压器可以手动或者自动调节。改变分接头调节低压侧电压，可以支持较低电压网络的电容器组和线路充电，并减小较低电压网络的无功损耗。输电系统变压器分接头变化的延时要短些，以促使负荷更快地恢复。

由于分接头改变，超高压侧电压下降，这导致超高压网的无功损耗增加。为了防止这种情况发生，分接头变化必须与投切输电网并联电容器和并联电抗器相配合。如果扰动使分接头可调自耦变压器两侧电压都下降，则应投入并联无功设备而不是改变变压器分接头。

传输大功率负荷的可变分接头变压器（LTC）用于调节负荷侧电压，其工作原理与配电电压调节器相近。一个电压继电器用于监控负荷侧电压，如果电压下跌或者上跃的幅度超过某一死区，则延时继电器便励磁，延时至一定时间（通常为几十秒），分接头便会改变位置直至电压回到进入带宽之内或者分接头的位置到达最大值或最小值。电压回到带宽内后，电压继电器和计时器便会复位，从而延缓了电压的跌落。

控制分接头的延时器其时间是可调的，范围通常在10～120s之间。最常用的继电器延时为30～60s。对幅度较大的电压下跌，分接头从中间到极值位置（延时器时间加上分接头改变档次）大约为2min。

第四节　继电保护及安全自动装置配置原则与功能作用

一、继电保护原理、构成及要求

电力系统发生故障时，通常伴有电流增大、电压降低、电流与电压之间的相位角改变、线路始端测量阻抗减小以及出现负序和零序分量等现象，利用故障时这些电气量的变化特征，可以构成各种不同原理的继电保护装置。例如，反映电流增大的过电流保护；反映电压降低的低电压保护；反映电流与电压间相位角变化的方向保护；反映电压与电流的比值即阻抗变化的距离保护；利用基尔霍夫定律构成的分相电流差动保护等。

（1）一般继电保护装置由测量比较元件、逻辑判断元件和执行输出元件三部分组成，分别叙述如下：

1）测量比较元件。

测量比较元件通过测量被保护的电力元件物理参量，并与给定值进行比较，根据比较的结果，给出“是”、“非”或“0”、“1”性质的一组逻辑信号，从而判断保护装置是否应该起动。根据需要，继电保护装置往往有一个或多个测量比较元件，常用的测量比较元件有过电流继电器、过电压继电器、低电压继电器、阻抗波继电器、功率方向继电器等。

2）逻辑判断元件。

逻辑判断元件根据测量比较元件输出逻辑信号的性质、先后顺序、持续时间等，使保护装置按一定的逻辑关系判定故障的类型和范围，最后判定是否应该使断路器跳闸、发出信号或不动作，并将对应的指令传给执行输出部分。

3）执行输出元件。

执行输出元件根据逻辑判断部分传来的指令，发出跳开断路器的跳闸脉冲及相应的动作信息、发出警报或不动作。

(2) 对作用于断路器跳闸的继电保护装置，在技术性能上必须满足四个基本要求，即选择性、速动性、灵敏性、可靠性。这四方面的要求相互联系、互为补充，因此必须根据具体电力系统的运行特点，对每个电力元件的继电保护进行配置、配合和整定。

1）选择性。

选择性是指保护装置动作时，仅将故障元件从电力系统中切除，使停电范围尽量缩小，最大限度地保证系统中的非故障部分继续运行。它包含两层意思：一是应该由装在故障元件上的保护装置动作切除故障；二是要力争相邻元件的保护装置对它起后备保护的作用。

2）速动性。

速动性是指继电保护装置应该以尽可能快的速度将故障元件从电网中切除。这样既能降低故障设备的损坏程度，减少用户在低电压情况下工作的时间，更重要的是能提高电力系统运行的稳定性。

3）灵敏性。

灵敏性是指保护装置对其保护范围内的故障或不正常运行状态的反应能力。满足灵敏性要求的保护装置是在规定的保护范围内发生故障时，无论短路点的位置及短路的类型如何，都能感觉敏锐，正确反应。

4）可靠性。

可靠性是指保护装置在规定的保护范围内发生了它应该动作的故障时，则不应该拒绝动作；而在其他任何情况下发生了该保护装置不应该动作的故障时，则不应该错误动作。可靠性与保护装置本身的设计、制造、安装质量有关，也与运行维护水平有关。一般来说，保护装置组成元件的质量越好、接线越简单、回路中继电器的触点数量越少，可靠性就越高。

二、微机保护配置原则与功能作用

1. 继电保护系统的配置原则

继电保护系统的配置原则应当满足以下两点基本要求：

(1) 任何电力设备和线路，都不得在任何时候处于无继电保护的状态下运行。

(2) 任何电力设备和线路在运行中，都应有两套独立的继电保护装置实现保护。

对于220kV及以上的复杂电力网，因为电源侧上一级断路器配置的继电保护装置，往往不能对相邻故障元件实现完全的保护，因而，只能实现“近后备”，即每一个电力元件和线路都配置两套独立的继电保护装置，当其中一套保护装置因故拒绝动作时，将由另一套保护装置发出跳闸命令去断开故障，以完全实现对本电力元件和线路的保护。如果断路器拒绝动作，则在判断无误后，断开同一母线上其他带电源的所有线路和变压器及其他断路器，从而最终断开故障，也叫断路器失灵保护。因此，保护双重化和断路器失灵保护是实现“近后备”的必要配置。

2. 微机保护装置的保护功能

微机保护装置除了保护功能外，还有测量、自动重合闸、事件记录、自检和通信等

功能。

（1）保护功能。

微机保护装置的保护有定时限过电流保护、反时限过电流保护、带时限电流速断保护、瞬时电流速断保护。反时限过电流保护还有标准反时限、强反时限和极强反时限保护等几类。以上各种保护方式可供用户自由选择，并进行数字设定。

（2）测量功能。

当系统正常运行时，微机保护装置不断测量三相电流，并在液晶显示器上显示。

3. 自动重合闸功能

当上述的保护功能动作，断路器跳闸后，该装置能自动发出合闸信号，以提高供电可靠性。自动重合闸功能为用户提供自动重合闸的重合次数、延时时间及自动重合闸是否投入运行的选择和设定。

4. 人—机对话功能

通过液晶显示器和简捷的键盘，提供良好的人—机对话界面，具体包含的内容如下：

（1）保护功能和保护定值的选择和设定；

（2）正常运行时各相电流显示；

（3）自动重合闸功能和参数的选择和设定；

（4）发生故障时，故障性质及参数的显示；

（5）自检通过或自检报警；

（6）自检功能。

为了保证装置可靠工作，微机保护装置具有自检功能，对装置的有关硬件和软件进行开机自检和运行中的动态自检。

5. 事件记录功能

发生事件的所有数据如日期、时间、电流有效值、保护动作类型等都保存在存储器中，事件包括事故跳闸事件、自动重合闸事件、保护定值设定事件等，可保存多达 30 个事件，并不断更新。

6. 报警功能

报警功能包括自检报警、故障报警等。

7. 断路器控制功能

各种保护动作和自动重合闸的开关量输出，控制断路器的跳闸和合闸。

8. 通信功能

微机保护装置能与中央控制室的监控微机进行通信，接受命令和发送有关数据。

9. 实时时钟功能

实时时钟功能自动生成年、月、日和时、分、秒，最小分辨率为毫秒，并且有对时功能。

三、安全自动装置原理及功能作用

电网的安全自动装置就是当电力系统发生故障或异常运行时，为了防止电网失去稳定和避免发生大面积停电，而在电网中普遍采用的自动保护装置，如自动重合闸、备用电源和备用设备自动投入、按频率（电压）自动减负荷、自动切负荷、发电厂事故减出力或切机、电气制动、水轮发电机自动起动和调相改发电、抽水蓄能机组由抽水改发电、自动解列及自动快速调节励磁等装置。自动保护装置的作用就是以最快的速度恢复电力系统的完整性，防止发生和终止已开始发生的足以引起电力系统长期大面积停电的重大事故，如使电力系统失去稳定、频率崩溃和电压崩溃等。

安全自动装置按其在电网中的作用包括以下三点：

(1) 维持系统稳定的有快速励磁、电力系统稳定器、快关汽门及切机、电气制动、自动解列、自动切负荷、串联电容补偿、静止补偿器及稳定控制装置等。

(2) 维持频率的有按频率（电压）自动减负荷、低频自起动、低频调相转发电、低频抽水改发电、高频切机、高频减出力等。

(3) 预防过电压的有过负荷切电源、减出力、过负荷、切负荷等。

第五节 站用交直流系统

一、站用交流系统

1. 站用交流系统的概念

站用交流系统主要指通过断路器、保护装置的操作电源。对采用交流操作的断路器，应采用交流操作电源，全部继电器、控制与信号装置均采用交流型式。

2. 站用交流电源类型

站用交流电源分电流源和电压源两种。

(1) 电流源取自电流互感器，主要供电给继电保护和跳闸回路。

(2) 电压源取自变电站的站用变压器或电压互感器。通常情况下，站用变压器作为正常工作电源，而电压互感器由于容量较小，其电压因故障发生会降低。因此，只有在故障或异常运行状态、母线电压无显著变化时，保护装置的操作电源才能取自电压互感器，例如，中性点不接地系统的单相接地保护、油浸式变压器内部故障的瓦斯保护等。

二、站用直流系统

1. 站用直流系统的概念

变电站直流设备是变电站非常重要的设备，主要用于断路器、隔离开关、主变压器等一次设备的直流控制及信号电源，综合自动化设备、继电保护、自动装置、事故照明、信号等电源。直流系统主要由蓄电池和晶闸管整流充电器组成，也称为蓄电池组直流系统。一般一个完整的直流供电系统包括充电装置、蓄电池组、供出回路和监测装置。国家标准及电力行业标准对直流设备的运行作了严格的规定，各厂家对设备运行的直流电压也作了严格的规定。变电站若是直流系统或直流设备出现故障，造成直流电压低，此时若设备或系统发生故障，则会造成严重的后果。

2. 蓄电池及交流不停电电源装置

为了在厂（站）用的交流电源失去的情况下，仍然能够为控制、信号、继电保护、自动装置、直流油泵以及直流事故照明等负荷供电，发电厂、变电站都相应地配置了蓄电池，其中一组电压为220V，专供动力负荷及直流事故照明负荷；另一组电压为110V，控制负荷专用。蓄电池是一种独立可靠的直流电源，在发电厂和变电站内发生任何事故时，即使在交流电源全部停电的情况下，也能保证直流系统的用电设备可靠而连续地工作。另外，不论如何复杂的继电保护装置、自动装置和任何型式的断路器，在其进行远距离操作时，均可用蓄电

池的直流作为操作电源。因此，蓄电池组在发电厂中不仅是操作电源，也是事故照明和一些直流自用机械的备用电源。

3. 站用直流系统整流装置

为了保证对发电厂和变电站的控制、信号、继电保护、自动装置等负荷，直流油泵等负荷供电，以及保持对蓄电池的充电，均需设置整流装置，把交流电转换成直流电。

4. 站用直流浮系统充电

为了使蓄电池能在饱满的容量下处于备用状态，蓄电池常与充电机并联，接于直流母线上。充电机除了负担正常的直流负荷外，还给蓄电池一个适当的充电电流，以补偿蓄电池的自放电。这种方式叫浮充电。在浮充电运行中，单个蓄电池的电压应保持在（2.15±0.05）V之间，电解液密度保持在（1.215±0.005）之间，即大体上使蓄电池经常保持在充满电的状态。

5. 站用直流系统的供电网络

（1）小型变电站一般使用环形直流供电网络，其特点是用电缆较少，但操作较复杂，寻找接地点困难。

（2）对于大容量超高压变电站，因供电网络大、供电距离长，为了保证供电更为可靠，大多采用辐射形直流供电网络，其优点是减少了干扰源，便于寻找接地点。

6. 站用直流系统的运行方式

发电厂、变电站的直流系统一般采用单母线接线。当正常运行时，直流系统由厂用工作母线提供电源，供操作、蓄电池充电使用。当交流电源失去时，蓄电池提供操作电源及保安电源。直流充电机分别接于直流Ⅰ、Ⅱ段母线上，并具有切换开关，可对蓄电池充电，也可直接对直流母线充电。正常情况下，直流Ⅰ、Ⅱ段母线由两个分段联络断路器开断，每断直流母线上分别接有合闸、保护、控制、自动装置等负荷。两段直流母线上的合闸电源在端子箱内和合环或分段运行。当两台直流充电机因故停运时，蓄电池可对直流母线放电，以保持直流系统运行正常。

7. 站用直流系统电压

直流母线电压在运行中不允许过高或过低。变动方位不允许超过额定电压的±5%，主合闸母线应保持在额定电压的105%～110%。电压过高时，对长期带电的继电器、指示灯等容易过热或损坏。电压过低时，可能造成开关、保护的动作不可靠。

8. 站用直流系统接地的危害

直流正极接地有造成保护误动的可能，因为一般跳闸绕组（如出口中间绕组和跳闸合闸绕组等）均接于负极电源，若这些回路再生接地或绝缘不良就会引起保护误动。直流负极接地与正极接地同一道理，如回路中再有接地就可能造成保护拒动（越级扩大事故）。因为两点接地将跳闸或合闸回路短路，还可能烧坏继电器触点。

9. 站用直流系统的绝缘监视

变电站的直流装置中发生一极接地并不会引起严重的后果，但不允许在一极接地的情况下长期运行，因为接地极的另一点再发生接地时，可能造成信号装置、继电保护和控制电路的误动作，使断路器跳闸。因此，必须装设直流系统的绝缘监视装置，以便及时地发现直流系统的一点接点故障。

10. 站用直流系统的主要参数

（1）交流充电电压为（380±10%）V。

(2) 稳流精度不应大于±5%。

(3) 浮充电稳压精度不应大于±2%。

(4) 保护及控制电压（220±5%）V。

(5) 合闸电压范围为87.5%～112.5%。

(6) 直流系统报警电压：185～275V。

(7) 铅酸蓄电池放电不宜超过10h。

(8) 镉镍蓄电池放电不宜超过5h。

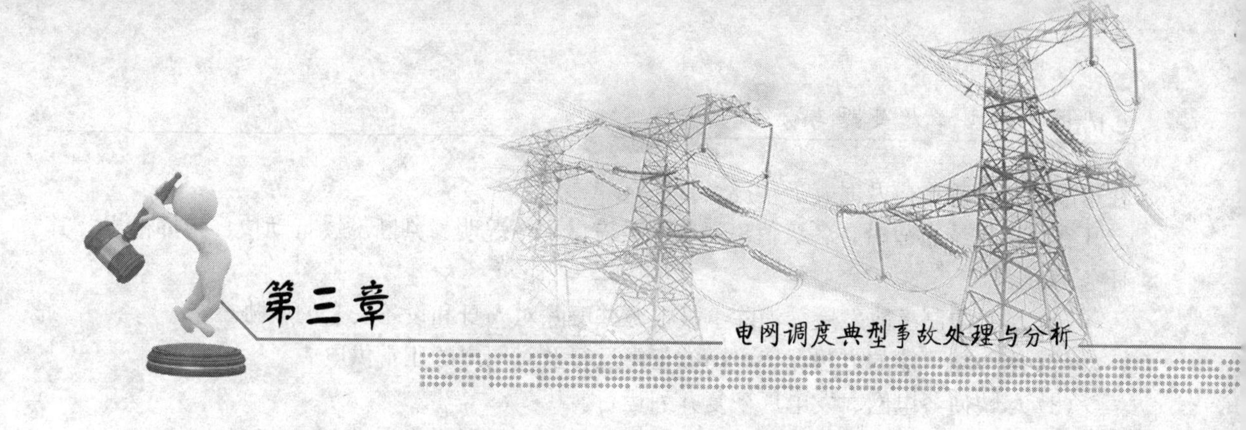

电力系统事故概述

第一节 电力生产事故概念及分类

电力生产事故是指电力系统中设备全部或部分故障、稳定破坏、人员工作失误等原因使电网的正常运行遭到破坏，以致造成对用户停止送电、少送电、电能质量变坏到正常范围以外，甚至毁坏设备、造成人员伤亡等。

在电网运行中，由于各设备之间都有电或磁的联系。当某一设备发生故障时，在很短的瞬间就会影响到整个系统的其他部分。因此，当系统中的某些设备发生故障和不正常工作等情况时，都可能引起电力系统事故，引起电力系统事故的原因主要有以下4点：

（1）自然灾害、外力破坏；

（2）设备缺陷、管理维护不当、检修质量不好；

（3）运行方式不合理；

（4）运行人员操作不当和继电保护误动作等。

电力生产事故从事故范围角度出发，可以分为全网事故和局部事故两大类。从故障类型角度出发，可以分为人身事故、电网事故、电气设备事故等。

电力生产人身事故是指从事于电力生产有关的工作过程中，本单位或外单位人员发生人身伤亡的情况。

电网事故是指在电网中运行的设备发生故障、电网受到不可抗力影响或保护误动、人员操作失误等原因，造成电网频率稳定、电压稳定或功角稳定破坏，对用户减供负荷达到一定程度、电能质量不合格等情况。

电力企业发生设备、设施、施工机械、运输工具损坏，造成直接经济损失超过规定数额的，为电力生产设备事故。

第二节 事故处理一般原则

一、事故处理的一般原则

各级值班调度员是电力系统事故处理的总指挥。各级调度按调管范围划分事故处理权限和责任。本级调度调管设备的事故处理操作，除本级调度规程允许运行单位不待调令进行的操作以外，必须按照值班调度员的指令进行。间接调管设备的事故处理应以下级调度为主，在事故处理过程中应及时互通情况。

在处理系统事故时，各级值班调度人员应做到情况明、判断准、行动快、指挥得当，其任务为：

(1) 尽快限制事故发展，消除事故根源并解除对人身和设备安全的威胁。

(2) 用一切可能的方法保持主网的正常运行及对用户的正常供电。

(3) 尽快使各电网、发电厂恢复并列运行。

(4) 尽快对已停电地区恢复供电，对重要用户应尽可能优先供电。

(5) 调整系统运行方式，使其恢复正常。

二、事故处理的一般要求

(1) 电力系统发生事故时，事故单位应立即明确地向值班调度员报告有关事故情况，主要内容应包括以下4点：

1) 断路器跳闸情况和主要设备出现的异常情况。

2) 频率、电压、负荷的变化情况。

3) 继电保护和安全自动装置动作情况。

4) 有关事故的其他情况。

(2) 系统事故时，各级值班调度员根据继电保护，安全自动装置动作情况、调度自动化信息以及频率、电压、潮流等有关情况判断事故地点及性质，迅速处理事故。系统事故处理，必须使用统一的调度术语，值班调度员下达即时指令时按发令人的姓名统一编号，并给出发令时间，接令人应认真复诵，双方均应做好记录和录音。

(3) 事故处理期间，值班调度员命令运行单位立即拉合开关时，双方都不允许挂断电话，要求接令单位立即操作，立即回令。

(4) 紧急情况下，值班调度员可以越级向下级调度调管的发电厂、变电站值班人员发布调度指令。

(5) 紧急情况下，为了防止事故扩大，事故单位或相关调度可不待上级调度值班调度员的指令进行以下操作，但应尽快报告。

1) 将直接威胁人身安全的设备停电。

2) 将故障设备停电隔离。

3) 解除对运用中设备的安全威胁。

4) 恢复全部或部分厂用电及重要用户的供电。

5) 现场规程中，明确规定可不待调令自行处理的其他情况。

(6) 系统发生事故时，各级值班人员应严守岗位，值班负责人如需离开，必须指定代理人；非事故单位，不得在事故期间占用调度电话向调度或其他单位询问事故情况。

(7) 处理事故时，各事故单位的领导人有权对本单位值班人员发布指示，但其指示不得与上级调度值班人员的指令相抵触。

(8) 发生重大事故时，有关调度值班调度员应一边处理事故，一边将事故简要情况报告给上级调度值班调度员。事故处理完毕后，必须向上级调度值班调度员详细汇报。一般事故，可在事故处理完毕后向上级调度值班调度员汇报。

(9) 系统发生事故时，值班调度员应将发生的事故情况迅速报告有关领导。事故处理完毕后，应按有关要求向上级值班调度员汇报事故简况。

(10) 交接班时发生事故，应立即暂停交接班，并由交班调度员进行处理，直到事故处理完毕或事故处理告一段落，方可交接班。接班调度员可按交班调度员的要求协助处理事故。

(11) 处理事故时，无关人员不得进入调度室内。

(12) 处理系统事故时，在调度室的有关领导，应监督值班调度员处理事故步骤的正确性，必要时给以值班调度员相应的指示，如认为值班调度员处理事故不当，则应及时纠正，必要时可直接指挥事故处理，但对系统事故处理要承担责任。

(13) 系统事故处理完毕后，当值调度员应将事故情况详细记录，并于48h内写出事故处理经过。

第三节 事 故 分 级

根据国家电力监管委员会2004年12月20日发布，自2005年3月1日起施行的《电力生产事故调查暂行规定》(国家电力监管委员会令第4号)规定对事故进行了分级。分级从人身事故和电网事故进行了分别规定，也明确了事故调查的相关内容。

一、人身事故

电力企业发生有下列情形之一的人身伤亡，为电力生产人身事故：

(1) 员工从事与电力生产有关的工作过程中，发生人身伤亡的(含生产性急性中毒造成的人身伤亡，下同)；

(2) 员工从事与电力生产有关的工作过程中，发生本企业负有同等以上责任的交通事故，造成人身伤亡的；

(3) 在电力生产区域内，外单位人员从事与电力生产有关的工作过程中，发生本企业负有责任的人身伤亡的。

电力生产人身事故的等级划分和标准，执行国家有关规定。

二、电网事故

1. 特大电网事故

电网发生有下列情形之一的大面积停电，为特大电网事故：

(1) 省、自治区电网或者区域电网减供负荷达到下列数值之一的：

1) 电网负荷为20 000MW以上的，减供负荷20%；

2) 电网负荷为10 000MW以上不满20 000MW的，减供负荷30%或者4000MW；

3) 电网负荷为5000MW以上不满10 000MW的，减供负荷40%或者3000MW；

4) 电网负荷为1000MW以上不满5000MW的，减供负荷50%或者2000MW。

(2) 直辖市减供负荷50%以上的。

(3) 省和自治区人民政府所在城市以及其他大城市减供负荷80%以上的。

2. 重大电网事故

电网发生有下列情形之一的大面积停电，为重大电网事故：

(1) 省、自治区电网或者区域电网减供负荷达到下列数值之一的：

1) 电网负荷为20 000MW以上的，减供负荷8%；

2) 电网负荷为10 000MW以上不满20 000MW的，减供负荷10%或者1600MW；

3）电网负荷为5000MW以上不满10 000MW的，减供负荷15%或者1000MW；

4）电网负荷为1000MW以上不满5000MW的，减供负荷20%或者750MW；

5）电网负荷为不满1000MW的，减供负荷40%或者200MW。

(2) 直辖市减供负荷20%以上的。

(3) 省和自治区人民政府所在地城市以及其他大城市减供负荷40%以上的。

(4) 中等城市减供负荷60%以上的。

(5) 小城市减供负荷80%以上的。

3. 一般电网事故

电力企业发生有下列情形之一的事故，为一般电网事故。

(1) 110kV以上省级电网或者区域电网非正常解列，并造成全网减供负荷达到下列数值之一的：

1）电网负荷为20 000MW以上的，减供负荷4%；

2）电网负荷为10 000MW以上不满20 000MW的，减供负荷5%或者800MW；

3）电网负荷为5000MW以上不满10 000MW的，减供负荷8%或者500MW；

4）电网负荷为1000MW以上不满5000MW的，减供负荷10%或者400MW；

5）电网负荷为不满1000MW的，减供负荷20%或者100MW。

(2) 变电站220kV以上任一电压等级母线全停的。

(3) 电网电能质量降低，造成下列情形之一的：

1）装机容量3000MW以上的电网，频率偏差超出（50±0.2）Hz，且延续时间30min以上；或者频率偏差超出（50±0.5）Hz，且延续时间15min以上。

2）装机容量不满3000MW的电网，频率偏差超出（50±0.5）Hz，且延续时间30min以上；或者频率偏差超出（50±1）Hz，且延续时间15min以上。

3）电压监视控制点电压偏差超出电力调度规定的电压曲线值±5%，且延续时间超过2h；或者电压偏差超出电力调度规定的电压曲线值±10%，且延续时间超过1h。

三、事故调查

(1) 电力发生事故后，应当按照国家有关规定，及时向上级主管单位和当地人民政府有关部门如实报告。

(2) 电力企业发生重大以上的人身事故、电网事故、设备事故或者火灾事故，电厂垮坝事故以及对社会造成严重影响的停电事故，应当立即将事故发生的时间、地点、事故概况、正在采取的紧急措施等情况向国家电力监管委员会报告，最迟不得超过24h。

(3) 电力生产事故的组织调查，按照下列规定进行：

1）人身事故、火灾事故、交通事故和特大设备事故，按照国家有关规定组织调查；

2）特大电网事故、重大电网事故、重大设备事故由国家电力监管委员会组织调查；

3）一般电网事故、一般设备事故由发生事故的单位组织调查。

涉及电网企业、发电企业等两个或者两个以上企业的一般事故，进行联合调查时发生争议，一方申请国家电力监管委员会处理的，由国家电力监管委员会组织调查。

(4) 电力生产事故的调查，按照下列规定进行：

1）事故发生后，发生事故的单位应当迅速抢救伤员和进行事故应急处理，并派专人严格保护事故现场。未经调查和记录的事故现场，不得任意变动。

2）事故发生后，发生事故的单位应当立即对事故现场和损坏的设备进行照相、录像、绘制草图。

3）事故发生后，发生事故的单位应当立即组织有关人员收集事故经过、现场情况、财产损失等原始材料。

4）发生事故的单位应当及时向事故调查组提供完整的相关资料。

5）事故调查组有权向发生事故的单位、有关人员了解事故情况并索取有关资料，任何单位和个人不得拒绝。

6）事故调查组在《事故调查报告书》中应当明确事故原因、性质、责任、防范措施和处理意见。

7）根据事故调查组对事故的处理意见，有关单位应按照管理权限对发生事故的单位、责任人员进行处理。

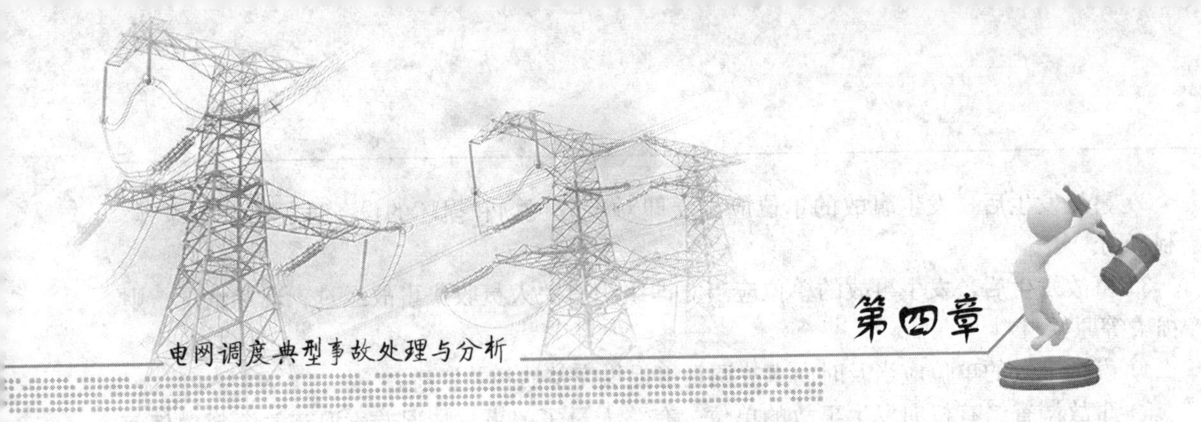

电网异常及事故分析处理

电网事故具有停电范围大、影响面广，甚至会对国民经济和社会稳定带来灾难性影响的显著特征。因此，长期以来电网经营企业一直把防范电网事故，特别是防止大面积停电和电网瓦解事故，作为确保电网安全、稳定运行工作的重中之重。近年来，全国各地电网的一般电网事故发生率一直没有得到有效的降低和减少，极大地影响了电网的运行和地区经济的正常发展。

第一节　电网异常及事故概述

一、近年来一般电网事故类型分析

(1) 按原因分类：从发生电网事故的原因来看，引发一般电网事故的主要因素有继电保护误动/拒动、恶劣天气、外力破坏、误操作、质量不良、人员责任及其他原因。

(2) 按责任分类：一般电网事故按责任分类可分为自然灾害、制造质量、外力破坏、运行人员、施工设计、人员责任和其他。据统计，自然灾害（如雷击、雾闪、覆冰舞动等）、人员责任（运行人员和其他人员责任）、外力破坏和制造质量依次是一般电网事故的主要责任原因。

(3) 按技术分类：一般电网事故按技术分类则可分为继电保护、雷击、接地短路、恶性误操作、误碰误动、设备故障和其他。其中，接地短路（外力破坏、对地放电）、继电保护（保护误动、保护拒动、二次回路故障等）和雷击是构成一般电网事故的主要技术原因。

(4) 按设备分类：一般电网事故按设备分类一般可分为输电线路、继电保护、其他电器、断路器、隔离开关、组合电器等。实践表明，输电线路、继电保护是造成电网事故的主要设备原因。

二、电网一般事故的特点

通过多年来对一般电网事故的成因的综合分析，一般电网事故具有以下主要特点：

(1) 人员责任居高不下。

(2) 抗御自然灾害能力差，外部运行环境日趋恶化。

(3) 电网结构薄弱，事故影响面大。

(4) 继电保护问题突出。

第二节　系统频率异常及事故分析处理原则

电网的频率是指交流电每秒钟变化的次数，在稳态条件下各发电机同步运行，整个电网的频率相等。我国电网频率额定值是50Hz，电网的频率是经常波动的，这是因为电力生产的同时性，即发电、输电、变电、配电、用电同时进行，不能储存的特点决定了电能的生产和消耗总是同时进行并时刻保持平衡。例如，在发电出力一定的情况下，电网的负荷增加，会造成系统的有功功率不足，结果导致发电机的转速下降，电网频率降低；如果电网的负荷减少，发电机的转速上升，会造成电网的有功过剩，电网频率升高。由于电网的负荷随时都在发生变化，所以电网的频率一直在波动。

一、电力系统低频运行的危害

(1) 对发电厂，可能会使汽轮机的叶片因受不均匀气流冲击发生共振而损坏。正常运行中，叶片的振动应力较小；低频率运行时，叶片上的振动大增，频率低至47Hz时，低压级叶片振动将增大几倍，可能发生断裂事故。

(2) 系统低频运行会使用户的交流电动机转速按比例降低，直接影响工农业生产的产量和质量。

(3) 造成发电机转速降低，端电压下降。同时，与发电机同轴的历次电压、电流降低，使发电机端电压有更大下降。

(4) 电力系统中频率变化，使发电厂常用交流电动机转速降低，给水、通风、磨煤功率下降，影响到锅炉功率；还将导致汽轮发电机、水轮发电机、锅炉及其他设备的效率降低，使发电厂在不经济的情况下运行。形成恶性循环，可能造成大面积停电事故。

(5) 电力系统中频率变化，还会引起系统中各电源间功率的重新分配，这样就可能改变原来按经济条件所分配的功率，影响了系统的经济运行。

(6) 对于电力电容器，其无功功率随频率的降低而降低，使系统缺少无功，引起电压下降。

二、系统低频事故处理方法

任何时候保持系统发电、供电、用电平衡是防止低频事故的主要措施，因此在处理低频事故时的主要方法如下：

(1) 使运行中的发电机增加有功功率，投入系统中的备用发电容量。

(2) 按照预先制订的事故限电序位表切除不重要的负荷，按照有序用电序位表通知用户降低用电容量。

(3) 手动切除在低频减载装置整定的频率下未自动切除的负荷。

(4) 对于发电厂，系统频率低至危及厂用电的安全时，可按制订的保厂用电措施，部分发电机与系统解列，专供厂用电和部分重要用户，以免引起频率崩溃。

(5) 利用联网系统的事故支援。

三、系统高频率运行的处理方法

(1) 调整电源功率。对废弃水运行的水电机组优先减功率，直至停机备用；对火电机组减功率至最小技术出力。

(2) 起动抽水蓄能机组抽水运行。

(3) 对弃水运行的水电机组减出力直至停机。

(4) 火电机组停机备用。

四、系统频率崩溃及防止频率崩溃的措施

如果电力系统运行频率已经等于（或低于）临界频率，若扰动使系统频率再下降，则将迫使发电机功率减少，从而使系统频率进一步下降，有功不平衡加剧，形成恶性循环，导致频率不断下降，最终到零。这种频率不断下降，最终到零的现象称为频率崩溃，或者叫做电力系统频率不稳定。

防止频率崩溃的措施有以下 6 点：

(1) 电力系统运行应保证有足够的、合理分布的旋转备用容量和事故备用容量。

(2) 水电机组采用低频率自起动装置和抽水蓄能机组装设低频切泵及低频自动发电的装置。

(3) 电力系统应装设并投入足够容量的低频减载装置。

(4) 采用重要电源事故联切负荷装置。

(5) 制订保证发电厂厂用电及对近区重要负荷供电的措施。

(6) 制订系统事故拉闸序位表，在需要时紧急手动切除负荷。

第三节　系统电压异常及事故分析处理原则

一、电压异常的定义及电压事故分级

一般把电网中重要的电压支撑点称为电网电压中枢点，监视和控制电压中枢点的电压偏移不超过规定范围是电网电压调整的关键。

电压中枢点与电压节监测点的关系是：电压中枢点一定是电压监测点，但电压监测点不一定是电压中枢点。根据《电力生产事故调查暂行规定》（国家电力监管委员会令第 4 号）规定。

电压监视控制点电压偏差超出电力调度规定的电压曲线值±5%，且延续时间超过 2h；或者电压偏差超出电力调度规定的电压曲线值±10%，且延续时间超过 1h，即为一般电网事故。

二、系统电压过低的危害

(1) 发电机在低于额定电压运行时，要维持同样功率，将使定子电流增加。若要维持有功功率，则无功功率将随电压降低而明显减少。

(2) 由于电压下降，作为无功补偿用的电力电容器，其功率会大大减少，系统电压会更低。

(3) 线路损耗随电压降低而增加。

(4) 系统电压过低，用户和发电厂厂用电的交流电动机定子电流会增加，长时过负荷会烧坏。

(5) 电压降低使异步电动机转矩下降。电压严重下降时，电动机的欠压保护将动作使电动机停转。

(6) 电力系统电压严重降低，可能导致电压崩溃，使系统稳定性遭到破坏。

三、系统电压过低变电站运行人员采取的措施

(1) 在母线电压降低超过规定值时，迅速汇报调度。

(2) 投入电容器组，增加无功补偿容量。

(3) 根据调令，改变系统运行方式。

(4) 仅局部电压过低时，按照调令，调整有载调压变压器的分接头，提高输出电压。

(5) 根据调令，通知用户降低负荷或拉闸限电。

四、电网监视控制点电压降低超过规定范围时，值班调度员应采取的措施

电网监视控制点电压降低超过规定范围时，应采取如下措施：

(1) 迅速增加发电机无功出力；

(2) 投无功补偿电容器（应有一定的超前时间）；

(3) 设法改变系统无功潮流分布；

(4) 条件允许降低发电机有功出力，增加无功出力；

(5) 必要时起动备用机组调压；

(6) 切除并联电抗器；

(7) 确认无调压能力时拉闸限电。

五、电网监视控制点电压过高超过规定范围时，值班调度员应采取的措施

对于局部电网无功功率过剩、电压偏高，应采取如下基本措施：

(1) 发电机高功率因数运行，尽量少发无功；

(2) 部分发电机进相运行，吸收系统无功；

(3) 切除并联电容器；

(4) 投入并联电抗器；

(5) 控制低压电网无功电源上网；

(6) 必要且条件允许时改变运行方式；

(7) 调相机组改进相运行。

六、系统的电压崩溃及防止电压崩溃所采取的措施

如果电力系统运行电压已经等于（或低于）临界电压，若扰动使负荷点的电压再下降，将使无功电源远小于无功负荷，从而导致电压不断下降，最终到零。这种电压不断下降最终到零的现象称为电压崩溃，或者叫做电力系统电压不稳定。

防止电压崩溃所采取的措施有以下 8 点：

(1) 依照无功功率分层分区就地平衡的原则，安装足够容量的无功功率补偿设备，这是做好电压调整、防止电压崩溃的基础。

(2) 在正常运行中要备有一定的可以自动调出的无功备用容量。

(3) 正确使用有载调压变压器。

(4) 避免远距离输电、大容量无功功率输送。

(5) 超高压线路的无功功率不宜做补偿容量使用，防止跳闸后电压大幅度波动。

(6) 高电压、远距离、大容量输电系统，在短路容量较小的受电端，设置静止电容补偿器等作为电压支撑。

(7) 在必要的地区安装低压减载装置，配置低压自动联切负荷装置。

(8) 建立电压安全监视系统，向调度员提供电网中有关地区的电压稳定裕度及应采取的

措施等信息。

第四节　设备过负荷及处理原则

一、变压器过负荷及处理原则

1. 变压器过负荷

变压器过负荷是指变压器运行时，传输的功率超过变压器的额定容量，其具体内容为：

(1) 允许过负荷，即变压器顶部油温不太高，绕组热点温度对绝缘还无损害，过负荷功率并不太大，且稳定，但时间不宜过长。

(2) 限制过负荷，即变压器过负荷程度较重，顶部油温升高，绕组热点温度对绝缘有一定危害，但顶部温度还未达到140℃，此时时间不能太长。

(3) 禁止过负荷，即变压器过负荷功率很大，顶部油温很高，绕组热点温度达到了危险程度。

2. 变压器过负荷现象

运行中的变压器过负荷时，可能出现电流指示超过额定值，有功电能表、无功电能表指针指示增大，信号、警铃动作等。

3. 变压器的过负荷能力

变压器过负荷的允许值应遵守制造厂的规定。无厂家规定时，对于自然冷却和吹风冷却的油浸式电力变压器可参照表4-1所示的标准。

表4-1　　变压器过负荷的允许值

项　目	内　容					
过负荷对额定电流之比	1.3	1.6	1.75	2.0	2.4	3.0
过负荷允许持续时间（min）	120	30	15	7.5	3.5	1.5

4. 变压器过负荷处理方法

(1) 应检查各侧电流是否超过规定值，并汇报给当值调度员。

(2) 检查变压器的油位、油温是否正常，同时将冷却器全部投入运行。

(3) 及时调整运行方式，如果有备用变压器，应投入。

(4) 联系调度，及时调整负荷的分配情况，联系用户转换负荷。

(5) 如果属于正常负荷，可根据正常负荷的倍数确定允许运行时间，并加强监视油位、油温，不得超过允许值，若超过时间，则应立即减少负荷。

(6) 若属于事故过负荷，则过负荷的允许倍数和时间，应依照制造厂的规定执行。若过负荷倍数及时间超过允许值，应按规定减少变压器的负荷。

(7) 应对变压器及其有关系统进行全面检查，若发现异常，应及时汇报处理。

二、输电线路过负荷及处理原则

1. 输电线路过负荷原因

(1) 受端系统的发电厂减负荷或机组事故跳闸。

(2) 联络线并联回路的切除。

(3) 发电厂日负荷曲线的分配不当（包括运行方式安排不当）。

(4) 调度人员的调整不当。

2. 为了尽快消除线路过负荷，应主要采取的措施

(1) 受端系统的发电厂迅速增加出力，或由自动装置快速起动受端水电厂的备用机组，包括调相的水轮发电机快速改发电运行。

(2) 送端系统内的发电厂降低有功出力并提高电压，必要时可适当降低频率以降低线路的过负荷程度。

(3) 有条件时，值班调度员可改变系统接线方式，使潮流强迫分配。

(4) 当联络线已达到规定极限负荷时，应立即下令受端切除部分负荷，或由专用的自动装置切除负荷。

3. 稳定系统措施

至于系统的稳定极限，对一条线路而言，有动态稳定极限和静态稳定极限两类。当系统在规定的静态稳定极限值运行时，说明系统已经承受不住较大的冲击，负荷较大幅度的增长和系统内其他地方故障都能使稳定破坏。因此，应当尽快调整使线路的潮流在静态稳定极限内运行。为了保证系统安全，一般应采取以下措施：

(1) 提高全系统特别是联络线附近的电压水平。根据单机对无穷大系统的关系，输送功率与发电机电动势和系统电压成比例，提高系统的电压可使静态输送功率极限增大或在输送一定功率时使相对角减小，因而提高了静态稳定储备和动态稳定储备。

(2) 保持同步发电机自动励磁调节装置投入运行。自动励磁调节装置可在发电机增加出力时增大励磁电流，从而限制发电机相对角度的增大和系统电压的下降。按比例调节的无失灵区的自动励磁调节装置能使发电机在接近 E_d' 等于常数所决定的功率极限内运行，而按一次微分和二次微分调节的强力式自动励磁调节装置能使发电机在端电压为常数决定的功率极限内运行。

(3) 当系统有“弱联络线”的情况，若发电机或用户负荷变化大时，都可能发生过负荷。为了防止扩大事故，可在“弱联络线”的受端，装设联络线过负荷自动切除部分用户负荷。

(4) 限制负荷。当联络线负荷超过动态稳定极限时，可根据系统备用情况、天气情况、可能的运行时间等因素决定是否限制负荷，除极特殊情况外均不能按静态稳定极限运行。

第五节　联络线故障及处理方法

一、电网间联络线过负荷的处理

(1) 受端电网内的发电厂迅速增加出力，或由自动装置快速起动受端水电厂的备用机组，包括调相的水轮发电机快速改发电运行。

(2) 送端电网的频率调整厂停止调整频率，且发电厂降低有功出力，并提高电压，从而利用适当降低互联电网的频率，以达到降低联络线过负荷的目的。

(3) 当联络线已达到规定极限负荷时，应立即下令受端切除部分负荷，或由专用的自动装置切除受端电网的负荷。

(4) 有条件的情况下，值班调度员改变系统接线方式，使潮流强迫分配。

二、联络线超暂态稳定限额运行时应注意的事项

(1) 尽量提高送端、受端运行电压。

(2) 当时沿线地区无雷、无雨、无雾、无大风，并密切监视天气变化情况。

(3) 停用超暂态稳定限额运行线路的重合闸，停止有关电气设备的强送电和倒闸操作。

(4) 超暂态稳定限额运行需要得到省级电网主管部门总工程师批准，如影响到主网的稳定运行时，须得到上级调度机构值班调度员的同意。

(5) 超暂态稳定限额运行时，必须保持足够的静态稳定储备，禁止超静态稳定限额运行。

(6) 做好事故预想，制订发生稳定破坏时的处理办法。

三、电网联络元件输送潮流超过暂态稳定、静（热）稳定限额时的处理原则

当电网联络线元件输送潮流超过暂态稳定、静（热）稳定限额时，应迅速降至限额以内，处理原则如下所述。

(1) 增加受端发电厂出力，并提高电压水平。

(2) 降低送端发电厂出力（必要时可切除部分发电机组），并提高电压水平。

(3) 调整电网运行方式（包括改变系统接线等），转移过负荷元件的潮流。

(4) 在该联络元件受端进行限电或拉电。

第六节　系统振荡及处理原则

一、系统振荡的类型及状态

在正常运行中，由于系统内发生短路、大容量发电机跳闸（或失磁）、突然切除大负荷线路（负荷超过系统稳定限值）、系统负荷突变、电网结构及运行方式不合理等，以及系统无功电力不足引起电压崩溃、联络线调整及非同期并列操作等原因，使电力系统的稳定性遭破坏。由于这些事故，造成系统之间失去同步，因而称之为振荡。

系统产生非同期振荡，即系统出现稳定问题时有两种趋势，一种是趋向稳定的振荡，即摆动幅度越来越小，振荡很快衰减下去，达到新的稳态运行；另一种是振荡发展下去，造成失步，即产生了系统性事故。

对前者振荡现象，值班员要严密监视。对后者因振荡而发生失步后，则需采用措施创造条件恢复同步。

二、系统振荡的危害及与短路的区别

1. 系统振荡的主要危害

(1) 振荡时，系统各处电压、电流周期性交变，电气设备的安全受到威胁；同时，若振荡加剧，可能导致系统瓦解，使电网大面积停电，导致巨大的经济损失。

(2) 用户用电质量下降，影响工业生产用电和用户用电。

2. 系统振荡与短路的区别

(1) 振荡时，系统各点电压和电流值均作往复性摆动，而短路时，电流值、电压值是突变的。此外，振荡时，电流、电压值的变化速度较慢，而短路时，电流值、电压值突然变化量很大。

(2) 振荡时，系统三相是对称的；而短路时，系统可能出现三相不对称。

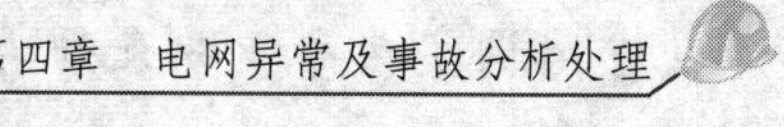

(3) 振荡时，系统任何一点电流与电压之间的相位角都随功角的变化；而短路时，电流与电压之间的角度是基本不变的。

三、系统振荡的原因

1. 电力系统静稳定性或动稳定性遭到破坏

2. 系统内出现非同期并列，造成失步或发电机失磁等

(1) 电厂经高压、长距离线路送电到系统中去，当送电电力超过规定时，易引起静稳定破坏而失去同步。

(2) 系统中发生事故特别是邻近、重负荷、长线路送电线路的地方发生短路事故时，易引起动稳定破坏而失去同步。

(3) 环状系统（或并列双回线）突然开环，使两部分系统联系阻抗突然增大，引起动稳定破坏而失去同步。

(4) 大容量机组跳闸或失磁，使系统联络线负荷增大或使系统电压严重下降，造成联络线稳定极限降低，易引起稳定破坏。

(5) 电源间非同步合闸未能拖入同步。

四、系统振荡的现象

(1) 发电机、变压器、线路的电压表、电流表及功率表周期性的剧烈摆动，发电机和变压器发出有节奏的轰鸣声。

(2) 连接失去同步的发电机或系统的联络线上的电流表和功率表摆动得最大。电压振荡最激烈的地方是系统振荡中心，每一周期约降低至零值一次。随着离振荡中心距离的增加，电压波动逐渐减少。如果联络线的阻抗较大，两侧电厂的电容也很大，则线路两端的电压振荡是较小的。

(3) 失去同期的电网，虽有电气联系，但仍有频率差出现，送端频率高、受端频率低，并略有摆动。

(4) 一次系统交流电压表、电流变、有功功率、无功功率表发生周期性波动，照明灯光忽明忽暗。

(5) 线路保护收发信机周期性反复起信或发信。

(6) 线路阻抗保护发出“振荡闭锁”信号。

(7) 主变压器发出周期性轰鸣声。

(8) 可能导致硅整流装置或静补偿装置跳闸。

五、系统振荡处理方法

发生系统振荡事故时，必须在调度的统一指挥下进行处理。值班人员发现有上述非同期振荡的象征时，报告上级调度待命处理。调度根据系统运行方式、负荷潮流、系统事故情况等，并根据各发电厂、变电站报告的情况等判断振荡中心，并迅速处理。对于整个电力系统来说，处理的方法有采取措施使系统之间人工再同步，若一定时间内未奏效，使系统解列经调整后恢复并列。

系统振荡的处理方法一般有两种，即人工再同步和系统解列。

1. 采取人工再同步的方法

系统振荡后，如果失去同步的系统之间在某一瞬间频率相同，即滑差为零，就说明该瞬间两个系统内发电机是同步的，如果其他条件（如发电机的相对角度）合适，系统就能不再

失步。使滑差为零的方法如下。

(1) 使失去同步的系统频率相同，即设法减小滑差的平均值。

(2) 增大滑差的脉动振幅，使滑差瞬时值经过零值。

(3) 降低频率升高的送端系统发电有功出力，其频率最低可降至49.5Hz；提高频率下降的受端系统发电有功出力，直到最大，必要时切除部分负荷，使频率恢复上升到49.00Hz以上，并将电压提高；使送端和受端两部分的频率趋于一致。提高出力的受端系统，若已经提高至最大出力，应按调度规程规定，按事故拉闸顺序限负荷。

(4) 系统振荡时，无论是送端还是受端系统，各发电厂和装有调相机的变电站，值班人员应不待调度命令，立即将发电机、调相机的无功出力调至最大，或将电压升至最高允许值，并不得解除自动励磁装置。各变电站投入电容器组，使电压升高。

(5) 环形网络，由于设备跳闸开环引起振荡，可以迅速试送（允许时，并根据调度命令）跳闸设备消除振荡。

采取以上措施，使系统之间逐渐拖入同步，已恢复同步的象征如下：

(1) 表计摆动减小、变慢，直至消失（无摆动）。

(2) 频率差减小，直至相等。

2. 采取系统解列方法

(1) 处理振荡的第二种方法是在适当的地点将系统解列，使振荡的系统之间失去联系，然后再经过并列操作恢复系统。

采取上述措施后，经过一定时间（3～4min），系统振荡仍未消失，不能拖入同步。应在电网调度部门经过计算确定的事故解列点，根据调度命令，将解列点断路器断开，系统解列。发生振荡的系统之间，失去电的联系，就不存在同步与否的问题了。然后，经过运行方式、负荷和发电出力的调整，系统各部分之间频率相等后，再恢复并列。

应当注意，各系统解列后，应尽量使电源出力与负荷之间保持平衡。

(2) 对于变电站运行值班人员来说，在电力系统发生振荡时，一般不掌握事故的全面情况。应在自己所在变电站的范围内，执行自己的任务。

1) 执行调度命令，调整负荷，或根据调度命令，按事故拉闸顺序限负荷。

2) 不待调度命令，投入电容器组。调整调相机和静止补偿器的无功出力，直至最大（装有调相机或静止补偿装置的）。

3) 执行调度命令，进行系统间的并列、解列操作。

4) 事故时，监视设备运行情况。

(3) 可设置解列装置的地点。

一般在电网中的以下地点，可考虑设置解列装置。

1) 电网间联络线上的适当地点如弱联系处，并应考虑电网的电压波动。

2) 地区电网中由主电网受电的终端变电站母线联络断路器。

3) 地区电厂的高压侧母线联络断路器。

4) 专门划作电网事故紧急起动电源专带厂用电的发电机组母线联络断路器。

3. 提高系统运行稳定的措施

非周期振荡是系统稳定失去的结果，提高系统静态稳定能力和动态稳定能力是防止非同期振荡避免产生大面积停电后果的系统性事故的根本方法。

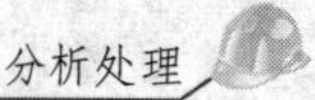

提高运行稳定的方法很多，大致有以下几种：

(1) 运行中应提高电气中枢点电压。

(2) 处于负荷中心的发电厂尽可能带满负荷运行。

(3) 在低谷时，相应的降低远距离输电容量。

(4) 减少处于负荷中心电厂发电机组的惯性常数。

(5) 采用单相重合闸、快速保护、快速开关、快速励磁系统强行励磁。

(6) 发电机加装电力系统稳定器。

(7) 提高发电机励磁调节器的性能。

(8) 减小线路阻抗。

(9) 提高继电保护动作的快速性。

(10) 线路装设串联电容，减小线路阻抗。

(11) 装设中间补偿装置，如调相机、静止补偿装置等。

(12) 采用直流输电。

第七节　变电站全停事故分析处理原则

全站失压的事故处理，应先根据保护及自动装置动作情况、仪表指示，断路器跳闸情况、运行方式、站内设备有无故障象征来判断故障性质和范围。同时，发生全站失压事故时，应及时和调度取得通信联系，以便于正确处理事故，尽快恢复供电。

一、变电站全停的主要原因

(1) 单电源进线变电站进线线路故障，线路对侧（电源侧）跳闸。电源中断或本站设备故障，电源进线对侧（电源侧）跳闸。

这种情况，还应包括双电源供电的变电站，其中某一个电源进线停电检修或作为备用时，工作电源因上述原因中断，全站失压。

(2) 本站高压侧母线及其分路故障，越级使各电源进线跳闸。

(3) 系统发生故障，造成全站失压。

二、变电站全停的主要现象

(1) 交流照明灯全部熄灭。

(2) 各母线电压表、电流表、功率表等均无指示。

(3) 继电保护报出“交流电压回路断线”信号。

(4) 运行中的变压器无声音。

对全站失压事故，必须根据情况综合判断。检查表计指示，只看电压表或电流表均不行。单独根据失去照明或失去站用电情况便认为是全站失压，会人为造成停电事故。因为站用变压器熔断器熔断、照明电源熔断器熔断，同样会失去照明。只有全面检查表计指示，电压表、电流表、功率表均无指示，并且同时失去站用电时，才能判定为全站无压。对于全站失压事故，如果属于站内设备发生故障，其外部象征一般是明显可见，因为故障点近，能听到爆炸、短路时的响声，能见到冒烟、起火、绝缘损坏等现象。

三、单电源进线运行的变电站全停或失压的事故处理

单电源进线运行的变电站，因电源进线线路故障或其他原因导致线路对侧（电源侧）跳

闸，电源中断一般占多数。电源进线线路有故障时，其处理程序一般如下：

(1) 夜间应先合上事故照明，全面检查保护动作情况、所报信号、仪表指示、断路器跳闸情况，正确判断故障。

(2) 断开电容器组断路器，断开有保护动作信号的分路断路器，争取与调度取得联系(失去通信电源时，可通过市话网或长途电话取得联系)，调整直流母线电压正常。

(3) 检查各母线及连接设备（主要是高压侧母线）和主变压器有无异常。检查电源进线和备用电源线路上有无电压。断开部分不重要负荷。

(4) 如果检查站内设备，没有发现任何异常，站内没有保护动作信号。属于电源进线对侧断路器跳闸，电源中断，应断开本侧失压断路器，迅速投入备用电源，如果其负荷能力具备条件，可以带全部负荷，否则，只能带部分重要负荷和站用电。原电源进线来电后，恢复正常运行方式。应当注意，如果利用中、低压侧母线上的备用电源恢复供电时，必须防止反充高压侧母线。

(5) 如果检查站内高压侧母线上有故障，并且故障无法隔离或消除，各支路中均无保护动作信号。其处理方法如下：

1) 中、低压侧母线上有备用电源，如果线路上有电，就应该利用该电源，对全部或部分重要用户恢复供电。若线路上无电，经与调度联系，由对侧对线路充电后再利用它恢复供电。

2) 汇报上级，由专业人员进行事故抢修。

(6) 如果检查站内设备上有故障，故障点可以排除或隔离，各支路中均无保护动作信号，应迅速隔离或排除故障，并作如下处理：

1) 检查备用电源线路上有电时，对母线充电正常以后，恢复正常供电。若是中、低压侧母线上的备用电源，应注意防止反充高压侧母线，并考虑其负荷能力，必要时只带部分重要负荷和站用电。

2) 检查备用电源线路上无电，应将本站一次系统分网，备用电源盒原运行线路各带一部分。各部分保留一台站用变压器或电压互感器监视来电。备用电源来电后，恢复全部或部分用户的供电及站用电，原电源进线来电后，恢复供电和正常运行方式。

3) 检查越级跳闸的故障原因。

(7) 如果检查站内一次设备无异常，但分路中（高压侧）有保护动作信号，属于分路故障，越级使电源进线跳闸。应当断开有保护动作信号的开关，其处理方法同上。

四、有两个及以上电源的变电站全停或失压的事故处理

有两个及以上电源的变电站，是指变电站高压侧母线有两个及以上电源，并且母线能分段。这类变电站，只要不是单电源运行时，一般不会因电源中断，造成全站失压。多电源的变电站，各电源进线，一般都不在同一段母线上运行。所以，母线上有故障时，故障点无论能否与母线隔离，均可以分网。

1. 处理程序和方法

(1) 夜间应先合上事故照明。全面检查保护及自动装置动作情况、报出的信号、仪表指示、断路器跳闸情况，并参考当时运行方式判断故障。

(2) 断开电容器组断路器、有保护动作信号的断路器、联络断路器、保护装置有异常的断路器。争取与调度取得联系，听从调度指挥。

(3) 检查站内设备有无异常，检查各电源进线、备用电源、联络线线路上有无电压。

(4) 如果检查站内设备没有发现故障现象，可能是系统发生事故所致，应断开失压断路器，联系调度，按照调度命令处理事故。

(5) 检查站内设备发现故障时，若故障点可以隔离或在短时间内可以排除，应立即隔离或排除故障，汇报调度，按照调度命令处理事故。

(6) 若站内发现故障，且无法隔离和排除时，应按照调度命令将相应设备转检修，由专业人员进行事故抢修，及时回复无故障设备，进而恢复对用户的供电。

2. 注意事项

(1) 利用备用电源恢复供电时，必须考虑其负荷能力和保护整定值的问题。防止因负荷过大，保护误动作跳闸。必要时，可以只恢复站用电以及重要用户的供电，甚至只带站用电和重要用户的保安用电。

(2) 对电源进线、联络线恢复并列运行时，应注意同期合闸，防止非同期并列。

(3) 恢复正常运行方式时，其操作顺序，应按照当时的运行方式统筹考虑。

(4) 全站失压事故，可能失去通信电源，失去与调度的联系。运行人员应按照现场规程规定，在自行处理的同时，积极设法与调度取得联系。通信联系恢复以后，应当将有关情况向调度做详细汇报。

(5) 利用中、低压侧母线上的备用电源恢复供电时，必须防止反充高压侧母线。

(6) 保障综合自动化监控系统与集控站和调度自动化主站的信息通道畅通，及时恢复其电源正常工作。

第八节　地区电网失压事故分析处理原则

一、诱发大面积停电的因素

随着用电需求的不断增加，电力系统的规模也日益扩大，其具有的明显优点虽然促进了超高压电网的形成和发展，但也带来了潜在的威胁，即局部电网的某些个别问题，特别是发生短路故障等，其影响将波及邻近的区域电网，可能诱发恶性连锁反应，最终酿成大面积停电的重大电网事故。

二、大面积停电的处理要求

根据《国家处置电网大面积停电事件应急预案》和 DL 755—2001《电力系统安全稳定导则》的要求，大面积停电事件发生后，事故处理、电网恢复等各项工作应在统一指挥和协调下进行。首先保证大电网的安全，并在电网恢复时优先恢复重点地区、重要城市和重要用户。为此，研究系统大面积停电后的恢复问题，从而制订切实可行的黑起动方案，作为电力系统安全运行的重要措施之一。

三、系统恢复方法及步骤

不同的电力系统其恢复方法各不相同，但总的目标都是要在最短的时间内使电网恢复带负荷的能力。具体要求先是以最小起动功率实现，即用最小的起动功率起动尽可能多的机组；再就是最少操作步骤实现，即严格根据系统恢复计划，实现系统恢复操作步骤最少。

系统恢复过程中通常包括自起动发电机组的起动，输送起动功率给无自起动能力的发电机组，断路器/隔离开关的操作，负荷的增/减，变压器分接头的调整，无功补偿装置的投切等。

系统恢复一般可分为三个阶段：①准备阶段（数十分钟）即估测故障后的系统状态、明确目标系统、选择输电线路、决定起动发电机的步骤。②恢复阶段（几个小时）即充电输电线路、同步子系统、完成网络重建，监测系统电压、无功平衡、电压和频率动态响应和故障清楚情况等。③负荷恢复阶段（数小时或更长）即负荷尽快全部恢复。

系统恢复过程的具体步骤如下：

(1) 地区电网系统停电时，迅速掌握故障后的系统状态。根据具体情况，明确恢复目标，选择起动电源、恢复渠道，尽快落实系统恢复计划。

(2) 将系统分割为多个子系统，同时起动各子系统中具有自起动能力的机组以实现同步恢复。这样，在某子系统内的严重故障尚未清除前，不至于影响整个系统的回顾。

(3) 自起动机组恢复运行后，将起动功率通过联络线送至其他机组，带动其他机组起动。其中必须把握好各种机组的临界时间间隔，并对机组的起动顺序科学排序。同时，为了确保系统的稳定运行和频率、电压在允许范围内波动，需适时恢复一定容量的负荷。

(4) 子系统内机组的并列。首先完成各台机组零起升压，完成负荷操作序列的操作票准备，在此前提下，完成机组与电网的同步断路器并列操作序列，完成满负荷运行。同时，要迅速清除某些子系统内的故障。

(5) 子系统间的并列是将恢复后的各个子系统并列运行，在检查最高电压等级的电压偏差之后，完成整个网络的并列。

(6) 恢复系统中的剩余负荷，最终完成整个系统的恢复和网络重建。

发生大停电以后，无自起动能力的机组首先要完成安全停机；运行值班人员要能做到尽快限制事故发展，消除事故根源，解除对人身和设备的危害；尽快恢复厂用电；尽快恢复对重要用户的供电，从而为系统的全面恢复做好准备。

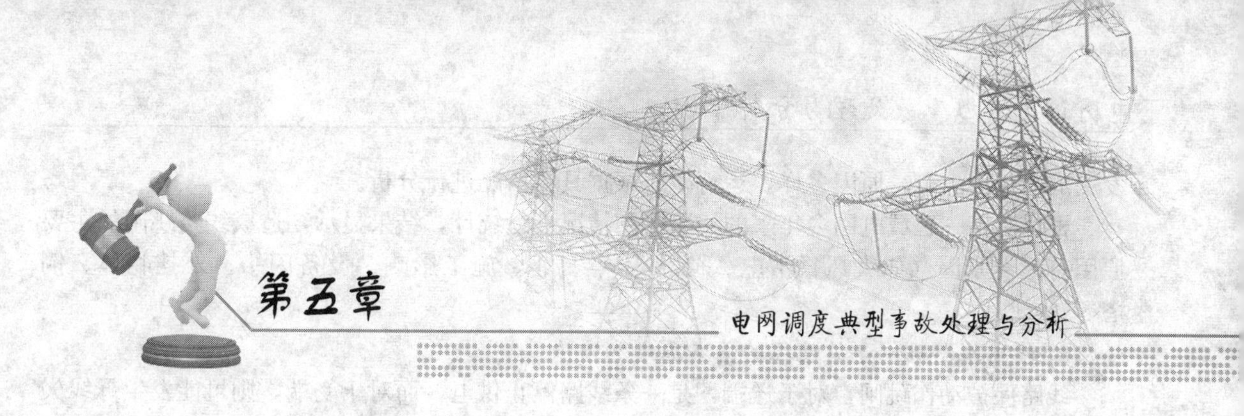

电气设备异常及事故分析处理

第一节　输电线路异常及故障跳闸

一、输电线路事故及异常处理要求

1. 输电线路故障类型及性质

线路故障分为瞬时性故障和永久性故障两种，其中瞬时性故障出现的概率最大，占线路故障的70%～80%。线路故障按其性质可分为单相接地故障、相间接地故障、相间短路故障。线路发生不同性质的故障时，保护和重合闸的动作行为也有所不同。发生不同性质的线路故障，一次系统电气参数的变化是不同的，同时也与系统中性点接地方式密切相关。

(1) 单相接地故障。

1) 中性点直接接地系统单相接地时，故障相电流增大，电压降低（若为金属接地，则故障相电压为零）。

2) 非故障相电压升高，电流随着该相电压升高，作用于不同负荷略有变化。

3) 出现负序、零序电压或电流，且在短路点负序电压、零序电压最大。

(2) 相间接地故障。

1) 中性点直接接地系统两相接地短路时，故障相电流增大，电压降低。

2) 非故障相电压升高，电流随着该相电压升高，作用于不同负荷略有变化。

3) 出现负序、零序电压或电流，在短路点负序、零序电压最高，且与正序分量相等。

(3) 相间短路故障。

1) 中性点直接接地系统两相短路时，故障相电流增大，电压降低。

2) 非故障相电压升高，电流随着该相电压升高，作用于不同负荷略有变化。

3) 出现负序电压、负序电流，在短路点负序电压最高。未出现零序电压、零序电流。

(4) 三相短路故障。

1) 中性点直接接地系统三相短路时，电流增大，电压降低。

2) 未出现负序、零序电压或电流。

2. 故障跳闸的可能原因

线路故障的原因很多，情况也比较复杂。例如，站内线路出现设备支撑绝缘、线路悬吊绝缘子闪络，大雾、大雪等天气原因造成沿面放电，树枝、动物引起对地、相间短路等瞬时性故障；设备缺陷、施工隐患、外物挂断线路、绝缘子破损等永久性故障，以及瞬时性故障发展成永久性故障，原因多样，运行时应根据具体情况进行分析。

根据对某一区域电网多年来的线路跳闸情况进行统计，结果显示，造成线路跳闸的主要原因有天气原因（如大风、雷电、覆冰等）、鸟害、施工影响、设备闪络、外挂物体、倒塔等。

3. 输电线路跳闸事故处理的基本原则和方法

线路保护动作跳闸，对于送端，是一条线路停止供电，而对于受端，则可能发生母线失压甚至是全站失压事故，对于电力系统，可能会影响系统的稳定性。因此，线路保护动作跳闸，必须汇报调度，听从调度指挥。

(1) 一般要求。

1) 线路保护动作跳闸时，运行值班人员应认真检查保护及自动装置动作情况、故障录波器动作情况，检查站内一次设备动作情况和正常运行设备的运行情况，分析继电保护及自动装置的动作行为。

2) 及时向调度汇报，汇报内容要全面，包括检查情况、天气情况等，便于调度及时、全面地掌握情况，结合系统情况进行分析判断。

3) 线路保护动作跳闸，无论重合闸装置是否动作或重合成功与否，均应对断路器进行外部检查。

4) 凡线路保护动作跳闸，应检查断路器所连接设备、出线部分有无故障现象。

总之，线路保护动作跳闸，一般必须与调度联系，详细汇报相关情况。处理时，应根据继电保护动作情况，按调度命令执行。

(2) 线路跳闸后强送注意的问题。

线路故障大多是暂时的，多数情况下，线路跳闸后经过很短的时间故障便能够自行消失，由于线路上普遍采用自动重合闸，线路发生瞬时故障时，线路跳闸后经过一定延时自动重合，使线路在极短的时间内恢复运行。这大大提高了供电可靠性，但是由于某些故障的特殊性，如重复雷击等熄弧时间较长的故障或断路器和重合闸装置的缺陷，都使重合闸在瞬时故障时不能保证全部成功。线路故障后手动强送（即不需查明故障原因向故障后的设备加全电压）的成功率是很高的。因此，线路故障后可根据保护动作情况、天气情况等各种因素综合考虑对其强送电，有条件时可利用发电机对故障线路递升加压。对故障线路强送电，应防止系统经受不了严重故障的冲击，使稳定破坏。因此，强送时应考虑以下内容。

1) 正确选取强送端，使电网稳定不致遭到破坏，一般采用大电源侧进行强送。在强送前，检查有关主干线路的输送功率在规定的范围之内，必要时应降低有关主干线路的输送功率至允许值并采取提高系统稳定水平的措施。

2) 厂站值班员必须对故障跳闸线路的相关设备进行外部检查，并将检查结果汇报。装有故障录波器的变电站、发电厂可根据这些装置判明故障地点和故障性质。线路故障时，如伴有明显的故障现象，如火花、爆炸声、系统振荡等，需检查设备并消除振荡后再考虑强送。

3) 强送所用的断路器必须完好，且具有完备的继电保护。

4) 强送前应对强送端电压进行控制，并对强送后首端、末端及沿线电压做好估算，避免引起过电压。

5) 线路故障跳闸后，一般允许强送一次，如强送不成功，需再次强送，须经主管生产

的领导同意。

6）线路故障跳闸，断路器切除故障次数已达到规定次数，由厂站值班员根据现场规定，向相关调度汇报并提出处理建议。

7）当线路保护和高压电抗器保护同时动作造成线路跳闸时，事故处理应考虑线路和高抗同时故障的情况，在未查明高抗保护动作原因和消除故障前不得强送；如线路允许不带电抗器运行，则可将高抗退出后对线路强送。

8）强送电时，应将所用断路器的重合闸装置停用，强送断路器所在的母线上必须有变压器中性点直接接地。

9）有带电作业的线路故障跳闸后，若明确要求跳闸后不得强送者，在未查明原因之前不得强送。

10）强送电后应做到：一是检查线路或发电机三相电流是否平衡，以免有断线情况发生；二是无论情况如何，都应对已送电的断路器进行外部检查。

（3）线路跳闸后不宜强送的情况。

下列情况的线路跳闸后，不宜立即强送电。

1）空充电线路。

2）试运行线路。

3）线路跳闸后，经备用电源自动投入已将负荷转移到其他线路上，不影响供电。

4）电缆线路。

5）有带电作业工作并申明不能强送的线路。

6）线路变压器组断路器跳闸，重合不成功。

7）运行人员已发现明显故障现象时。

8）线路断路器有缺陷或遮断容量不足的线路。

9）已掌握有严重缺陷的线路，如水淹、杆塔严重倾斜、导线严重断股等情况。

除以上情况外，线路跳闸，重合不成功，按有关规定或请示生产负责领导后可进行强送电，有条件的可对线路进行零起升压。

二、输电线路运行管理及常见问题处理

1. 架空电力线路的测试项目

测试是巡视检查的必要补充，使用仪器测得正常巡视检查无法发现的缺陷，架空电力线路的测试诊断项目主要有以下几种：

（1）绝缘子测试。

为了查明不良绝缘子，一般每年进行一次检测，其方法是利用特制的绝缘子测试杆，在带电线路上直接进行测量。

1）可变火花间隙型测试杆。

根据每片绝缘子上的电压分布不均匀的特点，改变测试杆上电极间距离，直至放电，即可测得每片绝缘子的电压。当测出的电压小于完好绝缘子所应分布电压时，就可以判断出哪片绝缘子为不良绝缘子。

2）固定火花间隙型测试杆。

电极间的距离，已预先按绝缘子的最小电压来确定（一般间隙为 0.8mm）。由于间隙已经固定，而绝缘子串的电压分布不能测出，只能发现零值或低值绝缘子。

测试时应注意：不能在潮湿、有雾或雨雪天气测试，测试的顺序应从靠近横担的绝缘子开始，直到一串绝缘子测试完为止。

(2) 导线接头测试。

导线接头是个薄弱环节，长期运行的导线接头接触电阻可能会增大，接触恶化的导线接头，夜间可以看到发热、变红现象。因此，除了正常巡视以外，还应定期测量导线接头电阻。

1) 电压降法。

正常导线接头两端的电压降一般不超过同样长度导线的电压降的 1.2 倍。若超过 2 倍，应更换导线接头才能继续运行，以免引起事故。

测量时，可在带电线路上直接测试负荷电流在导线连接处的电压降，也可在停电后，通过直流电进行电压降的测量，但带电测试时必须注意安全。

2) 温度测试法。

用红外测温仪，可在被测点一定距离外进行测试，通过导线接头温度的测量来检验导线接头的连接质量。

2. 输电线路的故障与排除方法

输电线路的故障与排除方法主要有以下几种：

(1) 钢筋混凝土电感腐蚀。

由于土质、水分和空气的污染，混凝土在水的长期作用下会产生腐蚀，腐蚀后钢筋混凝土变得疏松，甚至剥落，因此，混凝土电杆的地下部分的接近地面部分将出现混凝土酥碎现象，同时内部钢筋发生锈蚀，使电杆强度降低。

当发生腐蚀后，应及时涂刷防腐油膏，以防止腐蚀进一步加剧扩大，危及架空线路的运行安全。

(2) 钢筋混凝土电杆有缺陷。

在正常运行情况下，钢筋混凝土电杆不得有混凝土层剥落、漏筋、裂纹、酥松、杆内积水和铁杆锈蚀等现象。

钢筋混凝土电杆在运输、施工、运行过程中，有时受外力冲撞而出现小面积混凝土剥落，使钢筋混裸露在外，时间过久就容易生锈。铁锈的膨胀作用，使更多的混凝土被挤掉。应除掉混凝土表面的灰渣，在损伤部位的钢筋混凝土上用铅油刷几遍，效果较好。

(3) 金属杆塔基础和地下拉线棒锈蚀。

金属杆塔的基础一般都经过镀锌处理，具有较高防锈能力，但埋地下部分仍受化学腐蚀和电化作用，尤其在安装过程中，“锌皮”脱落的杆塔受腐蚀更为严重。当发现金属杆塔基础出现锈蚀时，对金属杆塔锈蚀长年受水浸泡的沼泽地区可在基础周围浇注 200～300mm 厚的火山灰质混凝土作为防护层；对于干燥地区，应在金属杆塔基础上刷沥青防锈油。刷油前要先清除金属表面的铁锈和泥土并晾晒数小时，再把沥青加热到沸点，趁热涂刷，待沥青干燥后埋土夯实，并堆培 300mm 左右的防沉台。

地下拉线棒的防锈处理，可参照金属杆塔的防锈方法进行。

(4) 杆塔“冻鼓”。

在水位较高的低洼地点，由于冬季浅层地下水结冰，地基的体积增大，易将杆塔推向土壤的上层，出现杆塔冻鼓，轻则解冻后杆塔倾斜，重则由于埋深不足而倾倒。一般可以采用

下列措施防止杆塔冻鼓：

1）增加杆塔埋入深度。

2）在水位较高的低洼地点，将杆塔根部埋至冻土层以上，换土填石。

3）或将地基上的泥土除掉，换上石头和培土，以保持杆塔的稳定。

在杆塔距地面的一定高度上面画一个标记，以观察埋深变化。当埋深减小到临界值时，应重新埋设杆塔。

（5）杆塔倾斜。

杆塔倾斜除了上述第4条中冻鼓的原因外，还有以下几种：

终端杆、转角杆或分支杆由于外力作用或安装不牢固，向受力方向倾斜。由于变形或没有安装合适的底盘，承力杆倾斜。路边、街口的杆塔受移动机械的撞击而倾斜。

杆塔倾斜会导致倒杆、断线、混线等重大事故，应根据不同情况采取相应措施。若倾斜不致影响线路正常运行，则要加强巡视，到适当季节再扶正；若倾斜杆塔威胁线路安全运行时，必须立即矫正处理。

（6）拉线折断。

1）根据拉线所承受的拉力大小，合理选择拉线和拉线棒的截面积，以免在运行中由于强度不足而拉断。

2）采用镀锌钢绞线或镀锌铁线作为拉线，以增强耐腐蚀能力，从而提高抗拉强度，但拉线的地下部分不宜采用镀锌钢绞线或镀锌铁线，通常采用拉线棒。

3）拉线不要装在路旁，以免被车撞断。若受地形限制，需设在路旁，应该拉线靠道路侧埋设护杆。

4）跨越道路的拉线至路面的垂直距离要符合要求。

（7）拉线基础上拔。

1）根据拉线所承受的拉力和土质情况，合理选择拉线盘规格和深度。

2）安装拉线盘时，拉线棒与拉线盘要垂直，以增大拉线盘上部的承压面积。

3）不要将拉线盘安装在易受洪水冲刷的地点，应根据现场情况采取必要的防洪措施。

4）禁止在拉线周围取土，若发现有人取土要立即制止，并填土夯实。

（8）绝缘子闪络。

在输电线路经过的地区，由于工厂的排烟、海风带来的烟雾、空气中漂浮的尘埃和大风刮起的灰尘等逐渐积累并附着在绝缘子表面上形成污秽层，这种污秽层具有一定的导电性和吸湿性。当遇到下毛毛雨、积雪融化、遇雾结露等潮湿天气时，温度较高，会大大降低绝缘子的绝缘水平，从而增加了绝缘子表面的泄漏电流，以致在工作电压下可能发生绝缘子闪络和木杆燃烧事故。应该采取以下预防措施：

1）根据绝缘子的脏污情况，应定期清扫绝缘子。线路上若存在不良绝缘子，就会降低线路绝缘水平，必须对绝缘子进行定期测试，若发现不合格的绝缘子要及时更换，使线路保持正常的绝缘水平。如果线路中的绝缘子出现裂纹，其绝缘电阻常变为零，使线路的绝缘水平变低，容易发生闪络，甚至会导致接地短路事故。因此，应对线路中的绝缘子进行巡视检查，发现裂纹的，要及时更换，以保证安全可靠地供电。绝缘子出现裂纹的判断方法主要有停电后用绝缘电阻表测量绝缘电阻，在带电的情况下用望远镜进行观察或根据放电声响进行判断等。

2）增加悬垂式绝缘子串的片数，采用高一级的针式绝缘子，将终端杆的单茶台改为双茶台，也可将一个茶台和一片悬式绝缘子配合使用。

3）对于严重污秽的地区，应采用防污绝缘子。一般绝缘子瓷件表面的污秽物质吸潮后，会形成导电通路。为了提高绝缘子的绝缘强度，应在绝缘子上涂防污涂料。

（9）绝缘子老化。

1）绝缘子长期处于交变磁场中，使绝缘性能逐渐变差，金属件会逐渐锈蚀；若绝缘子内部有气隙或杂质，将会发生电离，使绝缘性能恶化更快；若绝缘子内部遭到雷击或操作过电压更容易损坏。

2）绝缘子在外部应力和内部应力的长期作用下，将会发生疲劳损伤。

3）若绝缘子的金具镀锌质量不佳，在水分和污浊气体的作用下，会逐渐锈蚀；若瓷件部分与金具的胶合混凝土密封不严会使水进入。混凝土进水后，由于结冰而体积膨胀，使绝缘子的应力增大，而混凝土的风化作用也加剧，从而使绝缘子的机械强度降低。

4）由于绝缘子的金具、瓷质部分和混凝土三者的膨胀系数各不相同，若温度剧变时，瓷质部分受到额外应力而损坏。

5）若绝缘子的瓷质疏松、烧制不良、有细小裂纹，会使绝缘降低而被击穿。当发现绝缘子老化时，应针对具体情况，采取相应的措施进行处理。若发现有瓷件破损、瓷釉烧坏、铁脚和铁帽有裂缝，应立即更换，以免发生事故。

（10）零值绝缘子。

送电线路的绝缘子串，由于绝缘电阻和分布电容不同，电压分布不均匀，当某一绝缘子上承受部分的分布电压值等于零时，其绝缘电阻值也等于零。

若线路上存在零值或低值绝缘子，则降低了绝缘水平，容易发生闪络现象，应及时更换绝缘子。

（11）输电导线损坏或断股的处理。

输电导线损坏或断股会降低导线的导电截面积和机械强度，威胁线路安全运行，应及时进行停电检修。当损伤或断股不超过15%时，对送电线路可采用钳压管修补，钳压管的长度应超过损伤部位两端各30mm；对配电线路可采用敷线修补，敷线两端的缠绕长度应超过损伤部位各100mm以上。当导线磨损截面积不超过导电部分截面积的15%或单股导线损伤深度不超过单股直径的1/3时，可用同规格导线在损伤部位进行缠绕修补，两端的缠绕长度应超出损伤部位各30mm。发现损伤、断股超过15%，导线上出现“灯笼”时，“灯笼”直径超过导线的1.5倍，修补长度超过一个钳压管的长度以及钢芯断股时，则应将损伤部位锯掉重接。

（12）短路故障原因。

线路产生短路故障的基本原因是，不同电位的导体之间的绝缘击穿或者相互短接。

三相短路一般造成原因有：线路带地线合闸；线路倒杆造成三相接地；受外力破坏；线路运行时间较长，绝缘性能下降等。

两相短路故障的原因有：导线弧垂大，遇到大风使导线摆动，造成两相线相碰或绞线形成短路；受外力作用，如杂物搭在两根线上造成短路；遭受雷击形成短路。

1）绝缘击穿。电路中不同电位的体是相互绝缘的，如果这种绝缘损坏了，就会造成短路故障。

2）导线短接。两条不同电位的导线短接，也是电路故障的重要原因。这种短接可能是由于外力作用，也可能是人为误操作。①导线摆动，两相导线相碰。某高压线，由于弧垂过大，不符合要求，在风力作用下导线摆动，两相导线相碰，造成短路。变电站主要断路器跳闸，造成大面积的停电事故。②树枝使导线短接。线路旁一棵树越长越高，三根导线经常相互摩擦。遇到下雨天，三根导线通过树枝和雨水形成三相短路，且一相导线烧断。③临时短接线未拆，造成严重短路。维修线路时，为了防止误送电而引起触电事故，通常在线路停电后挂上短接线，线路维修完毕，必须将此短路线拆除。若维修完后工人忘记拆除短接线，送电时便形成三相短路、三次重合闸、三次短路，强大的短路电流使断路器触头严重烧坏而不能使用。由于更换断路器，该线路长时间停电。④鸟类等动物，也是造成电路短路的重要原因。⑤架空电力线路下方违章作业。在架空电力线路下方进行吊装其他作业，不按规定操作，也容易造成电力线路短路。

（13）线路断路故障的现象及原因。

1）断路故障现象。

断路是最常见的故障。断路故障最基本的表现形式是回路不通。在某些情况下，断路还会引起过电压，断路点产生的电弧还可能导致电气火灾和爆炸事故。①断路点电弧故障。电路断线，尤其是那些似断非断的断路点（即时断时通的电路），断开瞬间往往会产生电弧，或者在断路点产生高温，电力线路中的电弧和高温可能会酿成火灾。②三相电路的断路故障。在三相电路中，如果发生一相断路故障，一则可能使电动机因缺相运行被烧毁；二则使电路不对称，各相电压发生变化，使其中的相电压升高，造成事故；三则在电路中，如果零线（中性线）断路，则对单相负荷影响更大。

2）断路故障的原因。

线路断路故障原因有：①配电、变电低压侧一相熔体熔断。②架空导线的一相导线因故断开。③导线接头处接触不良或烧断。④外力作用造成一相断线等。

（14）线路接地故障原因。

线路接地一般有如下原因：

1）线路附近的树枝等触及导线。

2）导线接头处氧化腐蚀脱落，导线断开落地。

3）外因破坏造成导线断开落地。例如，在线路附近伐树，树木倒在线路上，线跨越道路时被汽车碰断。

4）电器元件绝缘能力下降，对附近物体放电。

（15）导线断线碰线。

1）导线弧垂过大或过小，导线截面有损伤或受外力作用产生断线、碰线，应加强巡视检查及预防性试验，找出缺陷并及时修补损伤的导线和接好拉断的导线从而调整弧垂。

2）大风刮落树枝砸断导线，使导线接地，或有抛落的金属导线搭接在电力线路上造成短路，导线熔断。应剪掉、砍掉妨碍线路的导线以及绑接好拉断的导线或调整弧度。

3）制造上的缺陷或施工时导线表面损伤、断股等造成导线碰线或者断线，应及时修补或更换导线。

4）导线弧垂过大或同挡水平排列的弧垂不相等，以致刮大风时摆动不一致造成相间导线相碰引起放电、短路，应检查、调整导线弧垂，避免刮风时导线相碰而造成短路，产生放电现象。

5）导线连接工艺不当，连接不紧密，使通过电流时造成烧红熔断，应更换连接器并重新连接。

6）长期受空气中有害气体侵蚀，应控制腐蚀气体或远离、隔离腐蚀性气体。

（16）导线振荡。

由于线路负荷不均，单相负荷过大或线路发生短路接地，电流过大，线间距离过近引起导线振荡，应检查负荷，找出故障点，并采取相应措施进而排除故障。

（17）10kV线路一相断线。

10kV配电线路大多数是中性点不接地系统，当发生一相断线，可能导致单相接地，无论线路导线断线处悬空在空中或落于地面，都不会使断路器掉闸，但会对人身安全产生严重威胁。

当发现配电线路一相断线时，应设法阻止行人进入断线地点8m以内，并迅速报告主管部位，等候处理。

（18）电晕。

在带电的高压架空电力线路中，导线周围产生电场。当电场强度超过了空气的击穿强度时，导线周围产生电场。当电场强度超过了空气击穿强度时，导线周围的空气会产生电离而出现局部放电的现象。

为了避免电晕现象的产生，可采取加大导线半径或线间距离来提高产生电晕现象的临界电压。一般加大线间距离的效果并不显著，而增大导线半径的方法显著，常用的方法是更换为粗导线、使用空心导线、采用分裂导线等。

（19）倒杆或断杆。

产生倒杆或断杆的原因如下所述。

1）电杆埋入的深度不够，应重新按标准立杆。

2）杆根基础下陷或基础未夯实，被大风吹倒，应对基础加固、夯实。

3）被外力撞倒，如汽车、拖拉机等碰撞，应换为新杆并采取防护措施。

（20）电杆倾斜。

1）线路受力不均，应调整线路或增加拉线。

2）雨季使杆根基础变松软，应采取防汛措施。

（21）铝线与铜线连接处发生电蚀。

当两种活泼性不同的金属表面接触后，长期停留在空气中，遇到水和二氧化碳就会发生电蚀现象。铝铜相接，由于铝比铜活泼，容易失去电子，遇到水、二氧化碳等物质就会生成负极，较难失去电子的铜受到保护而成为正极，于是接头处就产生电蚀，使接触面的接触电子不断增大。当电流通过时，接头温度升高，高温下又促使氧化，加剧电蚀，如此形成恶性循环，最后导致接头烧断的断线事故。

为了防止电蚀的发生，可采用高频闪光焊焊接好铜铝过渡接头、铜铝过渡线夹，也可采用铝线一段涂中性凡士林加以保护再与镀锡铜线相接，也能减轻电蚀程度。

（22）导线覆冰。

当冬季或初春时节，气温为－5℃左右时，易出现雨雪混下的天气，当雨滴落到导线、绝缘子、电杆或其他物体上，会出现结冰现象，而且越来越厚，由于覆冰过重可能造成断线

事故，其去除方法如下所述。

1）电流融冰法。

采用改变运行方式，增大覆冰线路的负荷电流，以升高温度来融冰；将线路与系统断开，使线路的一端三相短路，另一端接入数值较大的短路电流，使导线发热而融冰。但无论采用哪种方法都必须有控制导线的电流不得大于导线的安全电流。

2）机械除冰法。

机械除冰法是将线路停电后，用拉杆、竹棒等沿线敲打，使覆冰脱落。

（23）单相接地故障的处理。

单相接地故障表现为有接地信号发出，接地光字牌亮，电压表有接地故障显示。在发生完全接地时，绝缘监视电压表三相电压指示出现明显的差别，接地一相的相电压为零或接地为零，而非接地的电压则升高额定电压的约1.73倍且数值不变；在发生间接接地或间歇性接地时，接地相电压时大时小，非接地相的电压时增时减，但有时正常；在发生弧光接地时非故障相的电压很高，可升高为额定电压的2.5～3倍，并常伴有电压互感高压侧熔断器熔体熔断，甚至烧坏电压互感器的现象发生。

中性点接地系统发生单相接地时，会形成单相对地短路，引发继电保护动作，同时发出接地信号。在中性点不接地系统或经消弧线圈接地的小电流接地系统中，若发生单相接地，由于不构成回路，接地故障电流常比负荷电流小得多，线电压的大小和相位不发生变化，所以可短时间（一般不超过2h）故障运行，不需要立即切除故障。但值班人员应及时汇报给调度部门，在调度员的指导下迅速寻找故障线路以及故障点，争取在接地故障发展成相间短路之前将故障排除。

寻找故障点时，可以将供电线路逐条进行断电试验。在试验时，要考虑各部分之间的功率平衡（如互感器、避雷针、电缆头有无击穿），瓷质部分有损伤和放电闪络，设备上有无落物、小动物或外力破坏现象，有无电线接地等。在确定变电站内没有问题的情况下，采取瞬间拉线检查法，将故障相母线上的各条供电线路逐条进行断电试验。在断电试验时，可先对绝缘性能较差、防雷性能较弱、线路较长、分支线路较多、负荷较轻和不重要的线路进行断电，如线路装有重合闸装置，可用重合闸查找接地。在试验中，故障点所在线路断开时，绝缘监视仪表恢复正常，由此可确定接地故障线路。对于不重要的线路也可将线路通知停电，进行检修；对于重要的线路，可以转移负荷或起动备用线路供电，然后对故障线路进行检修，并对其他线路恢复正常供电。所寻找接地的工作，都要戴橡胶绝缘手套，穿绝缘胶靴，避免触及接地的金属。若接地故障危及人身及设备安全，应立即将故障线路拉闸停电。

（24）送电线路跳闸后的处理。

1）送电线路跳闸多为瞬间故障引起，在跳闸后及时汇报调度，调度可根据情况停用重合闸，然后强送电一次。

2）对单侧电源的线路，若强送电不成功，则必须向调度部门报告。

3）对双侧电源的线路，应向调度部门请示且检验线路无电后方可根据调度指令强送电，以免造成非同期合闸事故。若线路上已有电压，则应同期并列。

4）对分支线路，若强送电一次不成功，可根据保护动作的情况进行分析后分别强送。送电线路跳闸后，不论强行送电是否成功，均应由调度员通知线路维护单位进行事故巡线。巡线时，如发现问题，应向调度部门汇报后再进行检修。

(25) 供电设备及线路中铜铝相接容易引起接头过热和断路事故。

变压器至低压开关、断路器及供电线路等经常有铜铝相接的情况，如不能正确处理，极易引起接头断路事故。由于断路器柱头上的镀银层的脱落或镀银层不合格，常造成有铜铝接头处发生电化学反应，生成氧化膜，增大接头的接触电阻，使接头过热。当氧化严重时（有时氧化层可达 1～2mm 厚），甚至会造成断路，引起电气设备的断相运行。

对于铜铝相接，应采用铜铝过渡接头。现场急用时可用铜箔两面搪锡，安装在铜铝接头之间，可起到过渡接头作用。

(26) 大负荷导线接线端子过热的原因及处理方法。

1) 接线端子的接触面不平，减小了有效的接触面积，可对其进行平整，若因接线端子不平并已使接触面严重烧蚀，应予更换。

2) 铜铝相接。由于铜铝相接产生电化腐蚀生成氧化膜，增大了接线端子的接触电阻，应该用铜铝过渡接头，并涂以导电膏，以增加导电能力。

3) 接线端子大小不适当，应根据设备接线槽和导线的规格正确地选择接线端子。

4) 导线与接线端子的压接不符合要求，应按压接规定将导线接入孔底，导线应密集严实。当导线插入较松时，应增加导线根数，压接点应不少于 2 个。

5) 接线端子的链接螺丝没有压紧，应加垫弹簧垫圈压平，平时应注意定期检查，及时紧固螺钉。

三、电力电缆运行管理及常见问题处理

1. 电力电缆的用途、种类和结构

(1) 用途。

电力电缆主要由于传输电能和分配电能，也可作为各种电气设备间的连线。尤其在城镇居民密集的地方或在一些特殊场合，出于安全方面的考虑以及受地面位置的限制，不允许架设杆塔和导线时，就需要用电力电缆来解决。

(2) 种类。

1) 按芯数分为单芯、2 芯、3 芯和 4 芯等。

2) 按结构分为统包式、屏蔽式和分相铅包式等。

3) 按导体形状分为圆形、半圆形、椭圆形、扇形、空心形和同心圆筒形等。

4) 应用于超高压系统的新式电力电缆有充油式、充气式和压气式等几种。

(3) 结构。

电力电缆主要由缆芯导体、绝缘层和护套层构成。

1) 缆芯导体。缆芯导体用来传导电流，一般用铜或铝制成，常用多股细线分层绞合而成，这样可增加缆芯导体的柔软性和可挠曲性。为了防止歪扭、松散现象，各层的绞合方向都是相反的。

2) 绝缘层。电力电缆的绝缘层材料可分为均匀质和纤维质两类。

3) 护套层。各种电力电缆的护套层各有不同，其目的都是为了防止光线、空气、水分和机械的损伤。

2. 电力电缆的故障诊断与排除方法

(1) 敷设电缆时温度过低。

敷设电缆时，如果电缆存放地点在敷设前 24h 内的平均温度以及敷设现场的温度低于规

定值，应将电缆预先加热，其预热方法如下所述

1）用提高周围空气温度的方法预热电缆，将周围空气温度提高到5～10℃，电缆需要在该温度下静置72h；将周围空气提高到25℃时，需要静置24～36h。

2）对电缆芯加电流进行加热，通过的电流不得大于电缆额定电流，加热后的电缆表明温度不得低于5℃。若用单相电流加热铠装电缆，选择电缆芯线的接线方式时，应考虑防止铠装内形成感应电流。

静预热的电缆，应尽快在1h内敷设完毕。当电缆冷却到预热前的温度时，不得再将其弯曲。

（2）电缆中间接头腐蚀。

制作电缆中间接头时，一般要把金属护套外的沥青和塑料带防腐层剥去一部分，制作后外露的部分护套和整个中间接头的外壳进行防腐处理，其方法如下所述。

1）对铅包电缆，可涂沥青与桑皮纸组合（沥青层与桑皮纸间隔各两层）作为防腐层。

2）对铝包电缆，在铝包电缆钢带锯口处，可保留40mm长的电缆本体塑料带沥青防腐层。铝包表面用汽油揩擦干净后，从接头盒铅封处起至钢带锯口处，热涂沥青一层，再加上沥青、桑皮纸以组合防腐层。

（3）纸绝缘电缆受潮。

纸绝缘电缆在运输、储存和施工中，由于密封不严、浸水等原因，电缆端部的绝缘受潮。若将受潮的纸绝缘电缆接入电网，由于绝缘强度下降，容易造成绝缘击穿。若发现电缆受潮，应从受潮部分起一小段一小段地切除，至试验合格为止。其检查方法具体内容为：将电缆芯松开，使绝缘纸处于自然状态，然后将其浸入150～160℃的电缆油中，若产生“噼啪”爆破声，说明绝缘受潮；也可用清洁干燥的工具剥开铅包，撕下几条绝缘纸，用火柴点燃，若发出“嘶嘶”声并出现白泡沫，说明电缆受潮。

（4）铅包龟裂。

电缆终端头下部铅包龟裂事故，大多数发生在高位垂直安装的电缆头下部，一旦发现，应鉴定缺陷的严重程度，若尚未全部裂开，有无渗漏现象，可采用封铅法加厚一层和环氧树脂带包孔密封的方法进行处理。

（5）充油电缆的电缆缆油不合格。

充油电缆由于制造质量不好或经过多次搬运，出现电缆油介质不符合要求，可采用经脱气处理的合格油进行冲洗置换。冲洗油量应不小于2倍油道的油容量，冲洗后隔五昼夜取油样进行化验。如果仍然不合格，需要再冲洗，直至合格为止。

若电缆接头的油质不合格，可冲洗电缆两端，然后在上油嘴接压力箱，下油嘴放油冲洗，冲洗油量为2～3倍电缆头内的油量。若电缆终端头的油质不合格，由于油量较大，不宜采用冲洗处理，可将终端头内的油放尽，重新进行真空注油。

（6）电缆接地。

1）地下动土刨伤，损坏绝缘，可挖开地面，修复绝缘。

2）人为接地没有拆除，应拆除接地线。

3）负荷过大、温度过高，使绝缘老化，应调整负荷，采取降温措施，更换老化的绝缘，必要是更换严重老化的电缆。

4）套管脏污，有裂纹引起放电，应清洗脏污的套管，更换有裂纹的套管。

(7) 电缆相间绝缘击穿短路或相地绝缘击穿，对地短路。

1) 电缆本身受机械撞伤，使绝缘破坏。

2) 电缆由于各种原因引起受潮，使绝缘强度降低而被击穿。

3) 电缆绝缘老化。

4) 电缆防护层的铅包腐蚀，使绝缘层损坏被击穿。

5) 过电压引起击穿。

6) 电缆的运行温度过高，使绝缘破坏被击穿。

(8) 终端头击穿。

1) 铅封不严密，使水分和潮气侵入盒内，引起绝缘受潮被击穿。

2) 终端头有砂眼或细小裂纹，使水分和潮气侵入，引起绝缘受潮被击穿。

3) 引出线接触不良，造成过热，使绝缘破坏被击穿。

4) 电缆头分支处距离小或所包绝缘物不清洁，在长期电场作用下使这些薄弱环节的绝缘逐渐破坏，电缆头爆炸。

5) 电缆头引出不当，如电缆芯直接引出盒外，使外界潮气沿电缆芯进入电缆头，造成绝缘被击穿。

应根据故障原因，采取相应方法进行处理。

(9) 终端头电晕放电。

1) 三芯分支处距离小，在电场作用下空气发生游离而引起电晕放电，应增大绝缘距离。

2) 电缆头距电缆沟太近，而且电缆沟较潮或有积水，使电缆头周围温度升高而引起电晕放电，应排除电缆沟内的积水，加强通风，保持干燥。

3) 芯线于芯线之间绝缘介质的变化，使电场发布不均匀，某些尖端或棱角处的电场比较集中，当其电场强度大于临界电场强度时，就会使空气发生游离而产生电晕放电，应将各芯线的绝缘表面包一段金属带，并将各个金属带相互连接在一起（成为屏蔽），即可改善电场分布而消除电晕。

(10) 室外电缆终端头瓷套管破裂。

室外电缆终端头的瓷套管，经常受到机械损伤、尾线断线烧伤或由于雷击闪络而碎裂，当发现这类故障时不必更换终端头，只要更换损坏的瓷套管即可，其方法如下所述。

1) 拆除终端头出线连接部分的夹头和尾线，用石棉布包好没有损坏的瓷套管。

2) 将损坏的瓷套管轻轻地用小锤敲碎并取出。

3) 用喷灯加热电缆头外壳上部，使沥青绝缘胶部分熔化。

4) 用合适的工具取出壳内残留的瓷套管，清除绝缘胶，并疏通至灌注孔的通道。

5) 清洗缆芯上的碎片、污物，并包上清洁的绝缘带。

6) 套好新的瓷套管。

7) 在灌注孔上安装高漏斗，灌注绝缘胶。

8) 待绝缘胶冷却后，即可装配出线连接部分的夹头和尾线。

(11) 室外电缆终端头的铁闸胀裂。

铁闸胀裂一般是由于内部压力过大而造成的，胀裂后绝缘胶自缝中挤出，裂纹大多在壳体最大直径部位，且方向往下，因此潮气不容易大量进入。应检查终端头是否受潮，并进行直流耐压试验。若受潮或绝缘强度不合格，应割掉予以更换。

(12) 电缆终端盒爆炸起火。

电缆末端与断路器、变压器、电动机等电气设备连接时，一般都将接头置于终端盒内，以保证绝缘良好、连接可靠、安全运行。当终端盒发生故障时，使绝缘击穿，造成短路，发生爆炸，燃烧的绝缘胶向外喷出而引起火灾，导致设备损坏，甚至发生人身伤亡事故。

1) 电缆负荷或外界温度发生变化时，盒内的绝缘胶热胀冷缩，产生“呼吸”作用，内外空气交流，潮气侵入盒内，凝结在盒的内壁上和空隙部分，绝缘由于受潮，绝缘电阻下降而被击穿，应在制作、安装终端盒时，确保施工质量、密封性能良好，防止潮气侵入。

2) 终端盒内的绝缘胶遇到电缆油就溶解，在盒的底部和电缆周围形成空隙，绝缘由于电阻下降而被击穿，应加强对终端盒的巡视检查，当发现盒内漏油，要立即进行处理，防止泄漏油造成爆炸事故。

3) 电缆两端的高差过大，低的一端的终端盒受到电缆油的压力，严重时密封被破坏，绝缘由于电阻下降而被击穿。

(13) 电缆在“两线一地”系统中运行，电缆头损坏。

“两线一地”系统在正常运行时，不接地相对地电压升高$\sqrt{3}$倍，即对地电压升高到线电压，如果电缆的对地绝缘长期承受较高的运行电压，对地绝缘裕度将减小；由于三芯电缆通过的负荷不一定平衡，将在电缆铅包两端产生电位差形成环流，使绝缘发热；“两线一地”中，单相接地故障实际上就是相间短路，短路电流很大。如果这种短路经常发生，电缆将经常承受冲击油压的作用。以上原因增加了电缆损坏率。

为了防止电缆头损坏，应采取以下措施：

1) 采用高一级电压等级的电缆。

2) 保护接地与工作接地分开。

3) 工作接地要远离站内接地网，各路接地电阻应尽量一致。

(14) 电缆头漏油。

在敷设时，违反敷设规定，将电缆铅包折伤或机械碰伤，应在敷设电缆时，按规定施工，注意不要把电缆头碰伤，如地下埋有电缆，动土时必须采取有效预防措施。

(15) 电缆故障性质的判断。

常见的电缆故障有电缆芯线的断线和不完全断线，电缆的相间短路、接地短路或闪络短路故障等。判断电缆故障的性质一般是用绝缘电阻表。若怀疑芯线断线或不完全断线，可将电缆一端的线芯短接，在另一端测每条芯线间的绝缘电阻，如果为无穷大，则为完全断路，如果虽不为无穷大也不为零，则为不完全断线。如果怀疑线芯间短路或接地，可将一端的线芯完全散开，在另一端测每两条芯线间的芯线与接地线的绝缘电阻，如果为零，则为短路或接地。

(16) 电缆故障点的测定。

测定电缆故障点常用的、比较先进的方法是采用电缆故障测试仪。该仪器由闪络测试仪、路径仪和定点仪三部分组成。闪络测试仪可以进行粗测，测得故障点到测试点的大致距离；路径仪可以查明故障电缆的走向；定点仪可以比较精确地测得故障点的具体位置。定点仪采用冲击放电声测法的原理制成。在故障电缆一端的故障相上加直流高压或冲击高压，使故障点放电，定点仪的压电晶体探头接受故障点的放电声波并把它变成电信号，经过放大后用受话器还原成声波，声音最响的位置即为故障点。

(17) 防止电缆中间接头绝缘击穿。

电缆中间接头绝缘击穿是一种常见的电缆故障，故障的特征为中间接头进水，铜带、钢甲生锈。造成这种故障的主要原因如下所述：

1）在电缆中间接头的施工中，各套管上的灰尘和杂质没有清理干净。

2）中间接头中的各绝缘套管以及管与管之间有空气。

3）中间接线盒热缩管在加热时受热不均匀，造成密封不好。

4）电缆其他事故引起的过电压。

防止电缆中间绝缘击穿的方法如下所述：

1）在中间接头的施工中，要用无水酒精将各套管上的灰尘和杂质清理干净，尽量不要在天气不好时施工。

2）在加热中间接线盒热缩管时，要尽量使之受热均匀，要从一端缓缓地向另一端加热，驱使管中的空气排出。

3）中间接头做好后，要在中间接头外护套管与电缆外护套管层的搭接处绕包耐压为10kV的自粘胶带，对中间接头可能产生的缝隙进行封闭。

4）限制或消除在中性点不接地系统中，由于各种原因引起的过电压，如在中性点接消弧线圈等。

(18) 过电压引起电缆二次故障。

电缆由于过负荷、管理不完善等原因常常会引发不同形式的故障，而这些故障的出现又常常会引起过电压，导致电缆的二次故障。例如由于电缆接地故障又引起电缆中间接头击穿，线路发生三相相间短路造成电缆击穿等。

发生单相金属性接地故障时，非故障相的对地电压可升高至额定电压的3倍；经弧光电阻接地的故障，常会形成电弧熄灭和重燃的间歇性电弧，这种故障状态可导致电路发生谐振，在各故障相和非故障相中都产生过电压而且往往持续很长时间（在中性点不接地或者经过消弧线圈接地的系统中，可以允许在一点接地情况下运行不超过2h），因而过电压的危害也就更大，它可以加速电缆绝缘老化；将电缆在某些绝缘的薄弱环节处击穿等。这种现象在油浸纸绝缘电缆中出现的更多一些。

第二节　断路器异常及故障

一、断路器事故及异常处理要求

(1) 运行中的断路器出现下列情况之一时，变电站运行值班人员应立即汇报调度，根据调度命令将断路器停运。

1）断路器内部有放电声音或其他异常声音。

2）断路器液压机构大量漏油，油位明显下降。液压机构电机起动频繁，压力无法保持。

3）断路器各接头严重过热，示温蜡片熔化。

4）断路器支持绝缘子断裂。

5）运行中断路器发生非全相分闸。

6）危及人身安全或人身触电。

7）断路器分闸、合闸后严重冒烟，油色变黑。

8）SF_6 断路器气体泄漏或 SF_6 气压报警信号发出。

9）断路器受灾害威胁，已无法继续运行。

（2）断路器拒绝跳闸时，应做如下检查处理：

1）检查断路器控制回路直流电压是否过低，控制回路熔断器是否熔断。

2）检查断路器机械传动机构是否有故障。

3）如果是电气回路故障，可以用手动分闸方法进行断路器分闸，对于220kV分相操作的断路器严禁分相手动跳闸。

4）对于断路器不能跳闸的，可汇报调度，根据调度命令，采用倒母线的方法，用母联断路器将拒绝跳闸断路器隔离。

5）如果是母联断路器拒绝跳闸，应将一条母线连接设备全部调至另一条母线运行，在母联电流表指示为零的情况下，用母联隔离开关将母联断路器停电。

6）对于10kV线路断路器手动跳闸无效后，可请示调度，将10kV线路负荷全部调出，检查10kV拒绝跳闸断路器电流表指示为零，用隔离开关将10kV拒绝跳闸断路器退出运行。

（3）断路器自动跳闸时，应做如下检查：

1）断路器自动跳闸后，不论断路器重合成功与否，运行值班人员均要检查保护动作情况，检查断路器的运行状态，向调度汇报并做好相关记录。

2）断路器跳闸后，应检查断路器有无喷油，油色是否变黑。

3）当合闸于故障线路断路器跳闸时，运行值班人员应立即汇报调度，没有调度命令不得强送。

4）断路器跳闸次数应认真统计，当剩余次数小于1次时，应申请调度停用断路器重合闸装置，达到跳闸允许次数时应汇报调度，通知检修单位进行处理。

5）对于越级跳闸的断路器，必须对拒动断路器查明原因，并排除故障，经调度允许后，方可将越级跳闸的断路器合闸送电。

（4）断路器跳闸原因不明时，应做如下检查处理：

1）对于110kV及以上线路发生断路器跳闸原因不明时，运行值班人员应查看故障录波器动作情况，检查保护是否误动作，如果经检查110kV及以上线路保护无异常时，应重点检查断路器操动机构有无问题，必须在查明原因且消除故障后方才可对线路送电。

2）如果确认是人员误动引起的断路器跳闸，运行值班人员应征得调度同意后，尽快将断路器合闸送电。

3）断路器跳闸的瞬间伴有直流接地，可判断是直流接地引起，待直流接地排除后方可将断路器合闸送电。当运行值班人员无法消除直流接地时，应尽快通知检修单位来站处理。

（5）断路器拒绝合闸时，应做如下检查处理：

1）检查断路器控制回路直流电压是否过低，控制回路熔断器或合闸回路熔断器是否熔断。

2）对于220kV线路断路器发生拒绝合闸时，应检查各同期断路器是否正确投入。

3）对于220kV线路并列时，应检查同期鉴别继电器交流电压是否引入。

4）检查断路器液压机构压力是否正常。检查断路器控制开关触点是否接触良好。检查断路器辅助动触点是否接触良好。

5）经上述检查均正常后，应拉开断路器两侧隔离开关手动对断路器进行合闸试验，合闸时应检查合闸线圈是否动作正常，若合闸正常，说明断路器机械传动部分无问题。

(6) 油断路器出现大量漏油时，应做如下处理：

1) 油断路器发生大量漏油时，如果运行值班人员从断路器油位计上已看不到油位，此时应立即断开断路器液压机构直流电机操作电源，取下断路器控制熔断器，停用断路器保护跳闸连接片，尽快通知检修单位来站处理。

2) 运行值班人员汇报调度，在得到调度允许后可采用旁路断路器代路的方法，对大量漏油断路器进行停电处理。

3) 油断路器大量漏油情况下，严禁对油断路器进行拉闸、合闸操作。

(7) 断路器液压机构出现压力异常时，应作如下检查处理：

1)“压力异常”信号发出后，运行值班人员应立即记录时间，并汇报调度。

检查断路器液压机构有无漏油、漏气现象，压力表指示情况。检查行程杆位置，测量行程开关接触情况，直流接触器是否断线，中间继电器是否动作等，如果断路器液压机构压力表与行程杆、操作电源均正常，可判断为信号继电器误发信。

2) 如果经检查无明显故障，应首先检查断路器液压机构操作直流熔断器是否熔断，测量直流打压电机电源是否正常。

3) 如果压力过高发信时，应检查打压电机自保持是否已接触，由于行程开关存在缺陷导致压力过高，应断开打压电动机电源开关，如果是断路器液压机构内部故障，运行值班人员严禁采用手动泄压的方法恢复断路器液压机构压力。

4) 当断路器液压机构压力降至零时，严禁手动打压和采用机械闭锁方法。

(8) GIS运行中的异常处理。

1) 当线路（或主变压器）的断路器、TA气隔单元及母线隔离开关的气隔单元发出SF_6气压警报信号时，应通过调母线操作，用母联串带该线路（或主变压器）。当SF_6气压报警发出并闭锁断路器跳、合闸回路时，应按照调度命令进行操作。

当母联断路器的断路器、TA气隔单元SF_6气压报警时，通过调母线操作，将母联断路器停电处理。

2) 当线路（或主变压器）负荷侧隔离开关的气隔单元发出SF_6气压报警时，由调度值班人员将负荷调出后，按照调度命令进行停电处理。当母线（或母线TV、避雷器）的气隔单元SF_6气压报警时，通过调母线操作，将该母线（或母线TV、避雷器）进行停电处理。

3) 运行值班人员巡视设备时，如果发现气隔单元气体泄漏或发出SF_6气压报警信号时，应立即汇报调度，进行必要的改变运行方式操作，并迅速通知检修单位进行现场补气，解除报警信号。GIS气隔单元的补气工作应在停电状态下进行。

二、断路器运行管理及常见问题处理

1. 中、高压断路器异常及事故处理

(1) 如发现断路器与连接排处有发热现象，应及时汇报并进行测温或补贴示温蜡片，同时用轴流风扇吹，必要时应与调度取得联系，转移负荷或将回路停运。

(2) 断路器发生跳闸后，应派人检查断路器外观。检查项目为：断路器的实际位置，瓷套是否振裂和有无放电痕迹，断路器底座是否振动移位，断路器的连接触点有无松动；少油量断路器三相油位是否正常，有无发黑，有无喷油现象；SF_6断路器的SF_6压力是否正常；检查弹簧操动机构的弹簧储能是否正常，液（气）压操动机构的液（气）压是否正常。

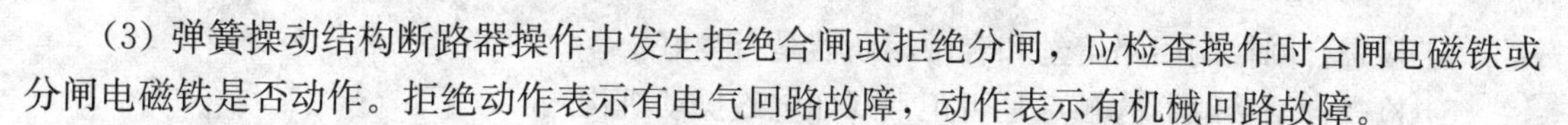

(3) 弹簧操动结构断路器操作中发生拒绝合闸或拒绝分闸，应检查操作时合闸电磁铁或分闸电磁铁是否动作。拒绝动作表示有电气回路故障，动作表示有机械回路故障。

(4) 断路器拒分时应按有关规定进行手动分闸，拒分断路器在未消除故障前，禁止将该断路器投入运行。

(5) 断路器拒合或拒分时，应立即断开控制电源，以免烧坏合闸、分闸线圈。

(6) 操动机构储能电动机不起动，首先应检查电源，其次可检查热电偶是否动作，第三步检查电动机控制电路，排除上述原因后可判断为电动机故障。

2. 常见问题及处理

断路器的常见故障和异常，大多数是由操动机构和断路器控制的回路元件故障，包括拒合、拒分、误合、误分、非全相合分、机械卡滞等。本体异常往往是渗漏油引起缺油等故障。

(1) 断路器拒绝合闸故障的分析、判断与处理。

发生拒合情况，基本上是在合闸操作和重合闸过程中。拒合的原因主要有两方面：一是电气方面故障；二是机械方面原因。

1) 电气方面常见的故障。

电气回路故障可能有：①若合闸操作前红、绿指示灯均不亮，说明控制回路有断线现象或无控制电源。可检查控制电源和整个控制回路上的元件是否正常。例如，操作电压是否正常，熔丝是否熔断，防跳继电器是否正常，断路器辅助触头是否良好，有无气压、液压闭锁等。②当操作合闸后红灯不亮，绿灯闪光且事故扬声器响时，说明操作手柄位置和断路器位置不对应，断路器未合上。其常见的原因有：合闸回路熔断器的熔丝熔断或接触不良；合闸接触器未动作；合闸线圈发生故障。③当操作断路器合闸后，绿灯熄灭，红灯亮，但瞬间红灯又灭绿灯闪光，事故扬声器响，说明断路器合上后又自动跳闸。其原因可能是断路器合在故障线路上，造成保护动作跳闸或断路器机械故障，不能使断路器保持在合闸状态。④若操作合闸后绿灯熄灭，红灯不亮，但电流表已有指示，说明断路器已经合上。可能的原因是断路器辅助触头或控制开关触头接触不良，或跳闸线圈断开使回路不通，或控制回路熔丝熔断，或指示灯泡损坏。⑤操作把手返回过早。⑥分闸回路直流电源两点接地。⑦SF_6断路器气体压力过低，密度继电器闭锁操作回路。⑧液压机构压力低于规定值，合闸回路被闭锁。

2) 机械方面常见的故障。

机械方面常见的故障有：①传动机构连杆松动脱落。②合闸铁芯卡涩。③断路器分闸后机构未复归到预合位置。④跳闸机构脱扣。⑤合闸电磁铁动作电压太高，使一级合闸阀打不开。⑥弹簧操动机构合闸弹簧未储能。⑦分闸连杆未复归。⑧分闸锁钩未钩住或分闸四连杆机构调整未越过死点，因而不能保持合闸。⑨机构卡死，连接部分轴销脱落，使机构空合。⑩有时，断路器合闸时多次连续做合、分动作，此时断路器的辅助动触头打开过早。

(2) 断路器“拒合”原因的判断。

判断断路器“拒合”的原因及处理方法一般可分以下6步：

1) 用控制开关再重新合一次，目的是检查前一次拒合闸是否因操作不当引起（如控制开关放手太快等）。

2) 检查电气回路各部位情况，以确定电气回路是否故障。

3) 检查合闸控制电源是否正常。

4）检查合闸控制回路熔丝和合闸熔断器是否良好。

5）检查合闸接触器的触点是否正常（如电磁操动机构）。

6）将控制开关扳至“合闸时”位置，看合闸铁芯是否动作（液压机构、气动机构、弹簧机构的检查类同）。如果合闸铁芯动作正常，则说明电气回路正常。

（3）如果电气回路正常，断路器仍不能合闸，则说明是机械方面的故障，应停用断路器，报告有关领导安排检修处理。

经以上初步检查，可判定是电气方面的故障，还是机械方面的故障。

3. 断路器拒绝跳闸故障的分析、判断与处理

断路器的“拒跳”对系统安全运行威胁大，一旦某一单元发生故障时，断路器拒跳，将会造成上一级断路器跳闸，称为“越级跳闸”。这将扩大事故停电范围，甚至有时会导致系统解列，造成大面积停电的恶性事故。

（1）对断路器“拒跳”故障的分析、判断。

1）出现断路器“拒跳”时，首先应判断是电气回路故障还是机械方面的故障，具体判断方法是：①检查是否为跳闸电源电压过低所致。②检查跳闸回路是否完好，如果跳闸铁芯动作良好而断路器“拒跳”，则说明是机械故障。③如果电源良好，铁芯动作无力，铁芯卡梁或线圈故障造成“拒跳”，往往可能是电气和机械方面同时存在故障。④如果操作电压正常，操作后铁芯不动，则多半是电气故障引起“拒跳”。

2）经判断如果是电气回路故障，其原因有：①控制回路熔断器或跳闸回路各元件，如控制开关触点、断路器操动机构辅助触头，接触不良。②防跳继电器和继电保护跳闸回路等接触不良。③液压（气动）机构压力降低导致跳闸回路被闭锁，或分闸控制阀未动作。④断路器气体压力低，密度继电器闭锁操作回路。⑤跳闸线圈故障。

3）经判断，如果是机械方面故障，其原因有：①跳闸铁芯动作冲击力不足，说明铁芯可能卡涩或跳闸铁芯脱落。②分闸弹簧失灵，分闸阀卡死，大量漏气等。③触头发生焊接或机械卡涩，传动部分故障（如销子脱落）。

（2）对断路器“拒跳”故障的处理。

根据事故现象，可判别是否属断路器“拒跳”事故。

“拒跳”事故的特征为回路光字牌亮，信号掉牌显示保护动作，但该回路红灯仍亮，上一级的后备保护如主变压器复合电压过电流、断路器失灵保护等动作。在个别情况下，后备保护不能及时动作，元件会有短时电流表指示值剧增，电压表指示值降低，功率表指针晃动，主变压器发出沉重“嗡嗡”异常响声，而相应断路器仍处于合闸位置。

确定断路器故障后，应立即手动拉闸。

1）在尚未判明故障断路器之前，主变压器电源总断路器电流表指示值为满刻度，异常响声强烈，应先断开断路器电源，以防烧坏主变压器。

2）当上级后备保护动作造成停电时，若查明有分路保护动作，但断路器未跳闸，应跳开拒动的断路器，恢复上级电源断路器；若查明各分路保护均未动作（也可能为保护拒掉牌），则应检查停电范围内设备有无故障，若无故障应断开所有分路断路器，合上电源断路器后，逐一试送各分路断路器。当送到某一分路时电源断路器又再跳闸，则可判明该断路器为故障“拒跳”断路器。这时应隔离该断路器，同时恢复其他回路供电。

3）在检查“拒跳”断路器除属于可迅速排除的一般电气故障（如控制电源电压过低，

或控制回路熔断器接触不良，熔丝熔断等）外，对一时难以处理的电气故障或机械故障，均应联系调度，作出停用或转检修处理。

4. 断路器误跳闸故障的分析、判断与处理

若电力系统无短路或直接接地现象，继电保护也未动作，断路器却自跳闸，则称断路器“误跳”。对“误跳”的分析、判断与处理一般分以下三步进行。

(1) 根据事故现象的以下特征，可判定为“误跳”。

1) 在跳闸前各种仪表信号指示正常，表示系统无短路故障。

2) 跳闸后，绿灯连续闪光，红灯熄灭，该断路器回路的电流表及有功表、无功表指示为零。

(2) 查明原因，分别处理。

1) 若是由于人员误碰、误操作，保护盘受外力振动引起自动脱扣的“误跳”，应排除断路器故障原因，立即送电。

2) 对其他电气部分故障或机械部分故障，无法立即恢复送电的，则应联系调度及有关领导将“误跳”断路器停用，转为检修处理。

(3) 对“误跳”断路器分别进行电气方面故障和机械方面故障的检查、分析。

1) 电气方面的故障原因有：①保护误动或整定位不当，或电流互感器、电压互感器回路故障。②二次回路绝缘不良，当直流系统发生两点接地（跳闸回路发生两点接地）。

2) 机械方面的故障原因有：①合闸维持支架和分闸锁扣维持不住，造成跳闸。②液压机械分闸一级阀和逆止阀处密封不良、渗漏时，本应由合闸保持孔供油到二级阀上端，以维持断路器在合闸位置，但当漏油量超过补充油量时，在二级阀上下两端造成压强不同。当二级阀上端的压力小于下部的压力时，二级阀自动返回，而二级阀返回会使工作缸的合闸腔内高压油泄掉，从而使断路器“误跳”。

5. 断路器误合闸故障分析、判断与处理

若断路器未经合闸操作自动合闸，则属“误合”故障，一般应按如下方法判断处理。

(1) 断路器“误合”的判断与分析。

1) 手柄处于“分合位置”，而红灯连续闪光，表明断路器已合闸，但属“误合”。

2) 应拉开误合的断路器。

3) 对“误合”的断路器，如果拉开后断路器又再“误合”，应取下合闸断路器，分别检查电气方面和机械方面的原因，联系调度和有关领导将断路器停用并做检修处理。

(2) 断路器“误合”原因分析。

1) 直流两点接地，使合闸回路接通。

2) 自动重合闸继电器动合触点误闭合，或其他元件某些故障接通控制回路，使断路器误合闸。

3) 若合闸接触器线圈电阻过小，且动作电压偏低，当直流系统发生瞬间脉冲时，会引起断路器“误合”。

4) 弹簧操动机构的储能弹簧锁扣不可靠，在振动情况下（如断路器跳闸时），锁扣可能自动解除，造成断路器自行合闸。

6. 油断路器的常见故障及处理

(1) 油断路器油位异常。

油断路器严重缺油的主要原因有以下4点：

1）放油阀门胶垫龟裂或关闭不严引起渗漏油，特别是使用水阀的设备应更换为油阀。

2）油位计玻璃裂纹或破损而漏油。

3）修试人员多次放油后未做补充。

4）气温突降且原来油量不足。

运行中油断路器油位指示应正常，油位过低时注油，过高时应放油，及时调整油位。当油面看不到并伴有严重漏油情况时，应视为严重缺陷。这时禁止将其断开，同时应设法使断路器退出运行。方法是用旁路代替或取下该断路器的操作熔丝，以防断路器突然跳闸，造成设备的更大损坏。

(2) 油断路器发生爆炸的原因及预防措施。

1）断路器发生爆炸的原因有：①试验及调整方面的原因。②没有定期的试验。有关规程规定油断路器必须每年进行预防性试验。油断路器在频繁操作后，可能引起本体或操动机构变位，使断路器合闸或跳闸速度过慢，增加了燃弧时间，使断路器的灭弧性能降低，当线路发生近距离短路故障（短路电流较大）时，由于大电流的冲击，断路器在跳合闸时无法完全灭弧而导致油断路器发生爆炸。③出厂时没有进行异相接地短路试验。在我国，60kV及以下的电力网都采用不直接接地系统。所谓异相接地短路。则指在中性点不直接接地系统中，发生在相异两相，一个接地点在一相断路器的内侧，而另一个接地点在另一相断路器外侧的两点接地所构成的短路故障。断路器承受的这种开断叫做异相接地短路开断。异相接地短路开断后的工频恢复电压是相电压的$\sqrt{3}$倍，断路器灭弧室的介质恢复强度要求较高，否则将会增大电流过零开断后的击穿相重燃的概率，可能导致开断的失败直至引起断路器发生爆炸。④调整不当。工作人员的粗心和试验仪器的不完善，都会使油断路器在跳、合闸的时间和速度的调整上发生误差，或者灭弧室喷口距离、静动触头距离等关键部位的调整不符合要求，致使断路器在大电流冲击下发生爆炸。

2）运行方面的原因有：①运行电压过高。110kV变电站都有无功补偿装置，后夜负荷较低时，由于没有及时的退出部分电容器组，区域电网系统电压升高，在系统中的某一部分发生短路故障时，流过断路器的电流值极大，并且系统的电压较高。保护动作分闸时，对断路器灭弧室的介质恢复强度要求较高，可能导致断路器不能在瞬间内熄灭电弧而发生爆炸。②绝缘油炭化。一般地，油断路器允许经过跳闸规定的次数后再进行检修（如DW5型油断路器允许跳闸8次），运行人员往往根据此规定来判定是否检修。但是，在实际中往往由于油断路器在短时间内连续多次跳合闸，使用过程中动静触头的磨损、动静触头距离的变动、压缩行程不足等原因都会造成油断路器在线路故障时跳合闸的情况下，绝缘油炭化严重，使油断路器易于爆炸。另外，其他原因使绝缘性能降低（如油断路器密封造成油箱体内部受潮），也会使油断路器在动作时爆炸。③绝缘油不足。油箱本身焊接工艺不良或断路器检修后连接处密封不严等原因引起渗、漏油，使油断路器内部无法灭弧，如果运行人员未及时发现，一旦油断路器动作必定引起爆炸。

3）其他方面的原因。生产油断路器厂家众多，鱼龙混杂，有的厂家在产品上以劣充优，以次充好，使油断路器的开断容量、额定电流等主要技术指标达不到要求，造成油断路器在运行中爆炸。另外，如雷击、电网谐振过电压也会造成油断路器爆炸。

4）预防油断路器发生爆炸的措施有：①对设备进行定期的预防性试验。②要求厂家对

断路器进行异相接地试验，并提供相应的试验数据。③变电站应装设电容器组自动投切装置。④制订大修计划，包括试验仪器也要定期检查。⑤要注意技术参数的调整，使之符合规程要求。⑥加强设备的巡视，及时发现设备存在的问题，把事故消灭在萌芽状态。

7. CY3 型液压操动机构的故障分析与检修

我国不少 110kV、220kV 变电站的少油断路器都采用 CY3 型液压操动机构。断路器如果运行时间较长，其液压操动机构的部分部件易老化，导致运行中出现很多故障现象，有些还比较突出，严重影响电力系统的安全。以下是常见故障及其处理方法。

(1) 油泵起动频繁。

1) 故障现象是：断路器的液压机构在没有任何操作的情况下，有关规程规定油泵电动机每天起动的次数一般不超过 25 次。但有些变电站多次出现 CY3 型液压机构油泵电动机起动频繁的现象，最多达到 90 次/天。

2) 主要原因有：①管路接头有漏油处。②一、二级阀钢珠密封不严，从泄油孔中渗油。③如果从外观上检查不出问题，则油泵出口的高压逆止阀有可能不严。④如果机构在分闸状态，油泵也频繁起动，说明合闸的二级阀钢珠密封不严，从外观看，油是从合闸二级阀泄油孔中渗出的（即三孔渗油）。⑤放油阀关闭不严。⑥工作缸活塞密封圈密封不严。⑦液压油内有杂质，卡滞在各密封圈部位，导致密封不好。

3) 处理方法是：①更换全部密封圈。②检查工作缸活塞连杆，如果存在纵向划痕，根据情况进行更换或用油砂纸轻轻打磨至光滑。③对液压油进行过滤、更换。④更换损坏部件。

4) 检修注意事项是：①更换工作缸密封圈时，应注意活塞连杆不碰到任何坚硬、尖锐物体。②更换密封圈时应注意用液压油进行冲洗。③液压油要确保纯净，换、注油时要彻底过滤。④工作人员在工作中应确保手上干净无杂质。

(2) 液压系统不能正常建压。

1) 故障现象是：断路器在分闸操作后，再度合闸操作时，油泵电动机长时间打压，压力升不到停泵压力。

2) 主要原因有：①油泵内各高压密封圈损坏或球阀密封不良，如用手摸油泵，可能发热。②滤油器有脏物堵塞，影响油通过。③油泵低压侧有空气。④高压放油阀没有复位，高压油直接放到油箱中。⑤柱塞间歇配合过大，吸油阀钢珠不复位。⑥一、二级阀密封不严，可能存在阀口磨损或球托翻倒。⑦油泵大修过后，柱塞在组装时没有注入适量液压油或柱塞杆及柱塞座没有擦干净。

3) 处理方法是：①更换全部密封圈。②清洗滤油器及油泵。③多次打压排出油泵内空气。④检查高压放油阀是否复位，如损坏应更换。⑤如检查不出泄压部位，应重新组装各级分、合闸阀。

4) 检修注意事项是：①应注意用液压油冲洗各拆下管路。②液压油存放在通风干燥的地方，保证密封良好，防止水分及杂质的进入。③检修完毕，应多次打压以排出管路内空气。④确保安装过程准确、可靠。

(3) 液压操动机构压力异常升高或异常降低。

1) 故障现象是：断路器在运行中出现压力异常，严重时导致高压闭锁分闸、合闸或压力降低至零。

2）主要原因是：①压力异常升高。微动开关，电动机电源无法切断，继续打压；储压罐密封圈损坏或者罐壁有磨损，液压油进入储气罐；压力表失灵或存在误差；中间继电器“粘住”，其触点断不开。接触器卡滞，电动机始终处于运转状态。②压力异常降低。压力表失灵或存在误差；机构箱内有大量漏油处，阀体被油中脏物“垫起”或胶圈损坏（此时油泵会连续运转）；储压罐连杆在正常停止位置，而压力继续降低，压力罐焊缝处可能存在漏油；氮气缸上单向逆止阀密封不严漏气或储压罐活塞杆头部两个密封圈损坏，使氮气进入油中。

3）处理方法是：①检查微动开关、压力表、中间继电器、接触器，如损坏应更换，对微动开关触点进行打磨。②检查储压罐，如罐体损坏应更换。③更换全部密封圈。

4）检修注意事项是：①计划内停电检修时，应注意检查机构各部分情况，对损坏部件及时更换，小修工作严格按照检修工艺标准进行。②检修工作后注意核对微动开关各触点与相应压力值是否对应。③加强综合性检修工作，处理缺陷时应对机构进行全面检查，避免重复性检修。④准备好各种备品、备件。

8. SF_6 断路器的常见故障及处理

SF_6 断路器是用 SF_6 气体作为灭弧和绝缘介质的断路器。它与空气断路器同属于气吹断路器。SF_6 断路器与气吹断路器不同之处在于：其工作气压较低；在吹弧过程中，气体不排向大气，而是在封闭系统中循环使用。

SF_6 气体优良的绝缘和灭弧性能，使 SF_6 断路器具有特点是：开断能力强，断口电压较高，允许连续开断次数较多，使用于频繁操作，噪声小，无火灾危险，机电磨损小等。常用的 SF_6 断路器有 LN1－35 型和 HB36 型两种。

SF_6 断路器常见故障及处理如下：

（1）SF_6 断路器触头接触电阻过大。

纯净的 SF_6 气体是良好的灭弧介质，若用于频繁操作的低压电器中，由于频繁操作的电弧作用，金属蒸气与 SF_6 气体分解物起反应，结合而生成绝缘性很好的细粉末（如氢氟酸盐、硫基酸盐等），沉淀在触头表面，并严重腐蚀触头材料，从而接触电阻急剧增加时充有 SF_6 气体的密封触头不能可靠工作。因此，对于频繁操作的低压电器不适宜用 SF_6 气体作灭弧介质。

（2）SF_6 气体断路器含水量超标。

SF_6 气体在放电时的高温下会分解出有腐蚀性的气体，对铝合金有严重的腐蚀作用，对酚醛树脂层压材料、瓷绝缘也有损害。

在 SF_6 断路器中，SF_6 气体的含水量严格规定，不能超过标准。水会与电弧分解物中的 SF_6 产生氢氟而腐蚀材料。当水分含量达到饱和时，还会在表面凝露，使绝缘强度显著降低，甚至引起沿面放电。SF_6 断路器由于绝缘体积较小，若 SF_6 气体的水分含量较高，则将使绝缘水平大大下降，接触面积急剧增加，在运行中易发生损坏或爆炸事故。因此，各制造厂及运行部门，都有严格的密封工艺，同时规定 SF_6 气体的含量不得超过标准。我国的标准是 SF_6 气体的含水量小于 300×10^{-6}（容积比）。

（3）SF_6 断路器机构合不上闸。

1）转换开关位置不对。

2）辅助开关转换位置不对。

3）合闸弹簧储能不到位。

4）密度控制器闭锁触点工作失误。

（4）SF_6 断路器漏气分析、判断与处理。

造成漏气的主要原因有以下 5 点：

1）瓷套管与法兰胶合处胶合不良。

2）瓷套管的胶垫连接处，胶垫老化或位置未放正。

3）滑动密封处密封圈损伤，或滑动杆表面粗糙度不符合要求。

4）瓷套管接头处及自封阀处固定不紧或有杂物。

5）压力表，特别是接头处密封垫损伤。

SF_6 断路器电压是非常重要的，如果压力过低，将对断路器性能有直接影响。因此，在 SF_6 断路器上装有密度继电器，当断路器的气体压力下降到一定值时，将发出信号；若漏气严重，则红、绿灯熄灭。此时，自动闭锁分合闸回路，以确保断路器可靠运行和动作。平时可用气压表监视气压。

在相同的环境温度下，气压表上午只是值在逐步下降时，说明断路器漏气。若 SF_6 其气体突然降至零，应立即将该断路器改为非自动，断开其控制电源。并与调度和有关部门联系，及时采取措施，断开上一级断路器（或旁路代）以将该断路器停用、检修。

如果运行中 SF_6 气室漏气引起发出补气信号，但红灯、绿灯未熄灭，表示还未降到闭锁压力值。如果由于系统的原因不能停电，可以在保证安全的情况（如开启排风扇等）下，用合格的 SF_6 气体补充处理。

SF_6 气体是一种重分子气体，易液化，一般在瓶中的 SF_6 气体都呈液态。应缓慢的充气，使液态气体充分汽化后，进入电气设备中，让 SF_6 的压力成为真实的压力。否则，SF_6 气体来不及汽化就进入了电气设备中，等完成汽化后，气体压力会升高许多。因此，充气的速度应以管路不结雾为宜。

（5）SF_6 断路器的检修注意事项。

1）SF_6 断路器在检修前，应先将断路器分闸，切断操作电源，释放操动机构的能量，用 SF_6 气体回收装置将断路器内的气体回收。残存气体必须用真空泵抽出，使断路器内真空度低于 133.33Pa。

2）断路器内充入合适压力的高纯度的氮气（纯度在 99.99%以上），然后放空，反复 2 次，以尽量减少内部残留的 SF_6 气体及其生物。

3）解体检修时，环境的空气相对湿度不得大于 80%，工作场所应干燥、清洁，并应加强通风；检修人员应穿尼龙工作衣帽，戴防毒口罩、风镜，使用乳胶薄膜手套；工作场所严禁吸烟，工作间隙应清洗手和面部，重视个人卫生。

4）断路器解体中发现容器内有白色粉末状的分解物时，应用吸尘器抽吸或柔软卫生纸拭净，并收集在密封的容器中深埋，以防扩散，切不可用压缩空气吹或用其他使粉末飞扬的方法清除。

5）断路器的金属部件可用清洗剂或汽油清洗，绝缘件应用无水酒精或丙酮清洗。密封件不能用汽油清洗，一般应全部换用新的。

6）与 SF_6 气体接触的零部件及密封圈可涂一薄层聚四氟乙烯润滑脂，密封圈外侧法兰面应涂中性凡士林或防冻脂。引进的国外产品应根据使用说明书的要求选用适当油脂，法兰缝隙及法兰连接螺钉等处应涂密封胶密封。

7）断路器容器内的吸附剂应在解体检修时更换，换下的吸附剂应妥善处理防止污染扩散。新的吸附剂必须一直在烘箱内干燥保存，只有在所有装配工作完毕准备抽真空时，要求在满足工作条件的环境下，迅速将吸附剂装入设备里，以防止在空气中暴露时间长，温度降低，吸入水分，降低吸附剂的吸附功能。

8）断路器解体后如不及时装复，应将绝缘件放置在烘箱或烘房内以保持干燥。

(6) LW6 系列 SF_6 断路器液压操动机构的异常分析。

常见故障及其处理如下：

1）油泵起动频繁。断路器在没有任何操作的情况下，按厂家要求和有关规定，每天油泵应用 1～2 次期动打压，6 次左右要引起运行注意，加强监视；10 次以上应安排停电检修。油泵频繁起动是由于液压机构存在渗漏引起的，可分为外部渗漏和内部渗漏两种。

外部渗漏是由于机构组件的高压连接管接头返松或变形损坏，这种故障用肉眼很容易从机构外表观察到，处理也较简单；紧固高压连接管接头螺母即可。如果紧固螺母仍有渗漏，则必须更换接头螺母、卡套和密封垫圈。

内部渗漏是机构组件内部高压区和低压区之间的阀门密封不严引起的，表现在阀门的阀线有印痕、变形或损坏，阀门密封损坏，溢流阀弹簧疲劳、老化，液压油内有杂质卡在阀门或密封圈处。这种故障难以用肉眼从机构外表观察到。只能根据高压油渗漏时发出的声音寻找渗漏点，也可根据油管温度、断路器分合闸状况等综合判断渗漏位置。找出内部渗漏位置很大程度取决于检修人员在这方面的经验。处理也较复杂，需要装拆组件，研磨阀线，更换损坏的阀针、疲劳的弹簧受损的密封垫圈，过滤或更换带杂质的液压油，工艺要求高。还要进行性能测试。内部渗漏是处理难度较高的故障。

油泵频繁起动一般对断路器的分合操作不会构成直接影响，但如果长期不处理，故障会不断发展。但是，油泵一天起动超过 20 次以上时，断路器的分合速度会逐渐降低，影响分断性能。

2）油泵长时间打不上油压。断路器正常操作后，液压系统的压力随之下降。油泵起动，但经过长时间打压（超过 3min），油压仍然达不到额定的压力。

这种故障的原因包括了油泵频繁起动的各种因素，但程度比它更严重，往往是各级阀门发生严重的渗漏。常见的故障包括：放油阀、控制阀关闭不严或合闸二级阀处于半合状态；油泵的吸油管压扁，进而不通畅；油泵低压侧有气体或漏气。要找出故障点，就必须全面分析机构的状况，它可能是上述原因的一个或多个引起的，需要修理甚至更换放油阀、控制阀、油泵或吸油管等。这种故障的处理难度和工艺要求都很高。

3）液压操作系统压力异常。液压操作系统正常的油压范围是 31.6～32.6MPa（温度为 15℃），超出这个范围就属于压力异常。液压操作系统的油回路或电气回路出现故障，都会引起系统的油压异常升高或降低，具体的故障原因及相应的处理方法是：①控制电动机停止触点损坏，应检查、修理微动开关及接触器。②控制电动机的接触器误动作，可除去接触器上的污物、油垢。③储压器漏氮气或氮气侧进油，应检查内壁粗糙度和更换密封圈，严重时更换储压器。④压力表失灵及存在误差，压力表开关关闭，不能正确反映油压，应更换压力表或打开表计开关。⑤中间继电器"粘注"或接触器卡滞，油泵电动机一直处于运行状态，应更换有故障的中间继电器或接触器。

常见故障检修注意事项是：

1）断路器检修前必须处于分闸位置，将储能电动机电源断开，将油压力释放至零，方能进行工作，否则会损坏机构组件。

2）一、二级阀组件在拆除解体后，其内部阀针、阀球极其细小，不能与坚硬物体碰撞或相挤压，以免变形。

3）更换新的组件和密封圈，要用干净的10号航空液压油清洗，液压管要用纯氮气吹干，工作人员的手也应清洗，确保人手、工具、元器件干净无杂质，新更换的10号航空液压油必须经过过滤以保持纯净。检修完毕，断路器应在合闸位置静止2h以上，便于检查各个高压液压管、合闸指令管、合闸保持阀门等的密封情况。

严重故障是：

1）运行中失压导致零变压。断路器处在合闸的静止状态时，由于液压系统严重泄漏造成失压，油压力快速降至零表压。运行中失压导致零表压一般是由于液压机构内部泄漏引起的，比“油泵长时间打不上油压”故障的油泄漏要严重得多，是液压操作系统压力异常最严重的表现。故障发生时，该断路器严禁进行任何分、合闸操作，必须马上退出运行。

2）脱管故障。断路器在合、分过程中，其高压管或合闸指令管脱落，高压油大量喷出，断路器合、分不正常。造成这种故障的原因是：高压管或合闸指令管的安装工艺差，紧固不足，承受不了合、分操作的冲击而脱落；由于断路器运行时间长，高压管或合闸指令管的接头老化发松（特别是发生过接头渗漏而多次紧固过的管子），承受高压能力下降。

发生脱管故障时，必须马上退出运行，修复前，该断路器严禁再进行任何分、合闸操作。

严重事故紧急处理步骤是：

1）断开断路器储能电动机电源。

2）将断路器“就地”/“远方”操作把手切换至“就地”位置。

3）报告调度。

4）退出该断路器的操作电源和有关保护、重合闸、自投装置。

5）零表压故障时，用专用的放慢分卡具卡住操作传动杆合闸指示圆盘的下方，将螺钉拧紧。

6）通过倒闸操作将该断路器与系统隔离。

7）脱管故障。更换脱落的液压管，补充10号航空油，打压、排气直至断路器修复。

8）零表压故障时，按油泵频繁起动的处理方法处理机构泄漏部位，补充10号航空油，打压、排气直至断路器修复。

严重故障处理的注意事项是：

1）故障发生后，运行人员应及时切断油泵电源，及时将断路器置于就地操作位置，千万不能认为的强行打压，否则将极易引起断路器慢分（或慢合）。造成断路器爆炸的严重事故。

2）在断路器发生这种故障时，严禁进行任何合、分操作。

3）补充液压油后，要多次泄气。

4）断路器检修后，合闸、分闸试验时，宜通过远方操作，工作人员应远离断路器，确保人身安全。

预防严重事故的措施是：

1）按规定周期做好各项检修检验工作。每2年重新过滤10号航空液压油；每4年必须更换10号航空液压油、清洗阀系统和液压管道；每隔1～3年对液压系统的压力表、压力安全阀进行校验，以防止操动机构压力异常升高；运行时间在10年以内的，原则上某个元件有问题，就对该元件进行更换，如果液压操动机构内的主要阀件普遍存在问题，状况极差，则应对整个液压操动机构进行更换；运行时间在10年以上的，如其高压油系统内的主阀件出现问题，则对整个液压操动机构进行更换，如其低压油系统元件出现问题，则只更换该元件；大修后测量断路器行程、速度特性、时间参量、同期、分闸或合闸最低动作电压以及操动机构在分闸或合闸、重合闸的操作压力下降值；机械操作次数达3000次时，应进行临时性检修，更换液压油。

2）计划内的检修要加强综合工作。除了对损坏部件及时更换外，应全面检查机构各个组件的状况，把缺陷消除在萌芽状态，提高设备的可靠性，避免重复性检修；核对微动开关各触头的压力值；定期清洁操动机构箱内的各组件。

9. 真空断路器的常见故障以及处理

真空断路器常见的两类故障是机械故障与电气故障。机械故障率与电气故障率相比，概率较小。真空断路器的一次电气故障与机械故障相比，不仅故障性质严重而且有较大的隐蔽性、突发性、随机性，并且难以及时预报。因此，常见到厂家在出厂报告中提醒用户观察真空灭弧室的断弧物理现象。因此，这类故障不仅威胁电网的安全也极易造成人身伤亡事故，是造成国民经济损失的主要问题。在真空断路器运行中，以下的问题需要特别重视：

（1）抗震动性能差。

在对真空断路器进行联动试验和运行中分闸、合闸操作时，出现过机构内部单相动触头连杆脱落情况。经检查和试验发现，在进行分闸、合闸操作时，操动机构产生很大的震动力，由于震动力的作用，使得部分连杆、连杆间螺钉和销钉松动、脱落。因此，必须进行整体抗震性试验，合格方可出厂。

（2）操动机构不能储能或储能不能停止。

在对真空断路器进行联动试验和运行中分闸、合闸操作时，经常出现操动机构不能储能或储能不停止现象。经检查发现，造成这两种现象出现的主要原因是弹簧储能操动机构中电动机储能电路的行程开关存在问题。

（3）真空度无法监视。

在实际运行中，作为灭弧介质的真空度是决定能否投入运行和运行中能否进行分闸、合闸操作的关键性指标。真空度必须保证在0.0133Pa以上，才能可靠运行。若低于此真空度，则不能灭弧。由于现场测量真空度非常困难，一般均以检查其承受耐压的情况为鉴别真空度是否下降的依据。正常巡视检查是要注意断路器分闸时的弧光颜色，真空度正常情况下弧光呈现微蓝色，若真空度降低则变为橙红色，这时应及时更换真空灭弧室。

造成真空断路器真空度降低的原因主要有以下3点：

1）使用材料气密情况不良。

2）金属波纹管密封质量不良。

3）在调试过程中，行程超过波纹管的范围，或超程过大，受到冲击力太大造成真空度减。

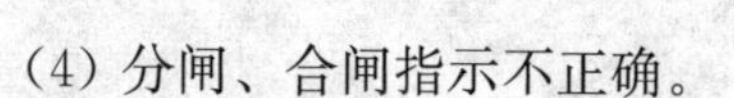

（4）分闸、合闸指示不正确。

分闸、合闸指示用于反应断路器的实际位置，对防止误操作十分重要，因此，断路器分闸、合闸指示必须正确。设计制造时，在分闸、合闸指示的“分”和“合”字和指针表面，应该采用荧光材料或反光材料，便于运行人员夜间巡视和倒闸操作时观察。

（5）弹簧储能操动机构储能电动机电源没有设置单独回路。

在弹簧储能操动机构储能电动机电源没有设置单独回路时，应在真空断路器本体内部端子排上方对原接线方式进行改变，将电动机直流储能电源单独供电，从而使得电动机直流储能电源与直流控制电源不发生关系，彼此独立，互相不影响，消除弊端。

（6）分闸、合闸传感器质量不过关。

部分厂家在断路器本体的分闸、合闸回路上使用分闸、合闸传感器替代常规辅助开关触头。在实际运行中如果进行分闸、合闸操作时，相邻的其他型号同时动作。如果使用分闸、合闸传感器则必须进行抗电磁干扰试验，合格后方可出厂。国家有关部门对目前的生产厂家进行严格的资质审查和产品质量检查，对断路器的市场竞争情况进行规范、整顿，相信一定能够将上述存在的问题给予解决，使产品性能更加完善。

（7）真空断路器本体常见缺陷。

真空灭弧室漏气、本体绝缘件击穿、过压保护不合格、真空灭弧室直流电阻不合格，新投入的断路器出现拒合、拒分现象。

真空灭弧室是真空断路器的关键部件，它采用玻璃作支柱以及密封，内有动触头和屏蔽罩，真空度不低于 6.6×10^{-2}Pa。工厂制造的真空灭弧室要求达到 7.5×10^{-4}Pa 以下。当真空度降低时，其开断性能明显降低。因此，真空灭弧室不能受到外力碰撞，严禁敲击，用手拍打，搬动以及维护时不得受力。

真空灭弧室在下列情况下需要进行检查，必要时更换真空泡。

1）真空灭弧室已达到制造厂所保证的通断次数时（机械寿命 10 000 次）。

2）真空灭弧室已达到制定的检查周期（分闸、合闸次数达到 10 000 次，短路电流出现 100 次，灭弧室耐压试验达到 20 000 次）时更换真空灭弧室。

3）外观上发现异常时。

检查依据：真空断路器的寿命是通过触头磨损度和真空度两项指标来判定的。

1）测定触头磨损。在真空断路器的触头连杆上刻上标记，或用游标卡尺测定触头超程进行检查。一般触头开距为（11±1）mm、超程为（4±1）mm。若动触头、静触头累积磨损厚度超出 3mm，则表明真空泡的电寿命已尽，应更换真空泡。

2）真空泡的直流电阻在规定范围内。一般真空泡直流电阻不大于 25$\mu\Omega$，真空断路器导电回路电阻不大于 4525$\mu\Omega$。

3）真空度测定。①工频耐压法。使断路器处于断开状态，在真空灭弧室的触头间加上电压进行判定，能耐受 42kV、1min 工频耐压试验，真空泡内不应有持续的放电，则为正常。②真空度测试仪测试。目前比较精确的方法是磁控法，适用于制造厂用作真空灭弧室的检测。真空度不大于 5×10^{-4}Pa。③火花计法。火花计法只适用于玻璃真空灭弧室。在使用时，让火花探测仪在灭弧室表面移动，在其高频电场的作用下内部有不同的发光情况。若管内有淡青色辉光，则真空度在 1.33×10^{-5}Pa 以上；若呈红蓝色光，说明真空管已经失效；如管内气体已处于大气状态，则不会发光。

(8) 真空断路器维护运行过程中检查和调整需要注意的问题。

1) 真空断路器使用前的检查。真空断路器安装前，应仔细阅读产品说明书。通常情况下，真空断路器在出厂前已完成了全部厂试验检查，安装时一般不需要拆卸和调整。按照产品安装使用说明书规定逐项检查时，首先应注意有无螺钉松动，若有松动应拧紧。按照说明书规定安装完毕后，再检查灭弧室有无碰伤，并清除表面污垢，必要的话，应在各转动部位涂上润滑剂，然后试验。无论真空断路器配用的是弹簧操动机构还是电磁操动机构，首先均应手动分、合闸3～5次，如未发现异常现象，才可进行通电操作。同时，还要检查真空断路器的触头开距、接触行程、合闸弹簧、三相同期性、分或合闸速度、回路电阻等主要参数，其中，某些参数有可能因在运输过程中的振动、安装中的不慎而变化，因此必须对变化的参数进行调整，调整方法应按真空断路器安装使用说明书的规定进行。

2) 应满足真空断路器使用的环境条件。真空断路器使用的环境条件应满足国家标准GB 1984—2003《高压交流断路器》所规定的条件：①海拔高度不超过1000m。②环境温度。上限室内不高于45℃，下限室内不低于－5℃，室外不低于－40℃；高寒地区室内产品不低于－25℃，室外产品不低于－40℃。无论是室内还是室外产品均可以经受产品技术条件规定的－55℃低温试验，同时还允许在－30℃时储运。③室内产品的环境湿度条件：相对湿度日平均不大于95%，月平均不大于90%；饱和蒸汽压日平均不高于0.0022MPa，月平均不高于0.0018MPa。④地震烈度不超过8度。⑤真空断路器的真空灭弧室原则上应工作于垂直状态。⑥不适用于有严重污染、化学腐蚀以及剧烈振动的场所。

3) 真空断路器运行过程中的检查和调整。真空断路器运行过程中的检查和调整，要视使用场合和操作频繁程度而定。对于那些操作并不频繁，每年操作不过机械寿命的1/5的真空断路器，则在机械寿命期内，每年进行一次常规检查即可。如果操作次数较为频繁，那么在两次检查之间的操作次数不宜超过其机械寿命的1/5。对于操作次数极频繁或机械寿命、电寿命临近终了时，检查周期应适当缩短。检查和调整的项目除了真空度、行程、接触行程、同期性、分闸或合闸速度外，还应包括操动机构各主要部分、外部电气和绝缘以及控制电源辅助触点等的检查。以上各点也是用户在真空断路器的选型、使用、运行中应注意了解的主要内容。

4) 真空断路器的运输与存放应注意的问题。运输真空断路器应采用防潮防振箱包装；包装箱应保证产品在运输过程中不致遭受到损坏、变形、受潮及部件丢失；对其中的绝缘部分及有机材料制成的绝缘件应加于特别保护，以免受潮；对外裸露的导电接触面，应有防腐蚀措施。包装箱上应有在运输过程中必须注意的明显标志（如向上、怕潮、怕雨、怕振、起吊位置等）。包装箱上的标志应包括产品标志、包装储运图示标志和发货标志。每台真空断路器应附有产品合格证书、装箱单及安装使用说明书。产品合格证书应包括出厂检验数据。产品在运输、装卸过程中不得受强烈振动和碰撞。真空断路器应存放在干燥、通风、防潮及防有害气体侵蚀的室内，长期存放时，传动部分应涂上凡士林，并定期检查环境是否符合要求。

5) 真空断路器在维护时应注意的问题。①真空断路器应经常保持清洁，特别是要及时清洁绝缘子、绝缘杆及真空灭弧室绝缘外壳上的尘埃。清洁时需要注意的是，不能用水清洗，应用干净的毛巾或绸布擦拭，如用毛巾清洁时，需要用酒精打湿。②真空断路器的活动摩擦部位，均应保持有干净的润滑油，以使操动机构和其他转动部分动作灵活，减少机械磨

损。对于磨损较严重的零部件、变形的零部件，要及时更换。所有紧固部件均应定期检查，防止松动，同时要注意开口销、挡卡等有无在振动中断裂、脱落的现象。③要经常观察真空灭弧室开断电流时真空电弧的颜色，如有怀疑应进行真空度检查。要经常观察接触行程的变化，若与规定值（或制造厂家提供的实测值）相差过大，应予以注意。超行程量的变化反映了真空灭弧室触头的磨损量，若磨损量超过标准，应更换真空灭弧室（ZN28－10 触头允许量为 3mm）。

10. 断路器过热的分析、判断与处理

(1) 过负荷。

(2) 触头接触不良，接触电阻超过标准值。

(3) 导电杆与设备接线卡松动。

(4) 导电回路内各电流过渡部件、紧固部件松动或氧化，导致过热。断路器运行中若发现油箱外部颜色异常，且可闻到臭味气体，则应判为出现过热现象。断路器过热会使过热油位升高，迫使断路器内部缓冲空间缩小，同时由于过热还会使绝缘油劣化、绝缘材料老化、弹簧退火等。多油断路器油箱可用手摸，以判断是否过热。对少油断路器，可注意观察油位、油色和引线接头示温片有无熔化等过热现象。必要时，可用红外线测温仪测试。

11. 分闸、合闸线圈冒烟

(1) 合闸线圈烧毁的原因。

1) 合闸接触器本身卡涩或触头黏连。

2) 操作把手的合闸触头断开。

3) 重合闸装置辅助触头黏连。

4) 防跳跃闭锁继电器失灵。

5) 断路器辅助触头打不开。

(2) 跳闸线圈烧毁的原因。

1) 跳闸线圈内部匝间短路。

2) 断路器跳闸后，机械辅助触头打不开，使跳闸线圈长时间带电。

合闸操作或继电保护自动装置动作后，出现分、合闸线圈严重过热或冒烟，可能是分闸、合闸线圈长时间带电造成的。发生此现象时，应马上断开直流电源，以防分闸、合闸线圈烧坏。

12. 其他异常及处理措施

(1) 若发现断路器瓷套管闪络破损、导电杆端头烧熔、绝缘油着火以及瓷套管漏胶或喷胶时，应及时处理。

(2) 油断路器的油色变黑，应在维修或检修时换油。

(3) SF_6 断路器发生意外爆炸或严重漏气事故时，值班人员接近设备要防止气体中毒，应尽量选择从“上风”部位接近设备。对室内设备，应先开启排气装置。

第三节　隔离开关异常及故障

一、隔离开关事故及异常处理要求

(1) 操作隔离开关时，如果发生拒动，应按下列步骤进行处理：

1）机械操作的隔离开关发生拒合或拒分，应检查断路器是否断开，隔离开关机械闭锁是否解除，隔离开关传动机构是否有卡塞的地方，闸口是否锈死或烧伤，可轻轻晃动操作把手进行检查，在未查明原因前不得强行操作。

2）操作电动隔离开关出现拒动时，应首先判明是隔离开关机械传动部分故障还是电动操作回路故障，如果是电动回路故障，应检查各电气闭锁回路是否已经解除，操作回路电源三相电压是否正常，如果经检查确系电动操作回路故障，可用手动操作机械拉、合隔离开关，当发现为电气回路闭锁未解除时，在未查明原因前不得强行解除闭锁操作隔离开关。

3）操作中隔离开关发生支持绝缘子断裂，严禁操作该隔离开关，应汇报调度，通知检修单位来站处理。如果发现隔离开关机械传动部分存在缺陷，隔离开关导电部分良好无问题，可待下次隔离开关停电时处理。当发现隔离开关接触部分发热，应立即汇报调度，采取限负荷措施或停电进行处理。

（2）合隔离开关时，因为隔离开关三相不同期合不正，出现隔离开关单相接触不良，可拉开隔离开关重新合闸，也可以使用绝缘杆将其拨正，如果出现隔离开关三相接触不良或单相差距很大时，应汇报调度，通知检修单位来站处理，不得对该隔离开关强行操作。

发现隔离开关触头过热、变色时，应立即汇报调度，通知检修单位来站处理。

二、隔离开关运行管理及常见问题处理

1. 隔离开关的运行管理

隔离开关俗称刀开关。隔离开关在分闸位置时，被分离的触头之间有可靠绝缘的明显断口；合闸位置时，能可靠地承载正常工作电流和短路故障电流。它不是用以开断和关合所承载的电流，而是为了满足检修和改变线路连接的需要，用来对线路设置一种可以开闭的断口。

隔离开关在输配电装置中的用量很大。为了满足在不同连线和不同场地条件下达到经济、合理的布置，以适应不同用途和工作条件的要求，隔离开关发展形成了不同结构形式的众多品种和规格。

隔离开关的主要用途是：

（1）用于隔离电源，将高压检修设备与带电设备断开，使其间有一明显可见的断开点。

（2）隔离开关与断路器配合，按系统运行方式的需要进行倒闸操作，以改变系统运行方式。

（3）用于接通或断开小电流电路。

隔离开关可以进行以下操作：

（1）可以开、合闭路开关旁路电流。

（2）开、合变压器中性点的接地线，但当中性点上接有消弧线圈时，只有在系统无故障时，方可操作。

（3）开、合互感器和避雷器。

（4）开、合母线及直接连接在母线上的电容电流。

（5）开、合电容电流不超过5A的空载线路。

（6）三联隔离开关可以开、合电压在10kV及以下，电流在15A以下的负荷等。

2. 不准带负荷切合电路

（1）送电时先合隔离开关，后合断路器；停电时先停断路器，后断隔离开关；单极隔离

开关停电时先断中相，后断两个边相。送电时先合两个边相，后合中相。

(2) 带电操作隔离开关时，应戴合格的绝缘手套。

(3) 操作过程中如发生弧光，已合的不准再拉开，拉开的也不准再合上。

(4) 带有接地刀开关的高压隔离开关，主刀开关手柄和接地刀开关手柄应有可靠的机械连锁。

(5) 隔离开关同级断路器至少要有机械的或电气的一种连锁装置。

(6) 隔离开关允许切合电压互感器，避雷器，母线充电电流，开关的旁路电流，无负荷的变压器中性点地线。

(7) 隔离开关操作时，不允许超过所能开断的变压器励磁电流和空负荷电流，架空线的电容电流值及所能切合的空负荷的变压器电流值。

3. 运行中应注意观察和巡回检查

(1) 运行中应注意观察各连接点，特别是闸嘴处是否接触良好，有无腐蚀过热现象。监视温度的示温蜡片有无熔化和变色。

(2) 巡回检查时要注意瓷瓶、瓷套管有无裂痕、破碎，以及闪络放电痕迹和严重电晕现象。

(3) 操作时不要用力过猛，以防闸嘴错位损坏零件。

(4) 定位销要准确进入手柄定位孔中。特别是高压成套开关柜顶上的GN8系列隔离开关，在进入柜内检修时尤为重要，以防刀开关拉杆人为误动将高压引入柜内。

(5) 应定期清扫尘埃油污，转动部分加润滑油，闸嘴加凡士林。

4. 隔离开关的维护修理

(1) 修理周期。

隔离开关是在无负荷下切合电路的。一般操作不频繁，宜每半年进行一次小修，5年进行一次大修，在事故和特殊情况下，可临时安排修理。

(2) 小修内容。

1) 清扫尘埃和油污。

2) 检查动静触点应接触良好。修光烧痕，涂凡士林。

3) 检查导电接头，特别是铜铝不同材料的连接处有无电腐蚀，并修光蚀痕，紧固螺母。

4) 检查锁母、销钉、开口销有无松动脱落。

5) 修理或更换磨损件。

6) 检查操动机构各元件应动作灵活可靠。

7) 各转动轴、轴承加润滑油。

8) 检查接地线应接触牢固。

9) 检查机械和电气连锁装置的可靠性。

(3) 隔离开关大修内容。

1) 完成小修规定项目。

2) 更换锈蚀弹力不足的刀片，磁锁弹簧和定位销弹簧。

3) 更换严重磨损的刀片及静触头。

4) 更换严重磨损或损坏的零部件，并测量绝缘子绝缘电阻。

5) 拆除清洗户外隔离开关主动轴的滚动轴承，并加新凡士林。

6）修光并调节动静触头，使其嵌入到位无歪斜，接触良好。

7）用绝缘电阻表测量单元绝缘子对地绝缘电阻。额定电压小于 24kV 的，其绝缘电阻不小于 1000MΩ（20℃）；额定电压大于等于 24kV 的，不小于 2500MΩ（20℃）。

5. 隔离开关运行中常见问题的处理

隔离开关的触头及接触部分在运行维护中是关键部分。因为在运行中，由于触头拧紧部件松动、接触不良、刀片或刀嘴的弹簧片锈蚀或过热，会使弹簧压力减低。隔离开关在断开后触头暴露在空气中，容易发生氧化和脏污，隔离开关在操作中可能有电弧，会烧伤动、静触头的接触面。各个连动部件会发出磨损或变形，影响接触面的接触。还有在操作过程中，若用力不当会使触头位置不正，触头压力不足而导致接触不良使触头过热。因此，值班人员在巡视配电装置时对隔离开关触头发热的情况，可根据接触部分的色漆或示温片颜色的变化和熔化程度来判别，也可以根据刀片的颜色变化，甚至有发红、火花等现象来确定。

（1）触头过热，示温片熔化时的处理。

1）用示温片复测或用红外线测温仪测量触头实际温度，若超过规定值（70℃）时应查明原因及时处理。

2）外表检查导电部分，若接触不良，刀口和触头变色，则可用相应电压等级的绝缘杆将触头向上推动，改善接触情况。但用力不能过猛，以防滑脱反而使事故扩大。但事后应观察其过热情况，加强监视。如果隔离开关已全部烧红，禁止使用该方法。

3）如果此时过负荷，则应汇报调度要求减负荷。

4）在未处理前应加强监视，及时处理问题。

（2）隔离开关瓷件外损或严重闪络现象。

1）应立即报告调度，尽快处理，在停电处理前应加强监视。

2）如果瓷件有更大的破损或放电，应采用上一级开关断开电源。

3）禁止用本身隔离开关断开负荷和接地点（35kV 及以下电压等级）。

（3）隔离开关拒绝拉闸、合闸的处理。

1）拒绝拉闸。当隔离开关拉不开时，不要硬拉，特别是母线侧隔离开关，应查明原因后再拉，例如操动机构冰冻、机构锈蚀、卡死，隔离开关动、静触头熔焊变形及瓷件破裂、断裂，操作电源是否完好，电动操动机构、电动机失电或机构损坏或闭锁失灵等原因。在未查清原因前不应强行拉开，否则可能造成设备损坏事故。此时，只有改变运行方式及时向调度申请停电检修。

2）拒绝合闸。当隔离开关不能合闸时应及时查明原因，首先检查闭锁回路及操作顺序是否符合规定，再检查轴销是否脱落，是否有楔栓退出，铸铁断裂等机械故障。电动机构应检查电动机是否有失电等电气回路故障，操作电源是否完好并查明原因，处理后方可操作。对有些隔离开关存在先天性缺陷不易拉合时，可用相同电压等级的绝缘杆配合操作，但用力应适宜，或申请停电检修。

（4）人员误操作，带负荷误拉、合隔离开关的处理。

1）误拉隔离开关是由于运行人员对实际情况未掌握，或没有认真执行规程而发生的。一旦发生带负荷误拉隔离开关时，如刀片刚离刀口（已起弧），应立即将隔离开关反方向操作合上，但如已误拉开，且已切断电弧时，则不许再合隔离开关。

2）误合隔离开关。运行人员失误带负荷误合隔离开关，则不论任何情况，都不准再拉

开，则应用该回路断路器将负荷切断后，再拉开误合的隔离开关。

第四节　互感器异常及故障

一、互感器事故及异常处理要求

(1) 互感器出现内部异常、大量漏油、冒烟起火时，运行值班人员应迅速撤离现场，尽快汇报调度，用断路器切断故障。电压互感器故障时，故障点不能用隔离开关切除的，应迅速将其直接连接的一次设备停电。故障点可用隔离开关切除的，对于电压互感器二次侧可以并列的，并列后将故障电压互感器停电；对于电压互感器二次侧不能并列的，应迅速将故障电压互感器及相关一次设备停电。电流互感器故障时，应将相应一次设备停电或将相关保护装置退出运行。

(2) 运行中的互感器发现下列情况之一时，变电站运行值班人员应立即汇报调度，停用故障互感器，取下母联断路器控制熔断器，停用母差比相元件。需要改变一次系统运行方式时，应汇报调度，根据调度命令改变一次系统方式。

1) 从互感器内部发出臭味或冒烟溢油时。

2) 互感器内部有异常声音且伴有火花放电声。

3) 互感器外部接头严重过热或内部过热。

4) 互感器瓷质绝缘损坏，且有放电声。

5) 注油互感器看不到油位。

6) 互感器压力释放装置动作。

7) 干式互感器出现严重裂纹、放电。

8) SF_6 气体绝缘互感器严重漏气。

(3) 35kV 及以下电压互感器的故障处理：当电压互感器一次熔断器熔断时，应取下故障电压互感器二次熔断器，将 10kV（或 35kV）Ⅰ母线与Ⅱ母线电压互感器二次切换开关切于接通位置，将故障电压互感器二次负荷倒至另一组电压互感器运行，再拉开故障电压互感器隔离开关，更换好同类熔断器后，试送故障电压互感器。试送后又发生熔断器熔断，此时应退出故障电压互感器运行，并对故障电压互感器进行遥测绝缘检查，在未查明原因前，不得将故障二次回路电压互感器送电。

(4) 当发现电流互感器二次回路出现开路时，应将电流互感器开路点电源侧端子处进行断路，再进行分段检查。如果开路点在电流互感器二次绕组出口处，必须将电流互感器进行停电处理。

(5) 严禁就地用隔离开关或高压熔断器拉开有故障的电压互感器。系统发生单相接地或产生谐振时，严禁就地用隔离开关或高压熔断器拉、合互感器。

(6) 小电流接地系统发生单相接地时，电压互感器的运行时间一般不得超过 2h，接地期间，值班负责人应组织运行值班人员不断监视电压互感器的运行情况。

二、电压互感器运行管理及常见问题处理

1. 电压互感器用途和分类

(1) 用途。

电压互感器是一种将高电压变为低电压，并在相位上也保持与原来一定关系的仪器。它

是将高压按一定的比例缩小，使低压绕组能够准确地反映高压量值的变化，以解决高压测量的困难。同时又可靠地隔离高压电，从而保证了测量人员和仪表及保护装置的安全。

(2) 分类。

电压互感器按结构不同分为干式电压互感器、油浸式电压互感器、浇筑式电压互感器。

2. 故障诊断与排除方法

(1) 电压互感器回路断线。

电压互感器回路断线，会发出预告响声和光字牌，低压继电器动作，频率监视灯熄灭，仪表指示不正常。

1) 由于电压互感器高、低压侧熔断器熔断，回路接头将松动或断线。若高压熔断器熔断应拉开电压互感器入口隔离开关，更换高压熔断器，同时检查在高压熔断器前有无不正常现象，并测量电压互感器绝缘，确认良好后方可送电。若低压熔断器熔断应立即更换，如再次熔断，应查明原因，修复后再更换。若一时处理不好，应考虑调整有关设备的运行方式。

2) 电压切换回路辅助触点及电压切换看过接触不良，造成电压互感器回路断线。应将电压互感器所带的保护与自动装置停止使用，以防止保护装置误动作，对电压切换看过及回路辅助触点进行检修。

3) 由于电压互感器低压电路发生回路断线，使指示仪表的指示值产生错误时，应尽量根据其他仪表的指示，对设备监视。

(2) 电压互感器高压或电压熔断器熔断。

1) 由于电压互感器低压电路发生短路，高压电路相间短路，产生铁磁谐振及熔断器日久磨损，都有可能造成高压或低压侧熔断器熔断。

2) 当低压侧熔断器熔断时，应立即进行更换。如果再次熔断，应查明原因后再更换。当高压侧熔断器熔断时，应拉开电压互感器的隔离开关，并取下低压侧熔断器，检查有无熔断。在排除电压互感器本身故障或二次回路故障后，重新更换合适的熔体，将电压互感器投入运行。

(3) 绝缘子闪络放电。

1) 绝缘子表面和绝缘子内部有污垢，受潮后耐压强度降低，绝缘子表面形成放电回路，使泄漏电流增大，达到一定程度，造成表面击穿放电，应更换绝缘子，对未放电的绝缘子进行清扫。

2) 绝缘子表面有污垢，当电力系统发生某种过电压，使表面闪络放电，造成绝缘性能大大降低，应立即更换绝缘子。

(4) 绝缘子与箱体结合处渗油。

1) 制造上的缺陷。

2) 机械损伤。

3) 内部故障。

(5) 故障相电压表指示下降。

高压侧或低压侧一相熔体熔断后，各电流表的指示与二次回路中的连接的负荷有关。由于二次电压可以通过连接的电压表或电能表与继电器的电压线圈构成回路，故障相电压表指示有不同程度的降低，应断开电压互感器隔离开关，取下二次侧熔体，检查有无熔断，排除电压互感器本身故障或二次回路故障后，重新更换熔体。

(6) 电压互感器的异常运行与处理。

电压互感器在运行中若发现有下列异常现象，应向有关领导汇报并做好记录：

1) 接头和外皮发热。

2) 内部有异常和放电声。

3) 线圈或引线与外壳之间产生火花放电。

4) 油位过高、油从注油孔溢出，或油位过低、在油位计中看不到油位。

在发现电压互感器出现下列现象时，应立即将互感器切除，并向有关部门汇报：

1) 瓷套管碎裂，放电严重。

2) 高压绕组绝缘击穿，出现冒烟或发出臭味。

3) 外壳发热并超出允许温度。

4) 严重漏油，在油位计中已看不到油面。

5) 高压熔丝连续烧断 2 次以上。

在切除电压互感器时，对接有 0.5A 熔丝及合格限流电阻 6～10kV 互感器，可用隔离开关进行切除，但对 110kV 及以上的互感器，则不能带故障以隔离开关操作，以免引发母线故障。

(7) 误接二次引线引起电压互感器烧坏。

某地一电压互感器柜中的电压互感器，其二次接线的中性点通过击穿熔丝 FN 接地的投入运行是正常，但在遇到雷电波冲击是，熔断器熔断，B 相二次绕组发生短路，而 B 相的熔断器在短路回路之外，不发生作用，造成互感器烧坏。

(8) 电压互感器发生上盖流油、着火。

发现电压互感器上盖流油、着火故障时应立即切断电源，用干式灭火器或者沙子灭火。电压互感器烧坏的原因可能是极性接错或有操作过电压，因此，应检查接线并采用适当保护措施。

(9) 电压互感器一、二次回路开路。

电压互感器一、二次回路开路时，应先将与之有关的保护或自动装置停用，以防误动作，然后检查开路回路故障点。检查开路故障点时重点检查高低压熔断器是否熔断，连接线有无松动或脱落，电压切换回路的辅助触点或切换开关有无接触不良等。

(10) 电压互感器熔丝熔断。

电压互感器熔丝熔断时可表现为在正常送电时仪表无指示或指示不正常。在 10kV 及 35kV 电网中，其绝缘监视装置的三相对地电压表也可有相应的指示。

1) 电压互感器熔断器有一相熔丝熔断时，熔断的一相对地电压表指示降低，未熔断的两相对地电压表指示正常；熔断的一相与另外两相的线电压降低，未熔断的两相间的线电压正常；若出现降低信号，则是电压互感器一次侧熔断器一相熔断，若不出现接地信号，则是电压互感器二次侧熔断器一相熔断。

2) 电压互感器熔断器有两相熔丝熔断时，熔断的两相对地电压表指示很小或者接近于零，另外两相线电压降低，但不为零；若出现接地信号，则是电压互感器一次侧熔断器两相熔断，若不出现接地信号，则是电压互感器二次侧熔断器两相熔断。

发现高压熔丝熔断时，应仔细查明原因，在确认无问题后，方可进行更换；若低压熔丝熔断时应立即更换同容量同规格的熔丝。更换熔丝前，应将有关保护解除，在更换熔丝并进入正常运行后，再将停用的保护重新投入。

发生电压互感器熔丝熔断的常见原因有：①高压侧中性点接地时系统发生单相接地。②母线未带负荷而投入高压电容器。③二次侧所测量仪表消耗的功率超过电压互感器的额定容量或二次绕组短路。④在发生雷击时，感应雷电流通过高压侧熔丝经电压互感器中性点入地，导致高压侧熔丝熔断。

3）当线路发生雷击单相接地时，电压互感器可能因自身的励磁特性不好而发生一次侧熔丝熔断。当高压侧发生熔丝熔断时，应将高压侧的隔离开关拉开，并检查低压侧熔丝时表示同时熔断。若低压侧熔丝也已熔断，故障可能是发生在二次回路，可更换高、低压侧熔断器后试运行。若低压侧熔丝再次熔断，应查明原因后再予更换。若低压侧熔丝没有熔断，则应对电压互感器本身进行检查。可测量互感器绝缘，绝缘正常时可更换熔断器后继续投入运行。注意在检查高低压熔断器时，要采取相应的安全措施，保证人身安全，防止保护装置误动作。

(11) 电压互感器的铁磁谐振主要表现为：三相电压同时升高很多，其产生的过电压可能会击穿互感器的绝缘，造成电压互感器烧坏；如因接地诱发铁磁谐振，可有系统接地信号发出。

当出现电压互感器铁磁谐振的现象时，应立即由上一级断路器切除互感器，切忌使用隔离开关，避免因电压过高造成三相弧光短路，危及人身或设备安全。切除后应检查电压互感器有无电击穿现象。

为避免电压互感器铁磁谐振造成的损失，可采取吸收谐振过电压的自动保护装置。该装置由保护间隙串联吸收电阻后并接在互感器线圈上。当发生铁磁谐振过电压时，保护间隙被击穿，由吸收电阻将过电压限制在互感器的额定电压以内，从而保护互感器不被击穿。

(12) 电压互感器的铁芯和中性点可靠接地。

某发电厂两台 6MW 发动机的中性点接地系统是经 FCD－6 型避雷器接地的小接地短路电流系统。在发动机定子回路，采用绝缘监察装置监视接地故障（监察装置的电压信号取自 3 只 JDZJ－10 型电压互感器）。

发电机投入运行后多次出现非金属性接地故障，接地信号的持续时间则有长有短，有时瞬间接地。值班人员对发电机及电压互感器进行检查，均未发现接地点。由于在小接地短路系统中发生单相接地时相间电压保持不变，可以在 2h 内带故障运行，但是此时非故障相的对地电压则升高 1.73 倍。当发生间歇性电弧接地时，非故障相的接地低压可升高到相电压的 2.5～3.0 倍，这种过电压对系统安全威胁很大，可发展为两相接地短路，甚至会烧坏发电机。因此，在单相接地发生后，应在 2h 内进行处理或将故障隔离，避免故障扩大。

电压互感器的接地信号继电器是接在电压互感器二次侧开口三角形绕组上的。当发电机三相电压及负荷对称时，开口三角形绕组的输出电压为零，信号继电器不动作；当发生一相接地时，中性点产生位移，开口三角形绕组将有输出电压，使信号继电器动作。因此，为了尽快查明故障，将绝缘监视用电压互感器高压侧的熔断器断开两相，在只有一相熔断器的情况下投入，用万用表测开口三角形绕组两端电压是否与接地电压表相符，当测试人员手持负表笔靠近电压互感器的铁芯时，在还有一段距离的情况下就被电击，这说明互感器铁芯带有高电压。但由此也给我们以提示，接地的铁芯为什么会带电呢？一是对电压互感器停电检查，结果发现，生产厂家将电压互感器高压侧中性点接地改接至铁芯后再经铁芯接地，但实

际上铁芯却没有接地。在这种情况下，当互感器只有一相投入时，铁芯对地便带有一相电压，在万用表表笔靠近时，就使一定的空气隙击穿，使测量人员被电击。

互感器中性点未接地的发现，也就解开了发电机多次出现非金属性接地的故障之谜；以往的非金属性接地故障只是一种假象。它是由于系统电压或负荷不对称造成的中性点位移，产生较大的零序电压，使继电器动作。

本次故障处理的经过告诉我们，电压互感器的铁芯必须接地，安装和使用单位必须进行认真的检查。

(13) 电压互感器二次接线错误导致相电压指示异常。

某35kV变电站在空载运行中发现6kV电压表指示不正常，其中A相与B相相电压都为4800V，C相相电压为1500V，正常的相电压指示应为3500V左右。测量线电压，三相线电压都正常。

由于是空载运行，与变压器出线无关，而35kV进线电压正常，因此，相电压指示不正常的原因很可能是电压互感器二次接线有误。

将电压互感器手车拉出检查，发现是零序电压绕组的接地点接错。本应接地的N600没有接地，而只是接在了相电压表的公共点上，本应接地的A相与C相尾端Z的连接点却接了地。这就导致了电压表的中性点N600成为假接地，相电压表的公共点出现电位位移，即N600对地有C相绕组的电压。故障原因与故障结果分析一致，对地接线改正，相电压指示也就正常了。

三、电流互感器运行管理及常见问题处理

1. 用途和分类

(1) 用途。

电流互感器是一种电流变换装置，将高压侧电流和电压侧大电流变成小电流信号，供给仪表和继电保护装置并使仪表和保护与高压电路隔离。电流互感器二次侧电流一般为5A，为测量仪表和继电保护装置提供电流信号，并使产品标准化。

(2) 分类。

电流互感器类型很多，按一次绕组匝数分为单匝式（母线式、支柱式、套管式）和多匝式（绕组式、线环式、串极式）；按一次电压高低分为高压和低压两大类。

2. 故障诊断与排除方法

(1) 电流互感器运行中响声较大。

1) 过负荷，应降低负荷至额定值以下，并继续进行监视和观察。

2) 二次回路开路，应立即停止运行，并将负荷减少到最低限度进行处理，采取必要的安全措施，以防触电。

3) 绝缘损坏而发生放电，应更换绝缘。

4) 绝缘漆是损坏或半导体漆涂刷不均匀，而发生放电或造成局部电晕，应重新均匀涂刷半导体漆。

5) 夹紧铁芯的螺栓松动，应紧固松动螺栓。

(2) 运行中铁芯过热。

1) 可能是由于长时间过负荷。

2) 二次回路开路。

排除故障方法同（1）中的1）、2）项。

（3）运行中低压侧电流互感器开路。

1）二次回路断线或连接螺钉松动造成二次开路，应接好焊牢二次回路接线或紧固螺钉。

2）由于铁芯中磁通饱和，在二次侧可能产生高压电（数千伏甚至上万伏），在二次回路的开路点可能有放电现象，出现放电火花及放电声，并严重威胁人身和设备安全。

3）铁芯可能因磁饱和引起损耗增大而发热，使绝缘材料产生异味，并有异常响声，甚至烧坏绝缘。

4）与电流互感器二次侧相连接的电流表指示可能摇摆不定或无指示，电能表可能出现异常，失去了对电流的监视，造成假象。还会使电流继电器无法正常工作，以致电流保护失灵，这都会使电流表对主电流的异常运行失去警觉而不能及时处理，可能导致严重后果。

当发现电流互感器二次侧开路后，应尽可能及时停电进行处理。如不允许停电时，应尽量减小一次侧负荷电流，然后在保证人身与带电体保持安全距离的前提下，用绝缘工具在开路点前用短路线把电流互感器二次回路短路，再把开路点消除，最后拆除短路线。在操作过程中需有人进行监护。

（4）漏油或油面过低。

1）制造质量太差，应更换电流互感器。

2）搬运过程中出现机械损伤，应根据损伤程度进行处理。

（5）二次侧接地螺钉松动，但高压电容式电笔有辉光。

由于一次侧高压串入二次侧，应停电处理，紧固接地螺钉。

（6）电流互感器二次回路断路（开路运行）。

电流互感器二次回路断线可表现为电流互感器发出较大的“嗡嗡”声，所接的有关仪表指示不正常，电流表无指示，电能表、功率表等无指示或指示偏小。

（7）一起因电流互感器二次回路开路引发的起火事故。

某地一电工在巡视低压配电室时发现一开关柜底部的电流互感器附近有一裸露线头伸出，为防止其带电伤人，便用尖嘴钳夹住裸露线头往里塞了塞。正是这一塞，从电流互感器蹿出一道火舌。

经检查，C相电流互感器烧毁，电能表接至C相互感器二次侧桩头的导线脱落，桩头压线螺钉处于松弛状态。电工夹住的裸露线头为一接至电能表的零线，在一般情况下它的对地电压不高，常被人忽略而不加处理，所以裸露在外。但电工在往里塞的时候却碰到了本来就没有牢固的C相的电流互感器的二次接线，造成互感器二次回路开路。于是在开路瞬间，电流互感器二次绕组产生高压，引起电弧起火。

这一故障说明如下：

1）事故的主要原因是施工人员接线不符合要求，违反了电流互感器二次接线必须牢靠，严禁开路的规定。接线时只将线头插入接线桩头而没有拧紧螺钉，造成接线脱落。

2）对于不用的导线应进行处理，即使对零线也应恢复绝缘状态并妥善安置，而不应裸露在外。

（8）电流互感器二次绕组极性接错造成变压器保护动作。

某电厂1号主变压器差动保护两次误动作，造成停机事故，严重影响线路的正常运行。为了查清和处理故障，首先在运行中测差动继电器执行元件中间的不平衡电压，结果A相

为0.74V，B相为0.68V，C相为0.61V，均超过标准值0.15V。这表明加入差动继电器的不平衡电流已经很大，因而造成误动作。经停电后的进一步检查，发现是新加入的一条支线的电流互感器的二次绕组极性接错，本应与另一个电流互感器二次电流相减的，却接成相加的了，这样流入差动继电器的不平衡电流随该支线负荷的增加而增加，当不平衡安匝数增大到继电器动作整定时，就造成了误动作。将错误接线改正后，在运行中测执行元件的不平衡电压，只有0.013V，说明已恢复正常。

造成这次差动保护误动作故障的事实告诉人们，在接差动继电器时，一定要确保电流互感器二次绕组接线极性和相位的正确。

(9) 电流互感器发出异常声响。

正常运行中的电流互感器由于铁芯的振动，会发出较大的“嗡嗡”声。但是若所接电流表的指示超过了电流互感器的额定允许值（规程规定，电流互感器允许的过负荷极限为额定电流的110%，长期运行)，电流互感器就会严重过负荷，同时伴有过大的噪声，甚至会出现冒烟、流胶等现象。对于电流互感器长期过负荷，应考虑分散负荷或换用电流互感器。但要注意，在换用电流互感器时，应同时更换继电保护的整定值和电流表、电能表等。另外，电流互感器还可能由于以下原因发出异常声响：

1) 电晕放电或铁芯穿心螺钉松动。若为电晕放电，可能是瓷套管质量不好或表面有较多的污物和灰尘。瓷套管质量不好时应更换，对表面的污物和灰尘应及时清理。如果是在电流互感器内部有严重放电，多为绝缘降低，造成一次侧对二次侧或对铁芯放电，此时应立即停电处理。若为铁芯穿心螺钉松动，电流互感器异常声响常随负荷的增大而增大。如不及时处理，互感器可严重发热，造成绝缘老化，导致接地、绝缘击穿等故障。对此，应停电处理，除了紧固松动的螺钉外，还要检查是否已经引起其他故障。

2) 电流互感器二次回路开路。应先将与之有关的保护或自动装置停用，以防误动作，然后检查开路回路故障点。检查开路故障点是重点检查高低压熔断器是否熔断；连接线有无松动或脱落；电压切换回路的辅助触电或切换开关是否有接触不良等。

(10) 电流互感器一次绕组烧坏。

电流互感器一次绕组烧坏的主要原因是绕组绝缘损坏或长期过负荷。绕组绝缘损坏的原因有：一是绕组的绝缘本身质量不好；二是因二次绕组开路产生高达数千伏的电压，使绝缘击穿，同时也会引起铁芯过热，导致绝缘损坏。此时，应更换绕组或更换合适电流比和容量的电流互感器。

第五节　电抗器异常及故障

一、故障及异常处理要求如下

(1) 发生异常运行和事故时，运行人员应记录故障时的各种运行参数、信号指示和打印记录，并不得随意复归。检查现场设备情况，向有关人员汇报。

(2) 电抗器“温度高告警”时，应立即检查电抗器的负荷，并到现场检查设备上温度计的指示，与监控机上的远方测温仪表指示的事故记录显示数值进行对照。用手触摸设备温度情况，并对三相进行比较：如果现场温度并未上升而远方式指示温度上升，则可能是测温回路有问题；如果现场和远方的温度指示都没有上升而发“温度高告警”时，可能是温度继电

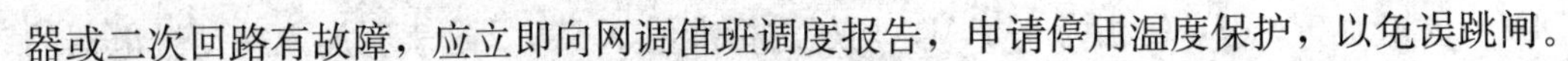

器或二次回路有故障，应立即向网调值班调度报告，申请停用温度保护，以免误跳闸。

(3) 发生以下情况时，电抗器应汇报调度退出运行该电抗器。

1) 电抗器内部有强烈的爆炸声和严重的放电声。

2) 释压装置向外喷油或冒烟。

3) 电抗器着火。

4) 在正常情况下，电抗器的温度不正常并不断上升超过105℃时。

5) 电抗器严重漏油使油位下降，并低于油位计的指示限度。

二、电抗器运行管理及常见问题处理

1. 电抗器运行注意事项

(1) 电抗器运行前应认真查看并合理安装。

电抗器在安装运行前应对其外表面进行认真查看，检查电抗器在吊装时引出线是否被碰伤，电抗器外表有无撞伤。然后根据安装规程进行试验并按照制造厂的安装图样进行安装。电抗器在安装时确保连接螺栓全部拧紧；在绝缘子与支座之间垫上橡胶垫，使每只绝缘子受力均匀。在电抗器底座与混凝土基础连接方式上，建议采用槽钢与基础预埋钢板焊接的方法。

电抗器现场安装后，要加设防护金属围栏和接地线，切勿将围栏闭合，一定要在适当处将其断开；连接接地线对，不要将接地线在电抗器的下方形成闭合环路。

(2) 对室内运行的电抗器要经常检查室内环境温度。

电抗器运行时，其产生的热量要及时散发。电抗器安装在室内时，运行检测人员要经常观察电抗器室的运行环境温度。避免因散热不好造成环境温度过高现象，必要时应在电抗器室内安装温度报警器，以便室内通风不良造成温度过高时及时发出告警。

(3) 电抗器运行噪声。

干式空心电抗器由于其自身结构的特点，运行中的噪声很小，一般为50dB左右，如果在运行过程中发觉电抗器噪声出现增大现象，一般是由以下原因造成：

1) 安装时未将螺栓全部拧紧。

2) 电抗器通风道中掉进了金属物，如螺栓、螺母、导线等。

3) 由于电抗器接线端部位的磁场较强，当采用电缆连接时，电缆头插入接线端后未压紧，造成松散导线在强磁场下产生振动。

(4) 定期清理电抗器表面。

应定期对电抗器表面进行清理，清理方法可采用擦拭、高压气吹或在晴天时用适当压力的水枪进行冲洗。

注意：如果电抗器表面涂的是RTV涂料，清理方法最好在晴天时用适当压力的散射式水枪进行冲洗，这样不会破坏RTV涂料表面的憎水性。

(5) 电抗器运行电磁兼容问题。

某些高压补偿装置中的空心电抗器，对变电站中其他设备（如计算机）有电磁干扰现象，有的电磁干扰超出净磁区。为了减少电磁干扰，可采用增加屏蔽钢板的厚度和增加屏蔽层数两种方法。采用多层屏蔽的效果比增加钢板厚度要好，多层屏蔽的屏蔽层之间并不是彼此直接接触，而是隔有一定空间，这个空间可以是空气，也可以是任何介质材料。

2. 电抗器的故障处理及维护

电抗器出现下列故障时要及时进行维护处理：

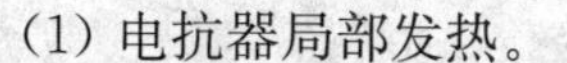

（1）电抗器局部发热。

若发现电抗器有局部过热现象，则应减少该电抗器的负荷，并加强通风，必要时可采取临时措施，加装强力风扇吹风冷却，待有机会停电时再进行消除缺陷工作。

（2）电抗器支持瓷绝缘子破裂等故障的处理。

若发现混凝土支柱损伤、支持瓷绝缘子有裂纹、绕组凸出和接地时，则应用备用电抗器，或断开线路断路器将故障电抗器停用，并进行修理，待缺陷消除后再投入运行。

（3）电抗器烧坏。

发现电抗器混凝土支柱和支持绝缘子断裂以及电抗器部分绕组烧坏等现象时，应首先检查继电保护是否动作，如果保护未动作，则应手动断开电抗器的电源，停用故障电抗器，将备用电抗器投入运行。

（4）电抗器表面放电。

干式空心并联电抗器在干燥状态下不存在任何形式的表面放电现象。但降雨时，温升较低的部位出现会导电性的水膜和较大的表面泄漏电流，在表面泄漏电流集中的端部汇流铝排附近，以及腰部表面的瑕点会出现污湿放电现象，并逐渐产生漏电痕迹。憎水性涂层则可大幅度抑制表面泄漏电流，防止任何形式的表面放电。端部预埋环形均流电极的结构改进措施可克服下端表面泄漏电流集中现象，即使不喷涂憎水性涂层或憎水性涂层完全失效，也能防止电极附近干区出现电弧。顶戴防雨帽和外加防雨夹层，可在一定程度上抑制表面泄漏电流，是目前较好的结构改进措施。

（5）电抗器高压套管升高座螺钉断裂。

故障的第一个原因是本体的振动频率与均压环的振动频率不一致。均压环因为有变压器油的阻尼作用，其振动频率较低，加上均压环为单点、铝片焊接，其机械强度相对较差。在长期运行中，电抗器接地片（铝质，焊接）受与均压环振动频率不一致的振动影响，发生金属疲劳，产生裂纹。解决方法为：将升高座与本体尽量固定，减少振动的不同步；故障的第二个原因是漏磁较大产生的环流发热，以及高压出线的设计缺陷和螺钉的表面氧化，使单个螺钉内产生局部涡流发热而导致其机械强度下降。解决方法是将升高座的固定螺钉更换为不锈钢螺钉，减少漏磁的影响。

（6）气相色谱分析法诊断电抗器故障。

一般充油电气设备内的绝缘油及有机材绝缘料在热和电的作用下会逐渐老化和分解，产生少量的各种低分子烃类及 WO_2、WO 等气体并溶解在油中，当存在潜伏性过热或放电故障时，这些气体的产生速度就会加快。因此，在设备运行过程中，采用气相色谱分析法定期分析溶解于油中的气体，根据气体的组分和各种气体的含气量及其逐年的变化情况等，可以判断故障可能的种类、部位和程度等，能尽早发现设备内部的潜伏性故障，并随时掌握故障的发展情况。

（7）其他常见故障。

铁芯电抗器运行故障多为运行中振动大，并引起紧固件松动、噪声偏大，但一般只需对紧固件再次紧固即可。另外，还有铁芯气隙分布设计不合理引起的局部温升过高；空心电抗器局部温升过高，导致绝缘损坏击穿，局部放电电弧烧毁，造成匝间短路。绕组被雨淋后出现包封表面爬电、过电压等。铁芯电抗器出现故障时可以进行分解检修，更换损坏的部件；而空心电抗器如果绕组包封内部出现故障，通常无法修复，只能整体报废。铁芯电抗器的故障率远小于空心电抗器，而且具有较高的可靠性。

第六节　变压器异常及故障跳闸

一、变压器事故及异常处理要求

(1) 变压器运行中出现下列情况之一者，运行值班人员应查明原因做好记录，汇报调度，加强监视，当异常发展到威胁系统安全时，应汇报调度将变压器停运。

1) 变压器内部有异常声音。

2) 变压器接头发热。

3) 变压器散热器、储油柜、套管渗油，油位计油位低于正常值，但没有低于下限值。

4) 变压器油色不正常，变压器油变黑出现碳质。

5) 变压器套管有轻微裂纹放电现象。

6) 变压器冷却装置个别冷却组故障。

7) 正常负荷和冷却条件下，上层油温异常升高并继续上升。

(2) 变压器运行中出现下列情况之一者，运行值班人员应立即报告调度申请将变压器停电，如果有备用变压器，应根据调度命令将其投入运行，并对故障变压器停运做好安全措施，通知检修单位来站处理。

1) 变压器冒烟着火。

2) 接头发热严重，示温蜡片熔化。

3) 变压器碳质部分裂纹且放电严重。

4) 变压器内部有爆裂或严重放电声。

5) 变压器冷却装置全停，不能带电修复。

6) 变压器散热器、储油柜、套管漏油或喷油，油位计油位低于指示限度。

7) 变压器保护装置故障。

8) 变压器温度不断上升（负荷、气温、散热条件不变的情况下）。

(3) 变压器过负荷时应及时汇报调度调整负荷，起动全部冷却装置。在任何情况下变压器上层油温不得超过最高允许值。有严重缺陷的变压器和薄绝缘变压器不准超过额定电流运行。

二、变压器运行管理及故障跳闸后处理

1. 配电变压器检查周期

对运行中的配电变压器进行维护和定期检查，能及时发现事故苗头，做出相应处理。达到防止严重故障出现的目的。同时，在维护和检查中记录的变压器运行参数，也可以作为今后检修的重要参考资料。因此，必须认真进行变压器的维护和检查。

(1) 运行变压器的常规检查周期。

1) 有人值班的变压器，每班检查一次。

2) 无人值班的变压器，至少每周巡视检查一次。

3) 配电间内有高压配电屏的变压器，每月巡视检查一次。

4) 杆上变压器。每季度至少检查一次。

(2) 特殊情况下的检查周期。

1）高温下运行的变压器；气温最高的季节对不小于200kVA的配电变压器，应选择有代表性的一台进行昼夜24h的负荷测量，观察负荷变化规律及判定是否有过负荷现象。

2）进行分闸、合闸操作的变压器，在每次分闸、合闸前，均应进行外部检查。

3）恶劣天气下运行的变压器，在雷雨、冰雪、冰雹等气候条件下，应对变压器进行特殊巡视检查。

2. 配电变压器巡视检查项目

对配电变压器的巡视检查，可分为监视仪表检查和现场检查两类。

监视仪表检查是通过变压器控制屏上的电流表、电压表和功率表的读数来了解变压器运行情况和负荷大小。经常监视这些仪表的读数并定期抄表，是了解变压器运行状况的简便和可靠方法。有条件的，还应通过遥测温度计定期记录变压器的上层油温。

配电变压器现场检查内容如下：

(1) 检查运行中变压器音响是否正常。

一台变压器正常运行时的音响是均匀而轻微的“嗡嗡”声，这是在50Hz的交变磁通作用下，铁芯和绕组振动造成的；若变压器内有某种缺陷或故障，会引起以下异常音响：

1）声音增大并比正常时沉重，对应于变压器负荷电流大、过负荷的情况。

2）声音中杂有尖锐声、音调变高，对应于电源电压过高、铁芯过饱和的情况。

3）声音增大并有明显杂音，对应于铁芯未夹紧，片间有振动的情况。

4）出现爆裂声，对应于绕组和铁芯绝缘有击穿点的情况。

变压器以外的其他电路故障，如高压跌落式熔断器触头接触不好、无励磁调压开关接头未对正或接触不良等，均会引起变压器响声变化。

(2) 检查变压器的油位及油的颜色是否正常，是否有漏油现象。

从储油柜上的油位计检查油位。正常油位应在油位计刻度的1/4～3/4以内（气温高时，油面在上限侧；气温低时，在下限侧）。油面过低，应检查是否漏油。若漏油，应停电修理；若不漏油，则应加油至规定油面。加油时，应注意油位计刻度上标出的温度值，根据当时气温，把油加至适当油位。

对油质的检查，通过观察油的颜色来进行，新油为浅黄色；运行一段时间后的油为浅红色；发生老化、氧化较严重的油为暗红色；经短路、绝缘击穿和电弧高温作用的油中含有碳质，油色发黑。

发现油色异常，应取油样进行试验。此外，对正常运行的配电变压器至少每两年取油样进行一次简化试验；对大修后的变压器及安装好即将投运的新变压器，也应取油样进行简化试验。变压器油试验项目和标准见表5-1。

表5-1　变压器油实验项目和标准

序号	物理、化学性质试验项目	标准	
		新油	运行中的油
1	20～40℃时相对密度（不大于）	0.895	—
2	50℃时黏度（恩氏黏度，不大于）	1.8	—
3	闪点（不小于，℃）	135	—
4	凝固点（不大于，℃）	−25	—

续表

序号	物理、化学性质试验项目	标准	
		新油	运行中的油
5	机械混合物	无	无
6	游离碳	无	无
7	灰分（不大于,%）	0.005	0.01
8	活性硫	无	无
9	酸价（不大于，mgKOH/g）	0.05	0.4
10	钠试验的等级	2	—
11	安定性 (1) 氧化后酸价（不大于，mgKOH/g） (2) 氧化后沉淀物含量（%）	 0.35 0.1	 — —
12	电气绝缘强度（标准间隙击穿电压，不小于，kV） (1) 用于35kV以上变压器 (2) 用于6～35kV的变压器 (3) 用于6kV以下的变压器	 40 30 25	 35 25 20
13	溶解于水的酸或碱	无	无
14	水分	无	无
15	在5℃时的透明度（试管内）	透明	透明
16	tanδ和体积电阻（如果浸油后的变压器tanδ和C_2/C_5值增高，则进行测量） (1) 在20℃时，tanδ不超过 (2) 在70℃时，体积电阻（Ω·m）	 1 4	 2 7 无规定值，但应与最初值进行比较

简化试验的项目只包括表5-1中的3、5、6、9、12、14各项。若试验结果达不到标准，则应对油进行过滤、再生处理。

为了尽量减少环境因素的影响，应采取溢流法取油样。溢流法的具体操作要求与方法是：

1）对容器要求。使用的容器应清洁、干燥、不透光，容器的材料应使油样在容器内不会引起扩散、渗透、催化和吸附。

2）取油样方式：先不用容器，打开放油阀门，把变压器箱底污油放掉。待油清洁后，用少量油清洗容器。正式取油样时，把软管伸到容器底部，放取油样（约取500mL）取样后，尽快送有关部门试验，并注意避免环境影响。

(3) 检查变压器运行温度是否超过规定。

变压器运行中温度升高主要是由器身发热造成的。一般地说，变压器负荷越大，绕组中流过的工作电流越大；发热越剧烈，运行温度越高。变压器运行温度升高，使绝缘老化过程加剧，绝缘寿命减少，同时温度过高会促使变压器油老化。

按理论计算，变压器在额定温度下运行，寿命应在20年以上。在此基础上，变压器长

期运行温度每增加 8℃，它的运行寿命就相应减少一半。可见，控制变压器运行温度是十分重要的。据规定，变压器正常运行时，油箱上层温度不应超过 85～95℃。运行中，可通过温度计测取上层油温。若小型配电变压器未设专门的温度计，也可用水引温度计贴在变压器油箱外壳上测温，这时允许温度相应为 75～80℃。

如果发现运行温升过高，原因可能是变压器内发热加剧（过负荷或内部故障），也可能是变压器散热不良，须区别情况加以处理。其中，变压器的负荷状况和发热原因可根据电流表、功率表等表计的读数来判断。如果表计读数偏大，发热可能是过负荷引起的；如果表计正常，变压器温度偏高且稳定，则可能是散热不良引起的；如果表计、环境温度都和以前相同，油温高于过去 10℃以上并持续上升，则可能是变压器内部故障引起的，须迅速退出运行，查明原因后进行修理。

(4) 检查高低压套管是否清洁，有无裂纹、碰伤和放电痕迹。

表面清洁是套管保持绝缘强度的先决条件。当套管表面有尘埃，遇到阴雨天或是雾天，尘埃便会沾上水分，形成泄漏电流的通路。因此，对套管上的尘埃，应定期予以清洁。套管由于碰撞或放电等原因产生裂纹伤痕，也会使它的绝缘强度降低，造成放电，故发现套管有裂纹或碰伤应及时更换。没有更换条件的，应及时报有关部门处理。

(5) 检查防爆管、除湿器、接线端子是否正常。

检查防爆管隔膜是否完好，有无喷油痕迹；除湿器中的硅胶是否已达到饱和状态；各接线端子是否紧固，引线和导电杆螺栓是否变色。防爆管隔膜破裂，应检查破裂的原因，若是意外碰撞所致，则更换新膜即可；若有喷油痕迹，说明发生了严重内部故障，应停运检修；硅胶呈红色，说明它已吸湿饱和失效，需要换新硅胶；线条接点变色，是接线头松动，接触电阻增大造成发热的结果，应停电后重新加以紧固。

(6) 检查变压器外接的高、低压熔体是否完好。

变压器低压熔体熔断，这是由低压侧电流所造成的，过电流的原因可能如下：

1) 低压线路发生短路故障。

2) 变压器过负荷。

3) 用电设备绝缘损坏，发生短路故障。

4) 选择的熔体截面积过小或熔体安装不当，如连接不好、安装中熔体有损伤等。

变压器高压熔断器（跌落式熔断器）熔断，熔断器熔断的原因可能如下：

1) 变压器本身绝缘击穿，发生短路。

2) 低压网络有短路，但低压熔体未熔断。

3) 当避雷器装在高压熔断器之后，雷击时雷电流通过熔断器也可能使其熔断。

4) 高压熔断器熔体截面积选择不当或安装不当。

发现熔体熔断，应首先判明故障，再更换熔体；更换时应遵照安全操作规程进行，尤其是更换高压熔体，应正确使用绝缘拉棒，以免发生触电事故。

(7) 检查变压器接地装置是否良好。

变压器运行时，它的外壳接地、中性点接地、防雷接地的地线应连接在一起，共同完好接地。巡视中若发现锈蚀严重甚至断股、断线，应作相应的处理。

(8) 恶劣天气下的特殊巡视内容。

1) 气温异常的天气，小时负荷、油温、油位变化情况。

2）大风天，注意引线有无剧烈摆动，导线上有无异物搭挂。

3）雷雨天，观察避雷器是否处于正常状态，检查熔体是否完好。

4）雨雾天，注意套管等部位有无放电和闪络。

5）冬季，注意变压器上有无积雪和冰冻。

6）夜间巡视，每月应进行一次夜间巡视，检查套管有无放电，引线与导电杆连接处是否发红。

3. 新装或大修后的变压器投入运行前的检查

（1）试验。

1）直流电阻测定。

2）绝缘测量。

3）变压器油检验。

4）变压器的直流泄漏。

5）变压器的套管介质。

6）变压器工频交流耐压试验。

（2）保护实验。

1）气体保护方向装设正确，模拟试验保护动作正确（气体继电器动作）。

2）差动保护接线及定值试验正确。

3）过负荷保护接线及定制实验正确。

4）防雷保护。

4. 外观检查

（1）套管完整，无损坏、裂纹现象，外表面无漏油、渗油现象。

（2）高、低压引线负荷设计要求，完整可靠，各处连接点符合要求。

（3）引线与外壳及电杆的距离符合要求，油位正常。

（4）一、二次熔体符合要求。

（5）防雷保护设施齐全，接地电阻合格。

5. 变压器运行方式

（1）空负荷运行。

变压器空负荷运行指一次侧接通电源，二次侧开路运行，此运行方式产生空负荷损耗（铁损耗）。

（2）负荷运行。

变压器负荷运行，也就是带负荷运行。指一次侧接通电源后，二次侧接上用电设备后运行。负荷运行既有铁损耗，也有铜损耗。铜损耗是指一、二次绕组中的电阻通过电流时产生的损耗，与负荷电流二次方成正比。

负荷运行时注意以下问题：

1）运行电压一般不应高于运行分接头额定电压的105%。

2）无励磁调压变压器在额定电压的±5%范围内改变分接头位置运行时，其额定容量不变。如为－10%～＋7.5%分接时，其容量按制造厂规定；如果无制造厂规定，则容量应降低2.5%～5%。

（3）变压器并列运行。

如果一台变压器的容量不能满足负荷增长的需要时，把两台以上的变压器的高、低压侧分别并列起来使用，以增加供电量。这种运行方式叫做变压器并列运行，也就是并联运行。

为了保证配电变压器实现并行运行，变压器应满足以下条件：

1）变压器的电压比应相等，允许误差为0.5%。

2）并列运行的变压器的阻抗电压必须基本相同，其相对差值不能超过10%。

3）并列运行的变压器的联接组标号必须相同。

4）两台并联变压器的容量比不能超过3∶1。

（4）温度限制。

油浸变压器顶层油层一般不超过95℃（自冷、风冷的冷却介质最高温度为40℃）；对于强迫油循环风冷式变压器，当冷却介质最高温度为40℃时，最高顶层油温不超过85℃电力变压器大多使用A级绝缘（油浸电缆纸）。在长期运行中，由于受温度、氧气和油中分解的各种氧化物的影响，变压器绝缘老化，其中，高温是促成良好的直接原因。运行中，绝缘的工作温度越高，化学反应（主要是氧化反应）进行得越快，机械强度和电气强度降低得越快，绝缘的老化速度越快，变压器的使用年限也越短，因此，自然循环冷却变压器的顶层油温一般不宜经常超过85℃。当冷却介质温度低时，油浸变压器顶层油温也相应降低。油温升高，油的氧化速度加快，油老化也加快。根据试验证明，平均温度每升高10℃时，油的老化速度就会加快1.5～2.0倍。

6．变压器跳闸后的处理

（1）变压器发生事故跳闸，运行值班人员应立即将备用变压器投入运行带负荷。如果两台变压器分列运行，其中一台变压器故障跳闸，运行值班人员应向调度汇报，并将故障变压器部分负荷向运行变压器转移。如果两台变压器并列运行，其中一台变压器故障跳闸，运行值班人员应监视运行变压器的过载情况，过载允许时间按要求严格控制。

（2）如果变压器过流保护动作跳闸，变压器其他保护未动作发信，汇报调度，经对变压器外部检查无问题后，可判明是保护越级跳闸造成，汇报调度，根据调度命令可以将变压器送电。如果是变压器主保护（瓦斯保护、差动保护）动作跳闸，运行值班人员必须查明原因消除故障后方可将变压器送电。

（3）如果为变压器轻瓦斯保护发信或重瓦斯保护跳闸，运行值班人员应对变压器进行取气，取气时，监护人应注意操作人与带电设备保持足够的安全距离，操作人将乳胶管套在气体继电器的放电嘴上，乳胶管另一头夹上弹簧夹，将注射器针头刺入乳胶管拔出排空，再重复一次，最后将插入乳胶取出20～30mL气体，拔下针头用胶布密封，不要让变压器油进入注射的气体中，取出气体后应立即送给相关单位进行分析。瓦斯保护装置动作的原因和故障性质可由气体继电器内积累的气体多少、颜色和化学成分鉴别，见表5-2。

表5-2　气体颜色与故障分析

气体颜色	故障性质	气体颜色	故障性质
无色无味不燃	变压器进入空气	浅灰色带强烈臭味可燃	纸或纸板故障
微黄色不燃	木质绝缘损坏	灰色和黑色易燃	绝缘油故障

经检查进入的气体无色、无味不燃，证明是空气进入变压器，放出气体后半夜前可继续运行，如果气体性质是内部故障，应汇报调度做好变压器安全措施，由检修单位进行故障处

理。只有在确定变压器及瓦斯保护无故障的情况下，方可将变压器送电。

7. 变压器冷却装置的故障处理

(1) 变压器冷却装置工作电源故障后，变压器冷却装置备用电源自动投入运行，运行值班人员应到设备现场将备用电源切至工作，并停止故障回路电源，尽快查找故障点并进行处理，使故障电源尽快恢复正常。

(2) 变压器冷却装置的备用冷却器自动投入后，运行值班人员应立即将其由备用方式改为工作方式，并对故障停运冷却器尽快查找故障点从而进行处理，使故障停运冷却器尽快恢复正常。备用冷却器投入运行后又发生故障，运行值班人员应将该冷却器停运，通知检修单位尽快来站处理。

(3) 变压器冷却装置故障后，运行值班人员应重点监视负荷及温度情况，当因负荷过大引起变压器温度上升时，可汇报调度减负荷。

8. 变压器有载调压装置的故障处理

(1) 变压器有载调压装置在远方调压过程中，如果发现母线电压无变化，应立即停止调压操作。

(2) 变压器有载调压装置在电动调压过程中发生“连动”时，运行值班人员应立即按下有载调压装置“停止”按钮，拉开有载调压装置操作电源，如果分接开关在过渡位置，可手动摇至就近的分接开关位置。

第七节　母线异常及故障跳闸

一、母线事故及异常处理要求

(1) 当母线失压时，现场值班人员应不待调令，立即拉开失压母线上的所有开关，并汇报当值调度员。

(2) 母差保护动作引起母线失压，首先应判断母差保护是否误动作。若是母差保护误动，误动母差保护退出后即可将母线加运，否则按以下原则处理。

1) 未经检查不得强送。

2) 经过检查找到故障点并能迅速隔离的，或属瞬间故障且已消失的，可对停电母线恢复送电。

3) 经过检查找到故障点但不能很快隔离的，若是双母线中的一条母线失压，应对接于失压母线的各元件进行检查，确认无故障的元件可导致运行母线并恢复送电，并将故障母线或故障元件转为冷备用或检修状态。

4) 经过检查不能找到故障点时，可对停电母线试送电一次。对停电母线进行试送，应尽可能用外来电源、试送开关必须完好，并有完备的继电保护。有条件者可对故障母线进行零起升压。

5) 双母（包括双母单分段、双母双分段）接线方式GIS母线失压时，因无法观察到故障点，应首先将接于失压母线的所有隔离开关拉开，然后用外来电源对接于该母线的线路、母联断路器及隔离开关、变压器带电，逐段查找故障点。查找故障点时，应特别注意对线路、变压器与失压母线之间T接点的检查。

(3) 因断路器失灵保护或出线、主变压器后备保护动作造成母线失压，应迅速将故障点

隔离，然后恢复母线运行。

二、母线运行管理及故障跳闸后处理

(1) 并列运行的两条母线，当其中一条发生故障时，母线差动保护动作将故障母线所有电气连接元件切除，此时运行值班人员记录故障时间及保护动作情况，经复查无误后向调度汇报。取下母线差动保护停电母线的电压连接片，将母线差动保护切换开关切于“单母线”位置，将双母线改为单母线运行。运行值班人员应到现场检查故障点，通知检修单位来处理故障点。

(2) 并列运行的两条母线全部断电时应按下列步骤处理：

1) 记录故障时间及保护动作情况，经复查无误后向调度汇报。

2) 将跳闸断路器控制开关把手切至跳闸后，位置恢复信号。

3) 检查设备损坏情况并查找故障点。

4) 双母线运行的两条母线同时失电时，在未查明原因前不得强送电。

(3) 母线差动保护动作将母线连接元件跳开后，由运行值班人员检查母线及所属设备，经检查如果没有明显故障点，汇报调度，运行值班人员不得擅自进行操作或试充母线，根据调度命令试充母线，试充母线的步骤如下：

1) 将短路容量大的一端强送电。

2) 断路器遮断故障次数和断路器遮断容量大的一端强送电。

3) 保护健全并能快速动作跳闸的一端强送电。

4) 能迅速恢复用户供电的正常接线方式的一端强送电。

5) 系统稳定规程中有规定的一端强送电。

6) 试送母线时，只有在无其他试运行条件下，方可使用母联断路器。

(4) 母线发生故障时，运行值班人员应检查母线上的隔离绝缘子、引线等所属设备有无异常和故障痕迹。硬母线发生变形情况时，必须找出变形原因。

(5) 母线及所属设备接头温度明显升高时，要重点监视，并采用转移负荷的方法处理，接头温度发热严重时，应汇报调度申请停电处理。

(6) 母线故障处理，一般是停电后再查找故障原因。

1) 若双母或单母分段运行，能倒负荷的则倒，再断开分段断路器或母联，查找原因，隔离故障，无明显故障现象，可考虑试送一次。

2) 若只是单母运行，检查有无明显故障现象，无则可考虑试送，否则转负荷，停母线，查找原因，隔离故障，无明显故障现象，可考虑试送一次。

第八节 发电机异常及故障跳闸

一、发电机事故及异常处理要求

(1) 发电机跳闸，应先查明继电保护及自动装置动作情况，再进行处理。

1) 水轮发电机由于甩负荷及过速使过电压保护动作跳闸，应立即恢复并列带负荷。

2) 发电机由于外部故障引起的后备保护动作跳闸，而主保护未动且未发现发电机有不正常的现象，待故障隔离后可将发电机并列，接带负荷。

3) 发电机由于内部故障而保护动作跳闸时，应根据现场规程规定对发电机进行检查。如果确未发现故障，可将发电机零起升压，正常后可并网带负荷运行。

4）发电机因人员误碰保护装置而跳闸，应立即调整转速，恢复与电网并列运行。

（2）发电机失磁而失磁保护装置拒动时，现场值班人员应不待调令迅速将其解列，查明原因并处理好励磁后，恢复正常运行。

（3）当发电机进相运行或功率因数较高，引起失步时，应立即减少发电机有功，增加励磁，以使发电机重新拖入同步。若无法恢复同步，应将发电机解列。

（4）发电机对空负荷线路零起升压产生自励磁时，应立即将发电机解列。

二、发电机的异常运行和事故跳闸处理

1. 机组电气事故自动跳闸处理

（1）现象。

1）发电机冲击、出口断路器跳闸或同时出现停机。

2）蜂鸣器响，出现某台发电机电气事故。

3）有时会出现系统频率、电压下降。

（2）处理。

1）立即调整非故障机组的负荷，或将备用机组投入运行。

2）检查保护动作情况，检查相应设备，判断故障类别及原因并进行事故处理。

3）向调度及生产部门有关领导汇报情况。

4）作好事故信号的记录，得到值长同意后复归信号。

2. 发电机纵联差动保护动作

（1）检查发电机出口断路器、灭磁断路器，如果未断开，则立即跳开。

（2）对差动保护范围内的一次设备进行全面检查，包括发电机内部，是否有外部象征（如烟火、气味、响声），以初步判断发电机有无损坏。

（3）通知检修人员检查差动保护装置是否正常，有无误动情况。

（4）如果发生发电机着火，应迅速灭火。

（5）如果未发现任何异常现象，请示主管生产领导，起动机组进行递升加压试验，升压中发现不正常现象，立即停机处理，如果升压正常，可以并入系统，并列后应加强监视运行。

3. 发电机横差保护动作

（1）处理方法同差动保护动作。

（2）重点检查发电机内部故障情况。

（3）保护动作是否正确。

（4）断明情况后再开机，禁止盲目开机。

4. 过电压保护动作

如果确定为由于机组甩负荷过速引起，可立即将发电机并网带负荷。否则，待查明原因后，经主管生产副总决定是否将发电机重新并入系统运行。

5. 复合电压过流保护动作

（1）保护的一、二级时限均动作，如果发现发电机出口断路跳闸后，已切除故障设备，应对主变范围进行详细检查，切除故障设备，尽快恢复送电。如果发现发电机出口断路跳闸后，故障仍在，应立即手动灭磁停机，停机后按差动保护动作处理。

（2）保护二级时限动作后应尽快恢复全厂厂用电，检查发电机、变压器及其母线。

6. 负荷过流保护动作

(1) 处理原则同复压过流保护动作。

(2) 重点检查是否由于非对称故障断路器非全相运行引起的保护动作。

7. 失磁保护动作及灭磁断路器误跳

(1) 若属灭磁断路器误跳，应查明原因，消除故障后并网发电。

(2) 检查转子及励磁一次回路是否短路。

(3) 检查是否励磁装置故障引起失磁。

(4) 检查是否误操作引起，恢复后立即并网。

8. 发电机转子一点接地保护动作

(1) 现象。转子一点接地装置发出信号。

(2) 处理。查明故障原因，并设法消除。

9. 发电机定子一点接地

(1) 现象。

1) 可视报警器、计算机监控发出“机组电气事故信号”。

2) 发电机出口断路器，灭磁断路器跳闸。

(2) 处理。

1) 报告调度和生产部门有关领导，起动备用机组进行负荷调整。

2) 通知检修人员进行检查处理或根据发电机零序电压值，初步判断故障区域。

3) 检查发电机定子接地保护装置和发电机低压侧系统的设备（包括厂用分支，主变低压侧）。

4) 检查时应遵守安全规程的规定。

10. 转子回路断线

(1) 现象。

1) 发电机失磁保护可能动作，转子电流表指示摆向零，转子电压升高。

2) 定子电流剧烈上升，发电机进相运行或失步。

3) 如果引线或磁极断线，则风洞冒烟，有焦味和很响的嗤嗤声。

(2) 处理。

1) 如保护动作，按保护动作规定处理。

2) 如保护未动作，应立即紧急解列停机，然后进行全面检查，找出故障点。

11. 发电机温度过高

(1) 现象。发电机定子绕组、转子绕组或冷热风温度高于额定值。

(2) 处理。

1) 检查风洞有无异味和其他异状，判断是否局部过热或温度不良。

2) 改善发电机冷却条件，检查冷却水压及冷器的出风温度是否均匀，及时调整增大冷却水水压。

3) 在不影响系统频率和电压条件下，适当减少机组有功和无功。

4) 以上措施不能降低温度时，应联系调度减少机组负荷，直到温度降至额定值以内为止，如有备用机组，就起动备用机组并网和转移负荷，同时汇报主管生产副总。

12. 发电机着火

(1) 现象。

1) 发电机出现事故信号，蜂鸣器响。

2) 发电机有冲击声和嗡嗡声。

3) 机组可能自动停机。

4) 发电机上部盖板不严处冒烟，并嗅到焦味。

(2) 处理。

1) 确系着火而未自动停机，应按紧急停机按钮。

2) 确认机组已解列停机，不带电压，进行灭火。

3) 关闭冷热风口，保持密封。

4) 起动机组消防系统，去水车室检查有无漏水，确定给水情况。

5) 灭火时应注意：①不准破坏发电机之密封。②不准用砂和泡沫灭火器。③给水 5min 后，戴上防毒面具进入风洞检查灭水情况，若未安全熄灭，则继续给水。④火被完全扑灭后，停止给水，并做好检修安全措施。

继电保护、安全自动装置异常及故障分析处理

第一节　继电保护事故类型

电力系统继电保护的事故分类对现场保护事故分析处理是非常必要的，但是由于运行设备和新安装设备在管理方面的事故划分不同、运行人员理解和运用标准的水平差异等原因，继电保护故障分类的标准不易掌握。本章从技术的角度出发，结合一些曾经发生过的继电保护事故的实例，将现场的事故归纳如下：

一、定值问题

1. 整定计算的错误

在设备特性尚未被人们掌握透彻的情况下，继电保护的定值不容易定准，主要原因为由于电力系统的参数或元器件的参数的标称值与实际值有出入，有时两者的差别比较大，以标称值算出的定值不准确。

例如，电动机的起动电流达到了额定电压的 6～7 倍，此时电流互感器 TA 出现了饱和，电动机的滤过式零序保护因不平衡电流过高而起动跳闸，接线见图 6-1。

在这种情况下，如果不能更换 TA 或加装零序 TA 时，只有用提高定值的办法来躲过不平衡电流，这样电动机单相接地故障的灵敏度会受到影响，甚至会失去灵敏度，两者不易兼顾，定值也难以确定。

6kV母线　QF　零序保护测量元件　K0　U　V　W　M

图 6-1　电动机零序保护接线图

2. 设备整定的错误

人为的误整定等设备整定方面的错误分析如下：

人为的误整定与整定计算方面的错误同类，有看错数值、看错位置等现象发生过。总结其原因主要由于工作不仔细，检查手段落后等，才会造成事故的发生。因此，在现场的继电保护的整定必须认真操作、仔细核对，尤其是把好通电校验定值关，才能避免错误的出现。

另外，在设备送电前再次进行装置定值的校对，也是防止误整定的行之有效的措施。

3. 定值的自动漂移

引起继电保护定值自动漂移的主要原因有 4 方面，具体内容如下所述。

(1) 温度的影响。电子元器件的特性易受温度的影响，影响比较明显的需要将运行环境的温度控制在允许的范围内。

(2) 电源的影响。电子保护设备工作电源电压的变化直接影响到给定电位的变化，所以要选择性能稳定的电源作为保护设备的电源，保证保护的特性不受电源电压变化的影响。

(3) 元器件老化的影响。元器件的老化有一个过程，积累的结果必然引起元器件特性的变化，同时影响到保护的定值。

(4) 元件损坏的影响。元件的损坏对继电器的保护定值的影响最直接，而且是不可逆转的。

如果定值的漂移不太严重，一般不会影响到保护的性质。定值的偏差不大于 5%，则可忽略其影响；但是当定值的偏差大于 5%，应查明原因，处理后才能将保护投入使用。

例如，无人值守自动化变电站的一条 10kV 线路 1 天内误动 20 次，原因是采样值漂移超过了整定值，更换采样保持元件后正常。

二、接线错误

在新建的发电厂、变电站或是更新改造的项目中，接线错误的现象相当普遍，由此留下的隐患随时都可能暴露出来，举例如下：

1. 接线错误导致的保护拒动

某发电厂 4 号机发电机失磁，但失磁保护拒绝动作，3s 后发电机振荡，1min13s 后发电机对称过电流保护动作跳闸。经检查发现，发电机失磁保护出口闭锁回路插件内部接线错误，将负序电压继电器的常闭触点接成了常开触点，发电机失磁后，负序电压继电器不能动作，常开触点不能闭合，所以失磁保护无法出口跳闸。

2. 接线错误导致的保护误动作

某发电厂 3 号机主变压器差动保护，因高压厂用变压器高压侧电流互感器极性接反，给水泵起动时导致保护误动跳闸，机组全停。正确的接线，在主变压器差动回路中，应以发电机侧电流为基准，主变压器高压侧电流以及高压厂用变压器电流的极性与之相反，即相位相差 180°。

三、装置元器件、回路绝缘损坏

在晶体管、集成电路保护中的元件损坏可能会导致逻辑错误或出口跳闸。在计算机保护中元件损坏会使 CPU 自动关机，迫使保护退出。下面是出口电路三极管损坏的实例。

1. 三极管击穿导致保护出口动作

由三极管构成的出口跳闸电路见图 6-2，系统正常时，三极管的击穿导通会使出口继电器 KCO 动作跳闸。

2. 三极管漏电流过大导致误发信号

由三极管构成的出口信号电路见图 6-3，系统正常时，三极管 VT 处于截止状态，信号继电器及发光二极管中无电流流过，但是当三极管的漏电流过大时，会使发光二极管 VL 变亮，发出指示信号；漏电流进一步加大，则会起动信号继电器 KS 发出触点信号。发光二极管的正常工作电流一般在 10mA 左右，当其电流接近 1mA 时发暗亮。信号继电器 KS 的动作电压为十几伏，动作电流有的小于 10mA，三极管 VT 的漏电流过大，不一定导致保护

发触点信号，但有可能使其误发灯光信号。

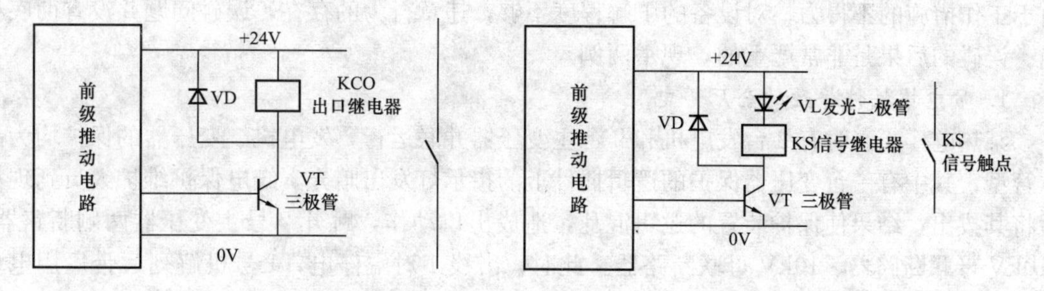

图 6-2 三极管起动的出口跳闸电路　　图 6-3 由三极管起动的出口信号电路

二次回路的电缆在发电厂、变电站用途较广，部分设备的环境条件较差，容易引起绝缘的损坏。运行中因二次回路绝缘破坏而造成的继电保护事故较多，举例如下。

(1)“33”回路接地引起的断路器跳闸。

“33”回路接地使断路器跳闸的电路见图 6-4，33 回路接地之前，绝缘检查回路上的两电容电压对称，均为 110V，但 33 接地后 C_1 继续充电，C_2 放电。在跳闸绕组 LT 的动作电压小于 110V 时，由于回路 33 的接地，使 LT 动作跳闸。在引进的国外设备中，LT 的动作电压都偏低，有的甚至不大于 60V，虽然反措要求将其提高，但因条件限制却难以办到。

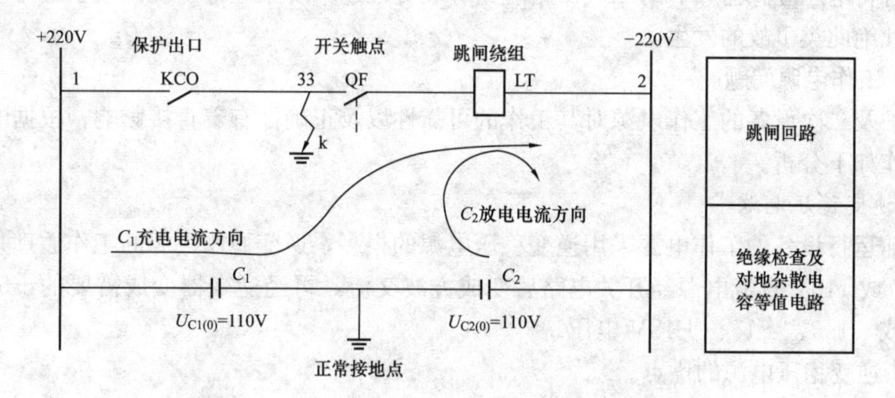

图 6-4 “33”回路接地导致 LT 跳闸示意图

(2) 绝缘击穿造成的跳闸。

有一套运行的发电机保护，在机箱后部跳闸插件板的背板接线处，在跳闸触点出线处相距有 2mm 的位置，由于带电导体的静电作用，将灰尘吸到了接线焊点的周围，因天气潮湿两焊点之间形成了导电通道，绝缘击穿，造成发电机跳闸停机的事故。

(3) 不易检查的接地点。

在二次回路中，光字牌的灯座接地比较常见，此处的接地点不容易被发现。其原因在于光字牌电阻为 800Ω，原始的接地检查装置的灵敏度不够，保护不能动作。新型的接地检查装置受原理的限制，发电厂或变电站直接系统的对地电容大于一定值时，保护装置不能正确反应。这种情况下虽然没有信号发出，信号回路的绝缘却已损坏，隐患已经存在。

四、误碰与误操作问题

继电保护工作人员以及运行管理人员担负着生产、基建、更改、反措等一系列的工作，

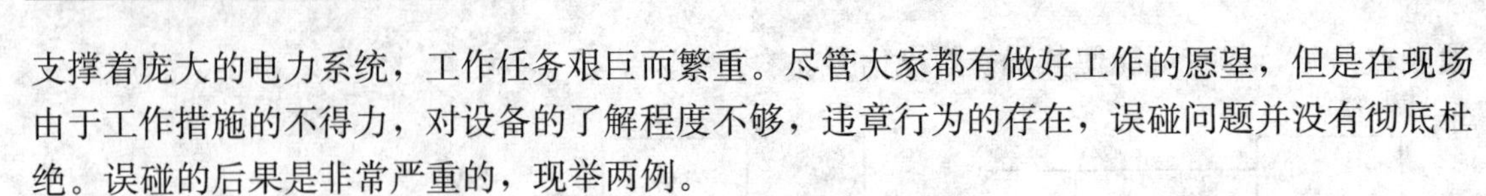

支撑着庞大的电力系统，工作任务艰巨而繁重。尽管大家都有做好工作的愿望，但是在现场由于工作措施的不得力，对设备的了解程度不够，违章行为的存在，误碰问题并没有彻底杜绝。误碰的后果是非常严重的，现举两例。

1. 带电拔插件导致的全厂停电

某热电厂，当时有2台发电机和2台主变压器并联运行，发电机、变压器的保护均为晶体管型，其中有一台变压器保护的逻辑插件上的指示灯发出暗光。继电保护维护人员到现场后将其拔出，结果使保护装置的逻辑混乱，造成出口动作，跳开2号主变压器两侧断路器、110kV母联断路器、10kV母联断路器。此时，出线1对端停电，1号机解列后带厂用电单机运行，结果其调速系统不能使机组稳定而发生振荡，被迫停机。发电机直供的10kV负荷全部停电，直接经济损失1000万元以上。

从这一事件的性质上分析，操作者第一没开工作票，第二没有人监护，第三没做任何工作措施，完全属于违章误碰。

2. 带电事故处理将电源烧坏

某电厂4号机厂用变压器保护有故障报警发出，工作人员在电源插件板没有停电的情况下，拔除插件进行更换，将电源的24V误碰短路，使电源插件烧毁。

总之，在不停电的二次回路上工作而造成运行断路器跳闸，或者误碰短路将直流熔丝熔断，或者将电压互感器TV的二次回路短路等装置性违章现象经常出现，根据运行规程的要求必须杜绝此类事故的发生。

五、工作电源问题

保护及二次设备的工作电源对其工作的可靠性以及正确性有着直接影响，根据电源的不同种类作如下分析。

1. 逆变稳压电源

目前运行设备的工作电源采用逆变稳压电源的很多，逆变稳压电源的工作原理是将输入的220V或110V直流电源经开关电路后变成方波交流，再经逆变器变成需要的＋5、±12、＋24V或－1.5、±15、＋18V电压。

(1) 逆变稳压电源的优点。

逆变稳压电源之所以得到了广泛的应用是因为它有着明显的优点。

1) 输入电源稳定。逆变稳压电源的电源输入是直流，直流电源不受停电的影响，可以由蓄电池保证在电力系统事故时供电的连续性。

2) 稳压性能好。逆变稳压电源的输出电压一般在24V以下，输入电源是220V或110V，所以可调节的范围比较大，容易满足稳压的要求。

3) 功耗低。对于开关电源来说，由于原理上的考虑，使得输入电流时通时断，降低了消耗。

(2) 逆变稳压电源存在的问题。

在晶体管设备、集成电路设备以及微机保护中对电源的性能指标要求较高，但是运行中的逆变稳压电源却经常发生故障。

逆变稳压电源有几个环节容易出错，即功率部分、调整部分、稳压部分，分析如下：

1) 纹波系数过高。纹波系数是指输出的交流电压值与直流电压值的比较，交流成分属于高频范围，高频信号幅值过高会影响设备的寿命，还可能造成逻辑的错误，导致保护误动作。

调试时应按照要求将纹波系数控制在规定的范围以内。

2）输出功率不足。电源的输出功率不够，会造成输出电压的下降，如果下降幅度过大，导致比较电路基准值的变化和充电电路时间变短等一系列问题，影响到逻辑配合，甚至逻辑判断功能错误，尤其是在保护动作时，有的出口继电器、信号继电器相继动作，要求电源的输出有足够的容量。

3）稳压性能差。稳压问题有两个方面，电压过高或电压过低。电压过高、电压过低都会对保护性能有影响，分析同上。

4）保护问题。电压降低或是电流过大时，快速退出保护并发出报警，这样可以避免将电源损坏。

逆变稳压电源的保护动作会将电源退出，虽然能起到保护电源的作用，但是电源退出后，装置便失去了作用，如果供电回路中确定有故障存在，则电源退出是正确的。实际上，电源的保护误动作时有发生，这种误动作后果是严重的，对无人值守的变电站危害就更大了。

2. 电池浮充供电的直流电源

发电厂和变电站的直流供电系统正常供电时大都运行于“浮充”方式下，此时浮充充电器一方面提供蓄电池泄漏的能量损失，另一方面向负荷提供电能，见图6-5。由于充电设备滤波稳定性能较差，所以保护电源很难保证波形的稳定性，即纹波系数严重超标。

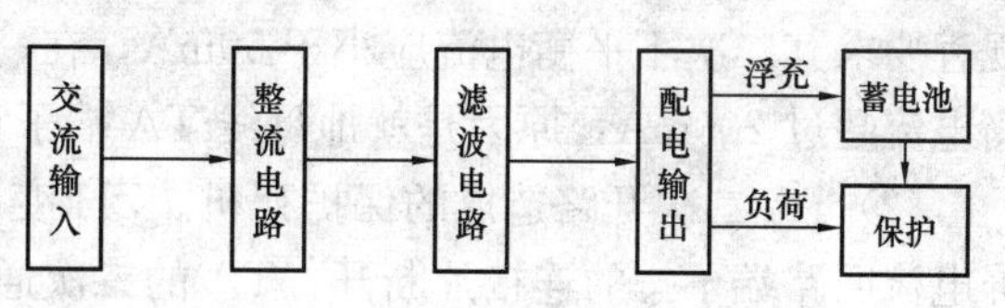

图6-5 电池浮充的供电系统

SDZ变电站测得浮充充电器的输出电压的交流值与直流值的比值大于1/10，电子保护设备在此电源下发出很大的振动噪声，对设备寿命和可靠工作的影响是不可忽视的。

(1) UPS供电的电源。

UPS供电的直流系统也有与浮充充电器一样的问题，在设备的选型与维护时必须注意。在分析对保护的影响时也应考虑其交流成分、电压稳定能力、带电负荷能力等问题。

(2) 支流熔丝的配置问题。

现场的直流系统的熔丝是按照从返回到电源一级比一级熔断电流大的原则设置的，以便保证直流电路上短路或过载时熔丝的选择性。但是有些5A、6A、10A熔丝的底座没有区别，型号非常混乱，其后果是回路上过流时熔丝越级熔断。对这一问题，设计者最好能加以区分，将不同容量的熔丝选择不同的型式。对已运行的现场设备也应加以重视，尤其是对重要的保护及二次设备更应仔细检查，避免此类事情的发生。

保护的工作电源是一个重要环节，也是经常被忽视的环节。据统计，在以往的设备运行中因为电源的故障而发生了许多事故，在现场的事故分析中应特别注意电源正常的工作参数。

六、TV、TA及二次回路的问题

作为继电保护测量设备的起始点，电压互感器TV、电流互感器TA对二次系统的正常运行非常重要。在运行中，TV、TA及其二次回路上的故障并不少见，主要问题是短路与开路，由于二次电压、电流回路上的故障而导致的严重后果是保护误动或拒动等。涉及TV、TA特性的参数是比差与角差，当比差与角差不满足规定的要求时，将会影响到保护有关的指标，因此在进行继电保护的动作行为分析时，应该做全面的考虑。

1. TV的问题

(1) 二次保险短路故障的实例。RLS发电厂300MW发电机保护TV的B相熔丝熔断，运行人员几次送上后再次熔断。后来检查发现B相熔丝熔断是由于TV中性点击穿保险器损坏，构成B相短路通道。接线见图6-6，其中F为中性点击穿保险。

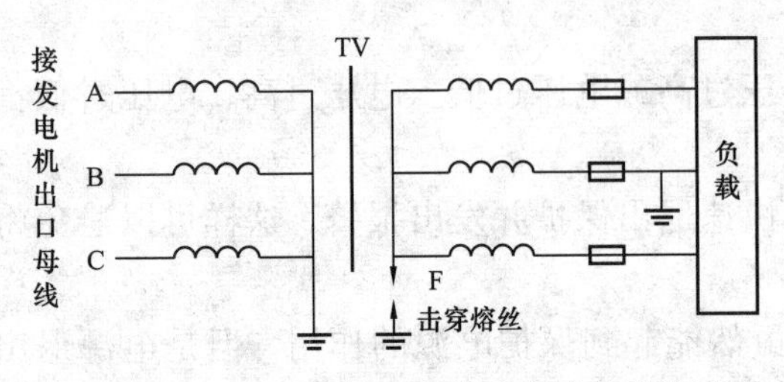

图6-6 TV二次侧B相接地方式的接线图

(2) TV二次开路故障的实例。NJ500kV变电站，由于三相式空气断路器QAG运行中自行跳开，导致了A相电容器与负荷电路的振荡。因为负荷的分压值达到了保护的整定值，使其过电压保护动作将线路器跳开。

2. TA的问题

保护用电流互感器TA的问题很多，如10%的误差特性曲线不满足要求、二次接线错误等造成保护误动的情况在前面已做过分析，在此不再赘述。下面只分析两例。

(1) TA二次的问题使母差保护不平衡电流超标。HY热电厂采用了PLM型母线保护，规程要求其二次不平衡电流应小于50mA，在一条新线路TA二次线接入保护后检查其不平衡电流超过200mA，原因是就地母线TA端子箱螺丝松动。

(2) TA二次开路造成的保护死机。ZH变电站的投产以前对TA二次通电时，将保护屏电流回路端子排的连接片断开，TA的二次通电结束后却忘记了恢复，结果对变压器送电过程中TA的二次开路电压击毁了电路中最薄弱的原件——光电耦合器，同时三面保护屏的微机保护死机，故障录波器死机。设备的修复工作花费了很长时间。

第二节　输电线路继电保护异常及故障

一、输电线路的保护配置

由于线路纵联保护在电网中可实现全线速动，因此，它可保证电力系统并列运行的稳定性和提高输送功率、减小故障造成的损坏程度、改善后备保护之间的配合性能。线路纵联保护是当线路发生故障时，使两侧断路器同时快速跳闸的一种保护装置，是线路的主保护。

它的基本原理是：以线路两侧判别量的特定关系作为判据，即两侧均将判别量借助通道传送到对侧，然后两侧分别按照对侧与本侧判别量之间的关系来判别区内故障或区外故障。因此，判别量和通道是纵联保护装置的重要组成部分。

1. 纵联保护

由以上的分析可知，实现全线速动的保护必须反应线路两侧的电量。由于线路两侧在地理上是两个不同位置的变电站，这就有一个如何获得对侧电量的方法问题。按照获得对侧电量方法的不同，纵联保护可分为四类。

(1) 导引线纵联差动保护。

构成导引线纵联差动保护必须沿线路敷设同样长度的电缆。对于较长的输电线路在经济性和保护的灵敏度方面都会带来较大的影响。由于电缆长度增加，电流互感器的二次负担增

加，变比误差增大，不平衡电流就会增大。另外，导引线的可靠性直接影响到保护的可靠性。在发生雷击和中性点直接接地系统的接地故障时，地电位升高会在导引线中产生很高的感应电压，威胁其安全，所以导引线必须有足够的绝缘水平。因此，导引线差动保护一般用于短线路上（5km 及以下）。

（2）输电线路载波保护（高频保护）。

对输电线路经过高频加工后利用其作为高频信号传送通道的保护称为载波保护。由于输电线路正常传送 50Hz 的工频信号，所以传送对侧电量的载波信号必须与工频信号在频率上有很大的差别，通常采用 40～500kHz 的信号作为载波信号。因此，采用这种通道的保护又称为高频保护。由于利用输电线路作为信号传送的通道，其可靠性较高。但是，在线路发生内部故障时有可能造成通道破坏，信号不能传送到对端，这对于采用允许信号的高频保护会造成拒动。由于其他原因造成的通道破坏对采用闭锁信号的高频保护在区外故障时会误动。

（3）微波保护。

信号的传送不依赖高压输电线路，而直接用微波通道构成的纵联保护称为微波保护。这样，基于此特点，当输电线路发生故障时不会影响信号的传送，但是，必须沿线路建设微波站或微波中继站。目前，继电保护中所用微波的波长一般 1～10cm，其频率范围相应为 3000～30 000MHz，因而微波通道是一种多路通信系统，可以提供足够的通道，微波保护解决了载波保护通道拥挤的问题。由于微波通道具有很宽的频带，线路故障时信号不会中断，可以直接传送交流信号的波形，采用脉冲编码调制方式可进一步扩大信息传输量，且抗干扰能力强，更适合于数字保护。由于微波信号的频带宽，用微波通道构成输电线路纵联保护时，可采用分相电流差动原理。为了经济，一般不采用专用的微波保护通道，而是与通信、远动共用。

（4）光纤纵差保护。

将每侧的电信号经光电转换接口转换为光信号，用光纤将两侧信号联系的保护称为光纤纵差保护。光纤通信广泛采用脉冲编码调制方式，当被保护线路较短时，可通过光纤直接将信号传送到对侧。在每侧的半套保护装置中，将电信号变为光信号传到对侧，同时又将对侧传来的光信号转变为电信号，以实现与本侧电信号的比较。由于光电之间相互不干扰，所以光纤保护不存在导引线保护中的那些问题。最近发展的在架空线的接地线中敷设光缆的方法在经济性、安全性方面都很好。

以上是输电线路纵联保护的 4 种通道方式。

线路纵联保护的信号分为闭锁信号、允许信号、跳闸信号 3 种，其作用分别是：

（1）闭锁信号，它是阻止保护动作于跳闸的信号，即无闭锁信号是保护作用于跳闸的必要条件。只有同时满足本端保护元件动作和无闭锁信号两个条件时，保护才作用于跳闸。

（2）允许信号，它是允许保护动作于跳闸的信号，即有允许信号是保护动作于跳闸的必要条件。只有同时满足本端保护元件动作和有允许信号两个条件时，保护才动作于跳闸。

（3）跳闸信号，它是直接引起跳闸的信号，此时与保护元件是否动作无关，只要收到跳闸信号，保护就作用于跳闸，远方跳闸式保护就是利用跳闸信号。

2. 高频保护

高频保护分为方向高频保护、相差高频保护和高频闭锁距离保护 3 种。

(1) 方向高频保护是比较线路两端各自看到的故障方向，以判断是线路内部故障还是外部故障。如果以被保护线路内部故障时看到的故障方向为正方向，则当被保护线路外部故障时，总有一侧看到的是反方向。方向高频保护的主要特点是：

1) 要求正向判别起动元件对于线路末端故障有足够的灵敏度。

2) 必须采用双频制收发信机。

(2) 相差高频保护是比较被保护线路两侧工频电流相位的高频保护。当两侧故障电流相位相同时保护被闭锁，两侧电流相位相反时保护动作跳闸。相差高频保护的主要特点是：

1) 能反应全相状态下的各种对称和不对称故障，装设比较简单。

2) 不反应系统振荡。在非全相运行状态下和单相重合闸过程中保护能继续运行。

3) 不受电压回路断线的影响。

4) 对收发信机及通道要求较高，在运行中两侧保护需要联调。

5) 当通道或收发信机停用时，整个保护要退出运行，因此需要配备单独的后备保护。

(3) 高频闭锁距离保护是以线路上装有方向性的距离保护装设作为基本保护，增加相应的发信与收信设备，通过通道构成纵联距离保护。高频闭锁距离保护的主要特点是：

1) 能足够灵敏和快速地反应各种对称与不对称故障。

2) 保持后备保护的功能。

3) 电压二次回路断线时保护将会误动，需采取断线闭锁措施，使保护退出运行。

4) 不是独立的保护装置，当距离保护停用或出现故障、异常需停用时，该保护要退出运行。

高频保护的优点：

(1) 能足够灵敏和快速地反应各种对称和不对称故障。

(2) 仍能保持远后备保护的作用（当有灵敏度时）。

(3) 不受线路分布电容的影响。

高频保护的缺点：

(1) 串补电容可使高频闭锁距离保护误动或拒动。

(2) 电压二次回路断线时将误动。应采取断线闭锁措施，使保护退出运行。

3. 距离保护

距离保护是以距离测量元件为基础构成的保护装置，其动作和选择性取决于本地测量参数（阻抗、电抗、方向）与设定的被保护区段参数的比较结果，而阻抗、电抗又与输电线的长度成正比，故称距离保护。

距离保护主要用于输电线的保护，一般是三段式或四段式。第一、二段带方向性，作本线路的主保护，其中第一段保护本线路的 80%～90%。第二段保护全线，并作相邻母线的后备保护。第三段带方向或不带方向，有的还设有不带方向的第四段，作本线及相邻线路的后备保护。

整套的距离保护包括故障起动、故障距离测量、相应的时间逻辑回路与交流电压回路断线闭锁，有的还配有振荡闭锁等基本环节以及对整套保护的连续监视等装置，有的接地距离保护还配备单独的选相元件。

距离保护有两种闭锁装置，交流电压断线闭锁和系统振荡闭锁。

(1) 交流电压断线闭锁。电压互感器二次回路断线时，由于加到继电器的电压下降，好像短路故障一样，保护可能误动作，所以要加闭锁装置。

(2) 振荡闭锁。在系统发生故障出现负序分量时将保护开放（0.12～0.15s），允许动作，然后再将保护解除工作，防止系统振荡时保护误动作。

距离保护的主要优点：

(1) 能满足多电源复杂电网对保护动作选择性的要求。

(2) 阻抗继电器是同时反应电压的降低与电流的增大而动作的，因此距离保护较电流保护有较高的灵敏度。

距离保护的主要缺点：

(1) 不能实现全线瞬动。

(2) 阻抗继电器本身较复杂，调试比较麻烦，可靠性较低。

4. 零序保护

大短路电流接地系统中要单独装设零序保护，三相星形接线的过电流保护虽然也能保护接地短路故障，但其灵敏度较低，保护时限较长。采用零序保护就可克服此不足。这是因为：①系统正常运行和发生相间短路时，不会出现零序电流和零序电压，因此零序保护的动作电流可以整定得较小，这有利于提高其灵敏度。②Y、d 接线的降压变压器，三角形绕组侧以后的故障不会在星形绕组侧反映出零序电流，所以零序保护的动作时限可以不必与该种变压器以后的线路保护相配合而取较短的动作时限。

带方向性和不带方向性的零序电流保护是简单而有效的接地保护方式，其优点是：①结构与工作原理简单，正确动作率高于其他复杂保护。②整套保护中间环节少，特别是对于近处故障，可以实现快速动作，有利于减少发展性故障。③在电网零序网络基本保持稳定的条件下，保护范围比较稳定。④保护反应零序电流的绝对值，受故障过渡电阻的影响较小。⑤保护定值不受负荷电流的影响，也基本不受其他中性点不接地电网短路故障的影响，所以保护延时段灵敏度允许整定较高。

方向零序电流保护是反应线路发生接地故障时零序电流分量大小和方向的多段式电流方向保护装置，在我国大电流接地系统不同电压等级电力网的线路上，根据部颁规程规定，都装设了方向零序电流保护装置，作为基本保护。

电力系统事故统计材料表明，在大电流接地系统电力网中，线路接地故障占线路全部故障的80%～90%，方向零序电流保护的正确动作率约97%，是高压线路保护中正确动作率最高的保护之一。方向零序电流保护具有原理简单、动作可靠、设备投资小，运行维护方便、正确动作率高等一系列优点。

多段式零序电流保护逐级配合的原则、相邻保护逐级配合的原则是要求相邻保护在灵敏度和动作时间上均能相互配合，在上、下两级保护的动作特性之间，不允许出现任何交错点，并应留有一定裕度。

实践证明，逐级配合的原则是保证电网保护有选择性动作的重要原则，否则就难免会出现保护越级跳闸，造成电网事故扩大的严重后果。

二、输电线路保护的运行维护

1. 输电线路保护运行规定

(1) 一条线路两端的同一型号微机纵联保护软件版本原则上应相同。

(2) 在正常运行中，线路两侧互为对应的纵联保护应同时投退。

(3) 运行中的线路保护修改定值时，两套保护装置应轮流退出，两侧宜同时进行。

(4) 因通道及加工设备异常导致线路纵联保护无法正常运行时，两侧应在同时退出纵联保护功能后，开展工作。

(5) 在正常情况下，线路停电而其断路器处于运行状态时，线路两侧分相电流差动保护应退出运行。

(6) 线路纵联保护每天应进行通道检测。

2. 高频保护装置运行维护

(1) 投入跳闸前或动作跳闸后，必须交换一次信号。

(2) 电力载波线路高频保护，必须每天交换通道信号，保护投入运行时收信裕量不得低于 8.68db（以能开始保证可靠工作的收信电平值为基值），在保护投入运行中，当发现通道传输衰耗较投运时增加超过投运值（3.0dB）时，应立即报告主管调度通知有关部门，以判断高频通道是否发生故障，保护是否可以继续运行；在保护投入运行中，如发现通道裕量不足 5.68dB 时，应立即上报调度机构请求将两侧纵联差动保护一起停用，然后才通知有关部门安排相应的检查工作。

(3) 当高频保护检修或故障时，必须退出跳闸连接片（非独立的高闭距离、零序保护则为解除高频闭锁）。

(4) 高频保护必须两侧（T 接线路为三侧）同时投入，单侧充电的线路可只将充电侧投入跳闸。

(5) 因故障用某侧直流电源时，应同时退出两侧（或三侧）高频保护。

(6) 用线路断路器向线路充电（线路另一侧断路器断开）时，该侧高频保护应投入跳闸。

3.“四统一”距离保护装置运行维护

(1) 采用手动切换交流电压回路方式进行交流电压切换时应退出。

(2) 交流电压回路采用直流中间继电器接地控制的装置，当拉、合直流操作电流时，必须退出距离一、二段。

(3)“总闭锁”原件动作后，应先退出该保护，才能按其“复归”按钮。

(4) 不得人为瞬时中断交、直流回路的电源。

(5) 阻抗继电器动作值调整时，不得使整定变压器二次回路（即同一组绕组插孔上不允许同时插入两个插销）和开路（即同一绕组必须插入一个插销）。

(6) 各阻抗继电器上的整定插把应拧紧（插牢），以免接触不良。

(7) 运行中装入或取下控制熔丝（断路器）时，应先断开保护出口连接片。

(8) 当装置发“交流电压短线”信号时，应报告当值调度员申请退出距离保护，并迅速查明交流失压原因，如属装置内部故障，应立即通知维护部门处理。

(9) 当装置发“装置故障”信号时，应报告当值调度员申请退出保护，并通知维修部门尽快处理。

(10) 运行中总闭锁元件动作后应向调度申请退出距离保护，再按复归按钮使其复归，并通知维护部门尽快处理。

4. 零序保护装置运行维护

要求线路运行的微机型保护退出其零序保护中的 $\Delta 3U_0$ 电压闭锁元件，并且注意在退出

之前打印正常运行状态下 $\Delta 3U_0$ 值，运行中加强交流回路的维护，以防止交流回路断线。

三、防止线路保护事故的改进措施

1. 高频保护改进措施

(1) 在高频保护通道作业后，应重新测量收、发信电平和通道整体传输衰耗，并与保护新投入时进行比较，证明通道良好，才允许将高频保护投入运行。严禁在高频保护作业之后，未经检测就将保护投入运行。

(2) 为了保证高频信号的传输良好及人身的安全，耦合电容器、结合滤波器及接地隔离开关的连接，应用铜牌或直径 6mm 的铜条，并两端镀锡，压接用的螺丝和垫圈应用铜质的。上述铜条直接引至接地开关上端，再由接地开关上端分别引至结合滤波器顶部输入端。对于电容式电压互感器的耦合电容器，引线也应适度扩大，并加装绝缘套管，注意耦合电容器下部引线不得与其铁壳相碰；上下两节耦合电容器之间应增加铜线连接，压接螺丝要涂导电膏以防腐蚀。结合滤波器应在规定的接地点可靠接地，严禁把结合滤波器外壳固定于支架上就算接地。与结合滤波器相连的高频电缆头应置于结合滤波器箱内，并应有防潮措施；对结合滤波器一、二次接地点不能分开的，两年内须逐步予以更换；结合滤波器电缆侧接地点的设置应严格按照有关反措文件的要求实行。

(3) 高频保护停信回路抗干扰措施。近几年来，电力系统发生多起区外故障高频保护误动作跳闸事故，其中一些与收发信机停信输入（包括距离停信、零序停信、其他保护停信、位置停信等）光耦动作电压偏低有关，在区外近区故障时，反方向侧收、发信机各停信光耦容易受到干扰造成误停信的现象。因此，应采取如下措施：

1) 发信机的停信回路，包括距离停信、零序停信、其他保护停信、位置停信等均应采用直流 220V（或 110V）控制，停信回路光耦的动作电压，控制在 40%～45%之间；

2) 其他屏来的停信回路使用的电缆必须使用闭屏电缆，闭屏层两端接地，接地截面不小于 1.5mm^2；

3) 母差、失灵停信回路应使用操作箱 TJR 接触进行停信；

4) 接收信机中不用的停信输入接口不宜悬空，可采取停信输入端各自短接或将各自的光耦芯片拔掉的方法。

2. 零序保护改进措施

零序电流保护具有简单、可靠、动作正确率高，受弧光及接地电阻影响小的优点，不受负荷及振荡影响，有相继动作的性能，这些优点都只能在选择适当合理的运行方式并正确的整定才能得到发挥。为了用好零序电流保护，提出以下原则措施。

(1) 系统变压器中性点接地运行方式应基本保持不变。

1) 变电站设有一组变压器，如果是接地运行，则接地点不应断开。

2) 变电站设有两组变压器，如果不都是自耦变压器，则应只将其中一组中性点接地。

3) 变电站所有两组以上变压器，应经常保护中性点接地的变压器组数或容量不变。

(2) 正常使用的整定值应照经常出现的运行方式作为依据。每一座变电站一般只考虑一回停检线，不考虑同时两回线停检。

(3) 线路零序阻抗以及三相三绕组变压器的零序阻抗应以实测值为依据。

(4) 对零序方向元件的使用问题，为提高零序电流保护动作的可靠性，尽可能不用零序方向，只有在加零序方向后可以使保护范围或保护相互配合关系上带来显著效果时，才予以考虑。

(5) 适当增加零序电流段数，便于运行中灵活使用（包括运行方式变更时，不必改定值而通过操作连接片处理，作为旁路断路器保护，在代替不同线路时使用比较灵活），对短线路配合需要增加段数。

(6) 变压器220kV侧的断路器，应根据需要装设防止断路器非全相运行的保护，以避免由于变压器出现非全相运行使系统零序电流保护误动作。保护可按断路器三相位置不对应且有零序电流时，以较短的时限跳闸。零序电流动作值及时间的整定应保证线路的零序保护灵敏。

(7) 如果经过制造研究部门及生产使用部门的共同努力，采取有效措施，使保护的极差时间由原来的0.5s缩短为0.2～0.3s，各保护短时间得以相应缩短，这样即使没有装设高频保护，相当一部分线路故障，也能保证系统稳定运行。此外，对一些不宜整定的短线群，可以适当增加保护段数的方法来解决。

3. 线路保护事故处理

(1) 线路跳闸，运行人员应立即把详细情况查明，报告上级调度和运行负责人，主要包括断路器是否重合、线路有无电压、动作的继电保护及自动装置等。

(2) 详细检查本变电站有关线路的一次设备有无明显的故障迹象。

(3) 如果断路器三相跳闸后，线路仍有电压，则要注意防止长线路引起的末端电压升高，必要时申请调度断开对侧断路器。

四、事故举例

某供电局500kV某变220kV旁路270断路器带路时跳闸事故。2006年1月24日10时48分，500kV某变220kV干铝Ⅲ回233断路器由220kV旁路270断路器带路操作，当拉开233断路器时，270断路器距离Ⅱ段动作跳闸，造成贵州铝厂第四电解铝分厂甩负荷200MW。11时10分，由干铝Ⅳ回234代上负荷。11时24分，四电解铝分厂负荷恢复。事故损失电量146MWh。

事故原因：270断路器微机线路保护中距离保护插件软件出错，造成220kV旁路270断路器保护误动所致。属于制造质量不良引起断路器跳闸。

第三节　断路器本体保护异常及故障

一、断路器本体保护的配置

(1) 在220～500kV电力网中，以及110kV电力网的个别重要部分，可按下列规定装设断路器失灵保护：

1) 线路保护采用近后备方式，对220～500kV分相操作的断路器，可只考虑断路器单相拒动的情况。

2) 线路保护采用远后备方式，如果由其他线路或变压器的后备保护切除故障将扩大停电范围（例如，采用多角形接线，双母线或分段单母线等时），并引起严重后果时。

3) 如果断路器与电流互感器之间发生故障，不能由该回路主保护切除，而由其他线路和变压器后备保护切除又将扩大停电范围，并引起严重后果时。

(2) 断路器失灵保护应符合下列要求：

1）为了提高动作可靠性，必须同时具备下列条件，断路器失灵保护方可起动：①故障线路或设备的保护能瞬时复归的出口继电器动作后不返回。②断路器未断开的判别元件，可采用能够快速复归的相电流元件。相电流判别元件的定值，应在保证线路末端故障有足够灵敏度的前提下，尽量按大于负荷电流整定。

2）一般不考虑由变压器保护起动断路器失灵保护。如果变压器保护起动断路器失灵保护时，也必须设有相电流元件，并不允许由瓦斯保护动作起动失灵保护。

3）发电机变压器组的保护，宜起动断路器失灵保护。考虑到发电机故障时，发电机保护可能延时返回，为了提高安全性，断路器未断开的判别元件，宜采用双重化构成和回路的方式。

4）断路器失灵保护动作时间，应按下述原则整定：① 宜无时限再次动作于本断路器跳闸。②对双母线（或分段单母线）接线，以较短时限（大于故障线路或电力设备跳闸时间及保护装置返回时间之和）动作于断开母联或分段断路器。③再经一时限动作于断开与拒动断路器连接在同一母线上的所有有电源支路的断路器。

5）断路器失灵保护，当采用多元件公用出口时，其出口回路应经闭锁触点控制，以减少较多一次元件被误切除的可能性。断路器失灵保护的出口回路可与母差保护共用，也可单独设置。当与母差保护共用时，闭锁元件的灵敏系数应按失灵保护的要求整定。

6）断路器失灵保护动作时，应对有关断路器的自动重合闸装置进行闭锁。

7）一个半断路器接线方式的断路器失灵保护中，反映断路器动作状态的相电流判别元件宜分别检查每台断路器的电流，以判别哪台断路器拒动。当一串中的中间断路器拒动时，则应采取使对侧断路器跳闸的措施，并闭锁重合闸。多角形接线方式的断路器，可按上述原则处理。

(3) 旁路断路器和兼作旁路的母联断路器或分段断路器上，应装设可代替线路保护的保护。在旁路断路器代替线路断路器期间，如果必须保持线路纵联保护运行，可将该线路的一套纵联保护切换到旁路断路器上，或者采用其他措施，使纵联保护继续运行。母线或母线分段断路器上，可装设相电流或零序电流保护，作为母线充电合闸的保护。

(4) 对于220～500kV的母线及变压器断路器，当非全相运行可能引起电力网中其他保护越级跳闸，因而造成严重事故时，应在该断路器上装设非全相运行保护。

二、断路器本体保护的运行维护

1. 断路器本体保护运行规定

(1) 重合闸目前常见的有单相重合闸、三相重合闸、综合重合闸及重合闸停用四种运行方式。在正常运行时，重合闸必须按规定方式投入。

(2) 断路器充电保护正常运行中不投，其功能压板退出，仅在用其对线路、母线、变压器或电抗器等设备充电时短时投入。

(3) 断路器本体三相不一致保护应投入，动作时间为2～3s。

(4) 断路器应使用本体的防跳功能，操作箱中防跳功能应退出。

(5) 重合闸功能由线路保护实现时，仅允许一套投入运行。

(6) 一个半断路器结线、角形结线或双断路器结线厂站的出线，其所连断路器中一台停运时，现场应按要求切换断路器重合闸先、后重方式。

2. 断路器本体保护维护注意事项

(1) 失灵保护跳闸的连接片位置，必须与断路器所连母线组别相对应。

(2) 独立整套失灵保护退出检修，可以只断开出口连接片。

(3) 在起动失灵保护的断路器保护回路上工作时，须将该断路器起动失灵保护的回路断开。

(4) 母线兼旁路作旁路断路器代线路运行时，母线断路器起动失灵保护的回路应改为母联代线路运行的保护回路出口起动失灵保护方式。

(5) 母差保护与失灵保护共用复合电压闭锁时，若母差保护退出，宜保留电压闭锁，若电压闭锁需退出时，失灵保护一般不退，但此时要严防误碰出口中间继电器。

(6) 旁路断路器代其他断路器运行，操作前接通旁路断路器失灵保护起动回路，操作后切断被代断路器失灵保护起动回路。

(7) 因断路器操动机构原因发“跳闸闭锁”信号时，在处理过程中应保证该断路器的起动失灵回路能正常工作。

三、防止断路器本体保护事故的改进措施

做好电气量与非电气量保护出口继电器分开的反措，不得使用不能快速返回的电气量保护和非电气量保护的起动量，并要求断路器失灵保护的相电流判别元件动作时间和返回时间均不应大于20ms。

四、事故举例

事例1

某电业局的220kV变电站，其主变压器的SW6－220断路器C相在运行中偷跳，造成非全相运行，导致严重后果。其原因是C相机构分闸绕组引出线外皮磨损，与铁轭窗口放电，构成直流系统负极接地。又由于变电站绝缘监视装置失灵，而不能及时发现，仪表班在作业中又误触正极，造成直流两点接地，使断路器C相偷跳。

事例2

某变电站的SW6－220型少油断路器，在检修中，将二次线接错，以致故障时断路器拒分，扩大为全变电站停电。

第四节　变压器保护异常及故障

一、变压器的保护配置

为了防止变压器在发生各种类型故障和不正常运行时造成不应有的损失，保证电力系统安全连续运行，变压器一般应装设以下继电保护装置：

(1) 防御变压器油箱内部各种短路故障和油面降低的瓦斯保护。

(2) 防御变压器绕组和引出线多相短路、大电流接地系统侧绕组和引出线的单相接地短路及绕组匝间短路的（纵联）差动保护或电流速断保护。

(3) 防御变压器外部相间短路并作为瓦斯保护和差动保护的保护装置（或复合电压起动的过电流保护、或负序过电流保护）。

(4) 防御大电流接地系统中变压器外部接地短路的零序电流保护。

(5) 防御变压器对称过负荷的过负荷保护。

(6) 防御变压器过励磁的过励磁保护。

瓦斯保护是变压器的主要保护，能有效地反应变压器内部故障。

轻瓦斯继电器由开口杯、干簧触点等组成，作用于信号。重瓦斯继电器由挡板、弹簧、干簧触点等组成，作用于跳闸。

正常运行时，瓦斯继电器充满油，开口杯浸在油内，处于上浮位置，干簧触点断开。当变压器内部故障时，故障点局部发生过热，引起附近的变压器油膨胀，油内溶解的空气被逐出，形成气泡上升，同时油和其他材料在电弧和放电等的作用下电离而产生瓦斯。当故障轻微时，排出的瓦斯气体缓慢地上升而进入瓦斯继电器，使油面下降，开口杯产生的支点为轴逆时针方向的转动，使干簧触点接通，发出信号。

当变压器内部故障严重时，产生强烈的瓦斯气体，使变压器内部压力突增，产生很大的油流向油枕方向冲击，因油流冲击挡板，挡板克服弹簧的阻力，带动磁铁向干簧触点方向移动，使干簧触点接通，作用于跳闸。

继电保护动作，一般说明变压器内部有故障。瓦斯保护是变压器的主要保护，它能监视变压器内部发生的部分故障，常常是先轻瓦斯动作发出信号，然后重瓦斯动作去跳闸。

(1) 轻瓦斯动作的原因有以下几方面：

1) 因滤油、加油和冷却系统不严密，致使空气进入变压器。

2) 温度下降和漏油使油位缓慢降低。

3) 变压器内部故障，产生少量气体。

4) 变压器内部短路。

5) 保护装置二次回路故障。

(2) 当外部检查未发现变压器有异常现象时，应查明瓦斯继电器中气体的性质。

1) 如果积聚在瓦斯继电器内的气体不可燃，而且是无色无味的，而混合气体中主要是惰性气体，氧气含量大于16%，油的闪点不降低，则说明是空气进入瓦斯继电器内，此时，变压器可继续运行。

2) 如气体是可燃的，则说明变压器内部有故障，应根据瓦斯继电器内积聚的气体性质鉴定变压器内部故障的性质，如气体的颜色为：①黄色不易燃的，且一氧化碳含量大于1%～2%，为木质绝缘损坏。②灰色和黑色易燃的，且氢所含量在30%以下，有焦油味，闪点降低，则说明油因过热而分解或油内曾发生过闪络故障。③浅灰色带强烈臭味且可燃的，是纸或纸板绝缘损坏。

3) 如果上述分析对变压器内的潜伏性故障还不能作出正确判断，则可采用气相色谱法作出适当判断。

进行气相色谱分析时，可从氢、烃类、一氧化碳、二氧化碳、乙炔的含量变化来判断变压器的内部故障，一般情况为：①当氢、烃类含量急剧增加，而一氧化碳、二氧化碳含量变化不大时，为裸金属（如分接开关）过热性故障。②当一氧化碳、二氧化碳含量急剧增加时，为固体绝缘物（如木质、纸、纸板）过热性故障。③当氢、烃类气体增加时，乙炔含量很高，为匝间短路或铁芯多点接地等放电性故障。

二、变压器保护的运行维护

(1) 差动保护和瓦斯保护是主变压器的主保护，运行中不应该将差动保护和瓦斯保护同时退出。如果需要同时退出，必须经过有关主管领导批准。

(2) 主变压器差动保护电流回路设备经过更换或者二次回路更换后，变压器在充电时，应该投入差动保护，利用负荷电流和系统工作电压对保护接线正确性检查之前将差动保护退出，在确认接线正确无误后，方可将差动保护投入。

(3) 凡是一次系统倒闸操作，打乱变压器差动保护接线，倒闸操作前必须将差动保护退出。

(4) 采用母联兼旁路（或者专用旁路）断路器代主变压器断路器运行时，应该采用以下的措施：

1）将主变压器差动保护跳主变压器断路器的连接片切换至跳母联兼旁路（或者专用旁路）断路器。

2）在倒闸操作中退出该主变压器差动保护。

3）如果母联兼旁路（或者专用旁路）断路器TA具备切换至主变压器差动保护的功能，则短接主变压器断路器差动TA，将母联兼旁路（或者专用旁路）断路器TA接入差动保护回路。

4）如果母联兼旁路（或者专用旁路）断路器TA不具备切换至主变差动保护的功能，则短接主变断路器差动TA、将主变压器管套TA接入差动保护回路；若主变压器套管TA无差动绕组，必须将差动保护退出运行。

5）母联兼旁路（或者专用旁路）断路器的线路保护跳闸连接片应该断开，若母联兼旁路（或者专用旁路）断路器对主变压器套管TA间的引线无保护，应该投用母联兼旁路（或者专用旁路）断路器线路保护的距离保护一段和零序电流保护一段。

(5) 主变压器差动保护在一侧断路器停电时仍然可以继续运行，但是在差动保护TA二次回路上有工作时，必须退出差动保护。

(6) 主变压器在运行中对保护的电流回路切换时，应该注意以下的事项：

1）短接与投入电流回路，必须在专用的连接片上进行，严格防止TA二次开路。

2）TA二次由投入改为短接，只有在先短接良好后，方能断开短路连接片。

3）TA二次由短接改为投入，只有在先与保护电流回路连接良好后，方有断开短路的连接片。

(7) 新投运或者大修后的变压器，充电前应将重瓦斯投入跳闸；充电正常后，本体瓦斯投信号，经24h运行，并经过多次放气检查，确认没有气体，方可投入跳闸。

(8) 在运行中的变压器上进行下列工作时，重瓦斯应该由“跳闸”改为“信号”。

1）带电加油或者滤油。

2）呼吸器疏通、冷却装置进行的检修（风扇检修除外）。

3）气体断路器以其二次回路上工作。

(9) 当主变压器或者其附属设备检修后主变压器投入运行，气体未全部排尽之前，气温突然降低，使油位下降可能引起重瓦斯跳闸，以及主变压器由运行改为备用时候，重瓦斯保护均应该投“信号”。

(10) 若运行中发现主变压器大量漏油而使得油面下降时，重瓦斯保护不得改投“信号”。

(11) 具有零序过流联跳功能的多台变压器并列运行时，不接地主变压器零序过流联跳其他主变压器的连接片必须断开，接地变压器零序过流联跳不接地主变压器的连接片必须合上。

(12) 具有零序过流联跳功能的多台变压器并列运行时，当主变压器中性点接地方式需要改变时，应该将中性点未接地而需要改成接地的主变压器接地点先接地。

(13) 当差动保护发“电流回路断线”信号时，应该退出差动保护。

(14) 当母联兼旁路断路器代主变压器以外的其他原件断路器运行时，应该将主变后备保护跳母联的连接片断开。

(15) 当“交流电压回路断线”光字牌亮时，如果带方向的后备保护还需要继续运行，应该将相关原件短接使得保护不带方向，否则应该退出带方向的后备保护。

(16) 当母联兼旁路（或者专用旁路）代替主变压器断路器运行时，如果主变压器被代侧交流二次电压被切断，应该将代侧的带方向的后备保护方向原件触电短接（也就是说保护不带方向）。

(17) 对装有两台主变压器的220kV以及以上变电站，当一台主变压器退出运行时，另外一台变压器除非有危及设备安全的紧急缺陷，一般不得安排对变压器和相关设备的检修工作。否则，应该首先恢复退出的变压器的运行，再安排对缺陷变压器的检修处理。

三、防止变压器保护事故的改进措施

(1) 对主变压器保护的电流、电压以及出口中间继电器进行一次全面的检查，不符合要求的继电器要予以更换。使用水银触点的气体继电器必须更换，气体继电器要坚持做定期检验。气体继电器必须加装防雨罩。

(2) 对差动保护应该重点检查TA电流回路连接螺丝是否拧紧，对试验按钮连接未闭锁出口的应该进行改造。每次检修完毕以后，必须进行带负荷检查TA极性，对负荷侧的TA应该创造条件接大负荷，并且测量差动继电器的差动电压是否合格。

(3) 对变压器零差应该注意检查TA变比，并且仔细检查对TA极性以及其二次接线的正确性。

(4) 对阻抗保护必须审查有无电压回路断线闭锁装置，以防止失压误动。

(5) 为了解决变压器短路失灵保护因灵敏度不足而不能投运的问题，对变压器和发电机——变压器组的断路器失灵保护可以采取以下措施：

1) 采用“零序或者负序电流”动作，配合“保护动作”和“断路器合闸位置”三个条件组成的与逻辑，经第一时间去解除断路器失灵保护的复合电压闭锁回路。

2) 同时采用“相电流”、“零序或者负序电流”动作，配合“断路器合闸位置”的两个条件组成的与逻辑经过第二时限去起动断路器失灵保护，并且发出“起动断路器失灵保护”的中央信号。

3) 采用主变压器保护中，由主变压器各侧“复合电压闭锁元件”（或逻辑）动作解除断路器失灵保护的复合电压闭锁元件，当采用微机保护变压器保护时，应该具备主变压器“各侧复合电压闭锁动作”信号输出的空触点。

(6) 500kV变压器发“轻瓦斯”信号后取油样出现异常时，应该立即关闭阀门，退出重瓦斯连接片以后再进行取油样工作。

(7) 变压器、电抗器本体保护的外连接电缆护套管内不能储水，并且有防止水和湿气进入本体保护和端子箱的措施，避免损坏绝缘，造成本体保护跳闸。

(8) 针对系统110kV变电站供电线路故障断路器拒动，造成主变压器烧坏的严重事故，特做如下防范措施：

1）在主变压器的低压侧加一套延时电流保护，与速断配合整定，做低压侧母线的后备，该保护的直流电源由单独的断路器供电，该保护作用于主变压器各侧的断路器。

2）主变压器保护的直流熔断器采用 $N+1$ 方式，纵差保护采用单独的熔断器供电。

(9) 防止变压器辅助回路以其辅助元件误跳事故的发生。

1）变压器跳闸后若引起其他变压器超负荷时，应尽快投入备用变压器或在规定时间内降低负荷。

2）根据继电保护的动作情况及外部现象判断故障原因，在未查明原因并消除故障之前，不得送电。

3）当发现变压器运行状态异常，例如，内部有爆裂声、温度不正常且不断上升、油枕或防爆管喷油、油位严重下降、油化验严重超标、套管有严重破损和放电现象等时，应申请停电进行处理。

四、事故举例

1. 事故经过

2001 年 1 月 5 日，某水电厂运行值班员接令进行厂用电的倒闸试验操作。10：18，在分开Ⅱ段厂用电断路器 402 的瞬间，3 号主变压器保护的重瓦斯、压力释放、绕组温度高、油温高等非电量保护同时动作，将运行中的 3 号主变压器高、中压侧断路器同时跳开（3 号主变压器低压侧未投运），致使 3 台 12MW 机组脱离主网。

2. 事故原因分析查找

(1) 主变检查结果。

1）从 3 号主变压器瓦斯继电器本体内未放出气体。

2）当时绕组温度为 44℃，而绕组温度高保护的动作温度是 120℃。

3）当时变压器上层油温为 44℃，而油温高保护的动作温度是 85℃。

4）压力释放阀周围未见有油溢出。

另取 3 号主变压器本体、油枕、瓦斯继电器油样化验也未见异常。

以上检查结果均表明此次 3 号主变压器保护动作的性质应为误动。保护误动的原因可能是装置本身的问题，也可能是外界干扰造成的。事故发生后对 3 号主变压器保护装置做了全面检查，但未发现异常，所以误动的原因只能是外界干扰了。

(2) 故障录波图的分析结果。

1）3 号主变压器高、中压侧电压、电流波形都正常。

2）3 号主变压器的高、中压侧断路器 2203、103 跳闸时间与Ⅱ段厂用电断路器 402 的分闸时间正好吻合。

3）3 号主变压器保护动作开关量的录波图是一系列以 20ms 为周期，2～3ms 为脉宽的信号，而工频信号的周期正好是 20ms。

通过对录波图的分析可以确认，造成 3 号主变压器保护误动的原因就是工频干扰源。而工频干扰源要进入 3 号主变压器的非电量保护有 2 种途径，一是通过控制电缆进入，二是通过直流电源系统进入。

(3) 检查控制电缆。

3B125 电缆将重瓦斯、轻瓦斯、压力释放、绕组温高、油温高等开关量信号从 3 号主变压器引入 3 号主变压器保护。正常运行情况下，测量 3B125 电缆每根芯线的对地电压，发现

19 回路对地有 220V 交流电压（3 号主变压器保护的接点 19，29 的作用是起动备用冷却器）、重瓦斯回路对地有 32V 的电压、其他回路对地有 10～12V 的电压。即 3B125 电缆中有交流、直流回路同时存在的情况，这种设计是与反事故措施的规定相抵触的。将 19 回路、29 回路同时从 3 号主变压器冷却器控制箱交流电源侧解开，再对 3 号主变压器的重瓦斯、轻瓦斯、压力释放、绕组温高、油温高等回路进行测量，结果这些回路的交流干扰电压消失了，说明应避免将交流、直流回路安排在同一根电缆里，否则会给保护的直流逻辑回路引入交流干扰信号。

从重瓦斯 05 回路加入工频交流电压，并从 0 起升压，当电压升到 130V 时，3 号主变压器的重瓦斯、压力释放、绕组温高、油温高这 4 个非电量保护立即动作，与 1 月 5 日的情况一致。

倒换 3 号主变压器冷却器的工作电源（由Ⅰ、Ⅱ段厂用电供应），模拟厂用电的倒闸操作，以观察倒换操作时交流干扰信号会不会增大到使保护误动。结果发现不管怎么倒换 3 号主变压器冷却器的工作电源，其非电量保护就是不动作，说明 3 号主变压器保护误动并非由于 3B125 电缆同时存在交流、直流回路而引起。引起 3 号主变压器保护误动的交流干扰信号也不会是电缆外界的电磁场，因为所有电缆都有铜屏蔽，并且屏蔽层都已两端接地。

（4）检查直流。

正常运行时，测量 3 号主变压器保护的直流工作电源并未发现有交流分量，但倒换厂用电操作中，切开Ⅱ段厂用电断路器 402 时，却从 3 号主变压器保护的直流工作电源中测到了 220V 的交流电源分量。

220V 直流电源中的 220V 交流电源是从何而来：2001 年 1 月 20 日，运行值班员在进行事故照明电源的切换时 3 号主变压器的重瓦斯、压力释放、绕组温高、油温高，这 4 个非电量保护再次动作。幸好此时 3 号主变压器非电量保护的出口已经解开，未造成误跳 2203 断路器、103 断路器的事故。在做事故照明电源的切换试验时，从 3 号主变压器保护直流工作电源中测量到了 220V 的交流电源的分量。

该水电厂的事故照明电源由 380V 三相交流电源和直流 220V 电源组成。平时由交流电源供电，当交流电源消失时自动切换为 220V 直流电源供电。

事故照明所用的交流电源由Ⅱ段厂用提供，当Ⅱ段厂用电断路器 402 分闸时，事故照明因交流电源消失而自动切换至由 220V 直流供电。而不幸的是，在事故照明的 A 相交流回路中存在寄生的由Ⅰ段厂用提供的交流 220V 电源，此寄生的交流电源并未因 402 断路器的分闸而消失，并在全厂 220V 直流系统中引入了 220V 的交流电源分量，使 3 号主变压器非电量保持因此而误动。

3. 对策

3 号主变压器保护发生误动，跳开 2203、103 断路器的事故原因是电厂事故照明系统的交流回路中存在寄生的交流电源，寄生解除后事故隐患就排除了。

电厂必须吸取教训，加强对事故照明系统的管理，严禁在事故照明系统的交流回路中接入任何其他负荷或电源；建议改造事故照明系统，取消事故照明的交流部分，增设一套独立的常规照明系统，正常情况下由交流供电的常规照明系统提供照明，在常规照明系统的交流电源消失后，自动切换为由直流供电的事故照明系统提供照明，以彻底消除寄生交流电源对直流系统、保护装置的影响。

建议厂家对 LEP-974C 非电量保护装置作一些改进，以提高其抗干扰能力。

第五节　母线保护异常及故障

一、装设母线保护的基本原则

发电厂和变电站的母线是电力系统中的一个重要组成元件，当母线上发生故障时，将使连接在故障母线上的所有元件在修复故障母线期间，或转换到另一组无故障的母线上运行以前被迫停电。此外，在电力系统中枢纽变电站的母线上故障时，还可能引起系统稳定的破坏，造成严重的后果。一般来说，不采用专门的母线保护，而利用供电元件的保护装置就可以把母线故障切除。当双母线同时运行或母线分段单母线时，供电元件的保护装置则不能保证有选择性地切除故障母线，因此应装设专门的母线保护，具体情况如下：

(1) 在 110kV 及以上的双母线和分段单母线上，为保证有选择性地切除任一组（或段）母线上所发生的故障，而另一组（或段）无故障的母线仍能继续进行，应装设专门的母线保护。

(2) 110kV 及以上的单母线，重要发电厂的 35kV 母线或高压侧为 110kV 及以上的重要降压变电站的 35kV 母线，按照装设全线速动保护的要求必须快速切除母线上的故障时，应装设专用的母线保护。为了满足速动性和选择性的要求，母线保护都是按差动原理构成的。所以不管母线上元件有多少，实现差动保护的基本原则仍是适用的，如下所述。

1) 在正常运行以及母线范围以外故障时，在母线上所有连接元件中，流入的电流和流出的电流相等，或表示为总的电流为零。

2) 当母线上发生故障时，所有与电源连接元件都向故障点供给短路电流，而在供电给负荷的连接元件中电流等于零，因此，总的电流等于短路电流。

3) 如从每个连接元件中电流的相位来看，则在正常运行以及外部故障时，至少有一个元件中的电流相位和其余元件中的电流相位是相反的，具体地说，就是电流流入的元件和电流流出的元件这两者的相位相反。而当母线故障时，除电流等于零的元件以外，其他元件中的电流则是同相位的。

二、应装设专用的母线保护的情况

(1) 110kV 双母线。

(2) 110kV 单母线，重要发电厂或 110kV 以上重要变电站的 35～66kV 母线，需要快速切除母线上的故障时。

(3) 35～66kV 电力网中，主要变电站的 35～66kV 双母线或分段单母线需快速而有选择地切除一段或一组母线上故障，以保证系统安全稳定运行和可靠供电时。

(4) 对 220～500kV 母线，应装设能快速、有选择地切除故障的母线保护。对一个半断路器接线，每组母线宜装设两套母线保护。

(5) 对于发电厂和主要变电站的 3～10kV 分段母线及并列运行的双母线，一般可由发电机和变压器的后备保护实现对母线的保护。在下列情况下，应装设专用母线保护：

1) 须快速而有选择地切除一段或一组母线上的故障，以保证发电厂及电力网安全运行和重要负荷的可靠供电时。

2）当线路断路器不允许切除线路电抗器前的短路时。

（6）专用母线保护应考虑以下问题：

1）对于双母线并联运行的发电厂或变电站，当线路保护在某些情况下可能失去选择性时，母线保护应保证先跳开母联断路器，但不能影响系统稳定运行。

2）为防止误动作，应增设简单、可靠的闭锁装置（1个半断路器接线的母线保护除外）。

3）母线保护动作后，（1个半断路器接线除外）对不带分支的线路，应采取措施，促使对侧全线速动保护跳闸。

4）应采取措施，减少外部短路产生的不平衡电流的影响，并装设电流回路的断线闭锁装置。

5）在一组母线或某一段母线充电合闸时，应能快速而有选择地断开有故障的母线。在母线倒闸操作时，必须快速切除母线上的故障；同时又能保证外部故障时不误动作。

6）在双母线情况下，母线保护动作时，应闭锁可能误动的横联保护。

7）当实现母线自动重合闸时，必要时应装设灵敏元件。

8）对构成环路的各类母线方式（如1个半断路器方式和双母线双分段方式等），当母线短路，该母线上所接元件的电流可能自母线流出时，母线保护不应因此而拒动。

9）在各种类型区外短路时，母线保护不应由于电流互感器饱和以及短路电流中的暂态分量而引起误动作。

10）母线保护宜适应一次各种运行方式，并能满足双母线同时故障及先后故障的动作要求。

（7）对3～10kV分段母线，宜采用不完全电流差动式母线保护，保护仅接入有电源支路的电流。保护由两段组成：第一段采用无时限或带时限的电流速断保护，当灵敏系数不符合要求时，可采用电流闭锁电压速断保护；第二段采用过电流保护，当灵敏系数不符合要求时，可将一部分负荷较大的配电线路接入差动回路，以降低保护的起动电流。

当有电源的支路经常接在不同的母线上运行时，宜在所有有电源的支路上（发电机除外）装设单独的电流闭锁电压速断保护。

三、母线保护的运行维护

1. 母线保护运行规定

（1）双母线保护的运行方式必须与一次系统运行方式相对应。母线改变运行方式时，应及时做好母线保护运行方式的调整，防止运行方式不对应造成保护不正确动作。

（2）双母线保护装置内的充电保护功能正常运行中不投，仅在用母联（分段）断路器对空母线充电时短时投入。

（3）双母线接线方式，在进行元件倒母线操作时，应投入母线保护中母线互联方式。

（4）母线保护装置内的过电流保护功能正常运行中不投，根据需要选择投入。

2. 母线差动保护动作后检查处理方法

（1）保护动作后的检查。

1）检查故障段线路和连接在该母线上的一切设备是否有短路、接地和闪络故障。

2）检查故障段母线的各出线母线差动保护用电流互感器有无开路或短路。

3）结合本站的直流绝缘情况和二次线的绝缘情况，酌情检查是否由于直流双重接地或二次线短路造成误动。

4）检查母线差动保护的继电器是否损坏。

(2) 保护动作判断和处理。

1) 若母线或设备有明显故障，应做好安全措施及时处理。

2) 如果为直流或二次线短路造成误动，应及时排除短路点，并采取措施加强二次线绝缘。

3) 电流互感器如果有开路或短路，应及时处理。

4) 继电器损坏应迅速更换。

第六节　发电机主保护异常及故障

一、发电机的保护配置

发电机的安全运行对保证电力系统的正常工作和电能质量起着决定性的作用，同时发电机本身也是一个十分贵重的电器元件，因此，应该针对各种不同的故障和不正常运行状态，装设性能完善的继电保护装置。

故障类型及不正常运行状态有两类，如下所述。

(1) 故障类型包括定子绕组相间短路、定子绕组一相的匝间短路、定子绕组单相接地、转子绕组一点接地或两点接地、转子励磁回路励磁电流消失。

(2) 不正常运行状态主要有：由于外部短路引起的定子绕组过电流；由于负荷等超过发电机额定容量而引起的三相对称过负荷；由于外部不对称短路或不对称负荷而引起的发电机负序过电流和过负荷；由于突然甩负荷引起的定子绕组过电压；由于励磁回路故障或强励时间过长而引起的转子绕组过负荷；由于汽轮机主汽门突然关闭而引起的发电机逆功率等。

具体地说，对于发电机可能发生的故障状态和不正常工作状态，应根据发电机的容量有选择地装设以下保护。

(1) 纵联差动保护：定子绕组及其引出线的相间短路保护。

(2) 横联差动保护：定子绕组一相匝间短路保护。只有当一相定子绕组有两个及以上并联分支而构成两个或三个中性点引出端时，才装设该种保护。

(3) 单相接地保护：发电机定子绕组的单相接地保护。

(4) 励磁回路接地保护：励磁回路的接地故障保护。

(5) 低励、失磁保护：防止大型发电机低励（励磁电流低于静稳极限所对应的励磁电流）或失去励磁（励磁电流为零）后，从系统中吸收大量无功功率而对系统产生不利影响，100MW 及以上容量的发电机都装设这种保护。

(6) 过负荷保护：发电机长时间超过额定负荷运行时作用于信号的保护。中小型发电机只装设定子过负荷保护；大型发电机应分别装设定子过负荷保护和励磁绕组过负荷保护。

(7) 定子绕组过电流保护：当发电机纵差保护范围外发生短路，而短路元件的保护或断路器拒绝动作，这种保护作为外部短路的后备，也兼作纵差保护的后备保护。

(8) 定子绕组过电压保护：用于防止突然甩去全部负荷后引起定子绕组过电压，水轮发电机和大型汽轮发电机都装设过电压保护，中小型汽轮发电机通常不装设过电压保护。

(9) 负序电流保护：电力系统发生不对称短路或者三相负荷不对称（如电气机车、电弧炉等单相负荷的比重太大）时，会使转子端部、护环内表面等电流密度很大的部位过热，造成转子的局部灼伤，因此应装设负序电流保护。

(10) 失步保护：反应大型发电机与系统振荡过程的失步保护。

(11) 逆功率保护：当汽轮机主汽门误关闭，或机炉保护动作关闭主汽门而发电机出口断路器未跳闸时，从电力系统吸收有功功率而造成汽轮机事故，故大型机组要装设用逆功率继电器构成的逆功率保护，用于保护汽轮机。

各项发电机的保护装置，根据故障和异常运行方式的性质，按规程的规定分别动作于：

(1) 停机断开发电机断路器、灭磁；对汽轮发电机，还要关闭主汽门；对水轮发电机，还要关闭导水翼。

(2) 解列灭磁断开发电机断路器，灭磁，汽轮机甩负荷。

(3) 解列断开发电机断路器，汽轮机甩负荷。

(4) 减出力将原动机出力减到给定值。

(5) 缩小故障影响范围，例如双母线系统断开母线联络断路器等。

(6) 程序跳闸对于汽轮发电机首先关闭主汽门，待逆功率继电器动作后，再跳开发电机断路器并灭磁；对于水轮发电机，首先将导水翼关到空负荷位置，再跳开发电机断路器并灭磁。

(7) 信号发出声光信号。

二、发电机保护（含励磁系统）运行维护

(1) 当发电机定子回路报警时，应该立即停机。200MW 以及以上容量的发电机的接地保护装置适宜于动作跳闸。

(2) 当发电机的转子绕组发生一点接地时，应该立即查明故障点与性质。如果是稳定性的金属接地，应该立即停机处理。

(3) 防止次同步谐振损坏设备，发电厂应该准确掌握有串联补偿电容器送出线路的汽轮发电机机组轴系扭转振动频率，协助电网管理部门共同防止次同步谐振。

(4) 防止发电机非全相运行。发电机—变压器组的主断路器出现非全相运行时，其相关保护应该及时起动断路器失灵保护，在主断路器无法断开时，断开与其连接在同一母线上的所有电源。

(5) 防止励磁系统故障引起事故的改进措施。

1) 有进相运行工况的发电机，其低励磁限制的定值应该在制造厂给定的允许值和保证发电机静稳定的范围内，并定期校验。

2) 自动励磁调节器的过励磁限制和过励磁保护的定值应在制造厂给定的允许值内，并定期校验。

3) 励磁调节器的自动通道发生故障时应该及时修复并且投入运行。严禁发电机在手动励磁调节（含按发电机或者交流励磁的磁场电流的闭环调节）下长期运行。在手动励磁调节运行期间，在调节发电机的有功负荷时必须适当调节发电机的无功负荷，以防止发电机失去静态稳定性。

4) 在电源电压偏差为 10%～15%、频率偏差为 4%～6%时，励磁控制系统及其继电器、断路器等操作系统均能正常工作。

5) 在机组起动、停机和其他试验过程中，应该有机组低转速时切断发电机励磁的措施。

三、事故举例

1. 事故概况

西北某电厂 1 台 600MW 火电机组全套引进德国设备，采用自并励全控整流静止励磁方式。正常运行中，发电机失磁（低励）保护动作出口，机组跳闸甩负荷，给电网造成很大冲击。事故发生后，从故障录波分析得出机组跳闸原因是：发电机运行中突然完全失去励磁，导致深度进相运行，并最终由发电机失磁保护动作跳闸。发电机全进相过程持续约 2.2s，失磁保护从起动到跳闸延时 1.5s，继电保护属于正确动作，保证了主设备和系统安全，但是造成发电机运行中突然失磁的原因待查。

2. 事故分析

为查清导致发电机失磁的原因，对发电机数字式励磁调节器和计算机分散控制系统记录的报警信息进行了认真核对检查后发现：机组跳闸前，励磁调节器先后两次接到“外部保护跳闸”灭磁指令，时间间隔 2.3s 左右，第二次是发电机失磁保护动作出口时产生的，但是第一次灭磁指令应该是误发信号。在排除了继电保护误动作、出口继电器接点抖动、控制电缆芯线短路和人为误碰等可能的情况后，失磁原因初步判断为：励磁调节器接收发变组保护灭磁命令的接口光耦元件因为某种原因而误动作，起动了励磁调节器逆变灭磁程序，导致发电机正常运行中突然失磁。分析故障录波数据可以得出：由于机组直流系统正极瞬时一点接地，造成了发电机励磁调节器“外部保护跳闸”灭磁命令的接口光耦元件发生误动作，起动了逆变灭磁程序进而发电机失磁跳闸。

3. 改进方案

在原电力部安全生产司 1999 年下发 191 号文的《继电保护反事故措施》中要求：“跳闸出口继电器的起动电压不宜低于直流额定电压的 50%，以防止继电器绕组正电源侧接地时因直流回路过大的电容放电引起误动作。如果为了加快动作，则允许动作电压略低于额定电压的 50%，但是应采用动作功率较大（例如 5W 以上）的中间继电器。由变压器、电抗器瓦斯保护起动的中间继电器，由于联线长，电缆电容大，为了避免电源正极接地误动作，应采用较大起动功率的中间继电器，并且不要求快速动作”。

从原理上讲，提高该接口光耦元件的动作电压到 110V 以上，或在外部灭磁命令进入励磁调节器后增加 100ms 延时确认，就可以解决此类误动问题，具体方案如下：

(1) 更换为动作电压（电流）更高的接口光耦元件。德国某公司新的光耦元件动作电压为 94V，动作电流为 2mA，仍不能可靠避免直流系统正极接地的误动事故，所以在更换了光耦元件后还要采取其他防止误动措施。

(2) 在接口光耦回路中串入适当电阻或在光耦的输入级并联适当电阻，都可以提高其动作值，防止其误动作。但是这种方法显然降低了回路的可靠性，也难以避免因经过光耦元件的直流负极电缆芯线接地而引起的误动。

(3) 在励磁柜处的接口光耦元件前加装动作电压足够高的小中间继电器，由小中间继电器的接点起动光耦元件动作。此时发变组保护灭磁将多出一级小中间继电器的固有动作延时，并且该继电器应该选择非快速动作。

(4) 在发变组保护柜将 2 副出口接点分别接在光耦两端，使光耦与直流系统正极、负极隔离，正常情况下光耦的两端不带任何电位。这样直流系统正接地时，不会产生流经光耦回路的充电电流，从而避免了光耦的误动作。

4. 对策

现场采取了相应措施后，机组一直运行正常，说明励磁调节器“外部保护跳闸”接口光耦元件的误动问题已经解决。但是其他类似的二次回路，特别是采用动作电压（电流）较小

的光耦元件或快速中间继电器的，应注意采取适当的防止直流系统接地时误动的措施。

第七节　安全自动装置运行与维护

继电保护和安全自动装置是电力系统的重要组成部分。确定电力网结构、厂站主接线和运行方式时，必须与继电保护和安全自动装置的配置统筹考虑，合理安排。

继电保护和安全自动装置的配置方式要满足电力网结构和厂站主接线的要求，并考虑电力网和厂站运行方式的灵活性。对导致继电保护和安全自动装置不能保证电力系统安全运行的电力网结构形式、厂站主接线形式、变压器接线方式和运行方式，应限制使用。

一、安全自动装置运行维护说明

为了保证装置在现场投入后可靠稳定运行，防止检修维护时因操作不当造成安控装置误动，安控系统在正式投入运行后，应严格按照继电保护及安全自动装置运行的有关规定，做好装置运行管理和维护工作。在运行维护过程中应注意以下事项：

(1) 正常运行中的巡视与检查。

1) 装置电源指示灯均应点亮。

2) 模件指示灯应显示正确，没有异常信号。

3) 液晶显示屏显示时间基本正确，电压、电流、功率、相位角及频率测量结果应正确。

4) 如装置与其他安控装置有通信，应查看通信是否正常，有无通道异常信号发出。

(2) 当电网发生事故时，应及时检查装置动作情况。当系统发生线路或主变压器跳闸、失步振荡或频率、电压事故时，应检查装置动作情况是否正确，记录动作后装置的指示灯和事件记录内容。

(3) 定值修改。在装置投运之前，应按照调度部门下达的定制通知单设置各项定值。

(4) 安控装置检验规定。安控装置投入运行后，应按照相应的运行管理规定做好装置的日常运行和维护工作。装置在正常运行期间，建议可一年定期检查一次。检查项目及步骤如下：

1) 将装置退出，断开连接片。当与对侧有通信联系，本侧所做的试验项目影响对侧时，如果能可靠地断开与对侧装置的通信联系，则只要断开通道联系即可；如果不能可靠地断开通信联系，则对侧装置也要退出运行。

2) 在作自试试验时，应断开所有的通信通道，断开本柜的出口连接片；在作远传试验时，只保留该方向的通道，其余通道应完全断开，断开本柜的出口连接片，并保证对侧装置的出口连接片已退出。

3) 检查装置测量的准确性时，对 TA、TV 回路的操作应确保安全，操作注意事项可参考现场运行规程。

4) 检查装置中央信号的正确性。

5) 用装置提供的自试功能进行装置自试，检查装置出口信号的正确性。年检后，若装置正常，则可继续投入使用。若发现插件有问题，请及时更换插件。一般每 5 年进行一次全面试验。

二、安全自动装置事故及异常处理要求

(1) 自动装置发出异常故障信号后，运行值班人员应全面细致检查信号动作情况，对自

动装置外观进行认真检查，并将情况汇报调度。

(2) 自动装置出现异常和故障后，运行值班人员应根据调度命令停用可能导致误动作的自动装置跳闸出口连接片。当自动装置出现误动作或拒动作时，运行值班人员应停用自动装置跳闸出口连接片。当自动装置出现内部故障，运行值班人员不得擅自处理，应汇报调度，通知检修单位来站处理。

(3) 自动装置发出异常信号后，运行值班人员应对自动装置的电源熔断器和端子进行检查，发现有电源熔断器熔断或端子松脱不牢、接触不良现象时，应立即汇报调度，通知检修单位来站处理。

三、事故举例

1. 事故概况

2003年9月9日20：43，拉萨电网羊湖电站至西郊变电站220kV输电线路（简称羊西线）因雷击跳闸，造成拉萨地区大面积停电的重大电网事故。10kV馈线，低频低压减载装置动作切除20条10kV馈线，共切除负荷39MW，但全网有17条馈线低频低压减载装置达到起动定值但拒动（负荷13.7MW）。由于拉萨地区电网仍存在14MW的功率缺额，功率缺额达36.84%，引起电网频率、电压急剧下降，造成羊八井地热电厂、纳金电厂、平措电厂相继解列，拉萨电网全网停电。

事故发生后，调度部门按照事故处理预案进行事故处理和电网恢复。至21：30，电网恢复正常运行方式，拉萨电网所有用户全部恢复供电。

2. 事故原因分析

(1) 羊湖至拉萨220kV双回输电线路遭雷击发生单相接地故障是造成此次事故的直接原因。

(2) 拉萨—墨竹工卡—泽当的110kV拉泽环网线路于2003年8月20日开始试运行，继电保护定值处于调试阶段。区调在9月3日进行定值检验时发现墨竹工卡变电站墨城线042断路器过流Ⅱ段保护定值偏小，曾下令施工单位退出该保护并修改定值，但未得到及时执行，致使羊西双回220kV线路雷击跳闸后，传输功率转移至拉泽环网线路时，该保护误动跳闸，造成拉萨电网解列，出现大功率缺额，最终导致电网全停。因此，墨竹工卡变电站墨城线042断路器误动是造成此次事故扩大的主要原因。

(3) 电网安全自动装置不完善和低周减载装置在电网事故情况下未能发挥应有作用，电网缺乏快速切除负荷手段，低周减载装置负荷切除量不够，引起电网频率、电压崩溃，是造成此次事故扩大的重要原因。

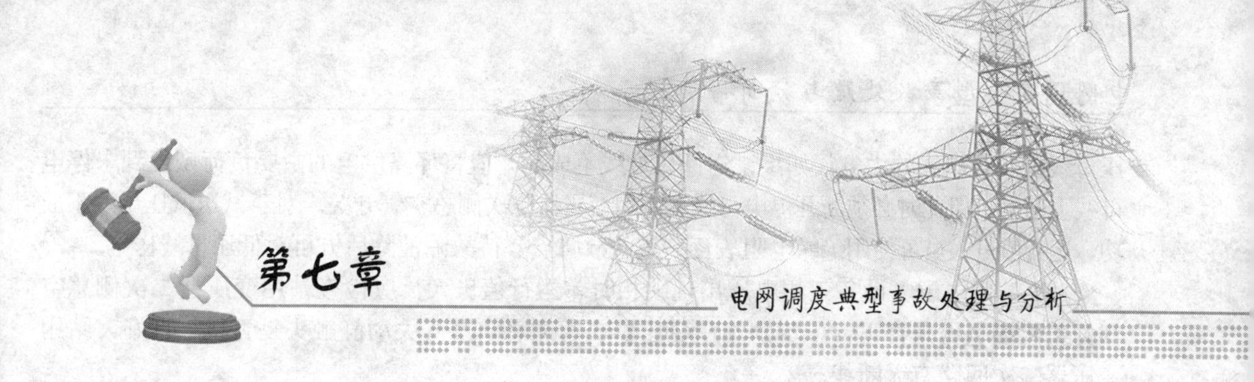

变电站、电厂交—直流系统异常及故障分析处理

第一节 站用交直流系统概述

一、站用交流系统

站用交流系统一般主要有380V系统和220V系统。380V主要是供充电机向蓄电池组充电，如果在变电站中有检修用动力电源，也可以从这个母线上取电；也可向站用空调、消防、监控供电。220V的三相系统主要是向主变压器的冷却风扇电动机供电，同时也向照明负荷供电。如果变电站有自动装置需要特种电源，也可以接于这个母线进行电能变换。

二、站用直流系统

发电厂和变电站内的直流系统由蓄电池、充电装置及其监控设备组成，作为向控制、信号、继电保护、自动装置、事故照明、直流油泵和交流不停电电源等负荷供电的可靠电源。

蓄电池是直流系统的核心设备，它在短时间内（一般是几秒钟）能承受突增的冲击电流，这一特性恰好适合高压断路器分、合闸的需要。采用电磁式操动机构的高压断路器，在合闸过程中（约1s）约需要100A的脉冲电流。同时，蓄电池可不依赖交流电源而自成系统，提高了操作电源的可靠性。当发生全厂（站）事故停电时，交流电源消失，在紧急的情况下，操作电源仍能独立的运行。蓄电池是一个独立可靠的直流电源，当交流电源消失后，仍能在一定时间（一般2h）内可靠供电。这段时间一般能满足发电厂、变电站设备操作的需要。装设蓄电池的缺点是：需要配置专用蓄电池室及通风、调酸设施，配置充电设备，从而使整套设备价格昂贵，而且运行维护比较繁杂。

第二节 交流系统故障分析与处理

一、站用电设备事故及异常处理要求

站用电设备事故及异常处理要求如下：

(1) 站用变压器二次侧总空气开关故障跳闸后，运行值班人员应立即到站用电室对低压配电设备进行检查，检查跳闸站用变压器二次侧总空气开关，检查停电低压母线有无明显故障点，拉开停电低压母线上连接的所有出线刀开关，合上低压母线分段刀开关恢复对停电低

压母线及所有出线的供电，如果试送低压母线不成功，应将环路供电的主要负荷恢复到未停电母线上供电，但此时必须断开停电母线至站用变压器二次侧总空气开关。对于试送低压母线不成功，运行值班人员可使用绝缘电阻表逐一查找故障点，待故障消除后方可对低压母线送电。

(2) 站用电配电设备三相电压出现缺相时，运行值班人员应检查站用变压器二次侧总空气开关两端电压是否正常，鉴别站用变压器二次侧总空气开关动静触头是否接触良好，站用变压器二次回路有无断线。

(3) 低压母线上连接的所有出线送电后出现异常，应检查出线刀开关是否接触良好，回路是否出现断线，熔断器是否熔断。

(4) 如果站用变压器二次侧总空气开关跳闸后合不上闸，运行值班人员应检查机械部分是否良好，过流脱扣是否动作，如果是总空气开关本身原因导致低压母线无电，运行值班人员可拉开站用变压器二次侧总空气开关，拉开站用变压器二次侧总刀开关后，合上低压母线分段刀开关恢复对停电低压母线及所有出线的供电。

以下以某变电站（见图 7 - 1）为例，介绍主控室电源回路无电、站用变压器二次侧低压总开关跳闸及站用电全停等处理。

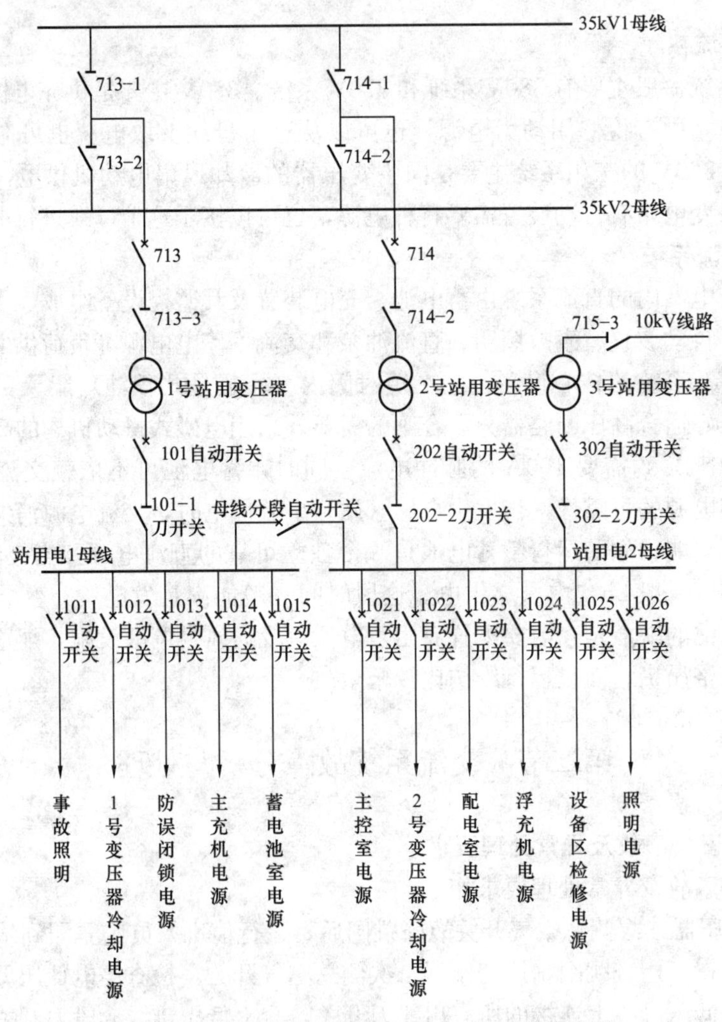

图 7 - 1　某变电站站用电一次、二次系统接线图

二、主控室电源回路无电处理

1. 象征

主控室照明灯全灭，电源插座无电。

2. 原因

主控室电源回路发生相间短路故障，站用电主控室电源自动开关跳闸，造成主控室电源回路无电。

3. 处理步骤

(1) 检查主控室所有照明灯是否全灭、主控室所有电源插座是否无电。

(2) 若是，则断开主控室所有照明灯电源开关，初步判断为站用电室主控室电源故障。

(3) 做好记录，向当值调度值班人员汇报异常情况，并做以下检查与处理：

1) 检查站用电母线电压表指示是否正常、检查主控室电源自动开关是否已拉开；

2) 合上主控室电源自动开关；

3) 检查主控室电源自动开关是否再次断开；

4) 若是，则在主控室电源自动开关负荷侧装设接地线；

5) 查找主控室电源回路是否发现有主控室墙面电源插座相间短路现象，若有，则对主控室墙面电源插座相间短路进行处理；

6) 拆除主控室电源自动开关负荷侧接地线；

7) 合上主控室电源自动开关、所有照明灯电源开关；

8) 检查主控室所有照明灯是否全亮；

9) 检查主控室所有电源插座是否有电。

(4) 运行值班人员向当值调度值班人员汇报异常处理情况，填写相关运行记录。

三、站用变压器二次侧低压总开关跳闸处理

1. 象征

站用变压器电流表指示为零，站用电母线电压表指示为零，站用电母线上变压器冷却装置电源指示灯灭，站用电母线上主控室电源指示灯灭，站用电母线上配电室电源指示灯灭，站用电母线上浮充机电源指示灯灭，站用电母线上设备区检修电源指示灯灭。站用电母线上通信电源指示灯灭。主控室照明灯全灭，电源插座无电。站用变压器自动开关跳闸。

2. 原因

站用电母线发生相间短路故障，站用变压器自动开关跳闸。

3. 处理步骤

(1) 依次检查以下项目：

1) 检查主控室照明灯是否全灭，电源插座是否无电；

2) 检查浮充机是否无电；

3) 检查站用变压器电流表、站用电母线电压表指示是否为零；

4) 检查站用电母线上变压器冷却装置电源指示灯、主控室电源指示灯、配电室电源指示灯是否灭；

5) 检查站用电母线上浮充机电源指示灯、设备区检修电源指示灯、照明电源指示灯是否灭；

6) 检查站用变压器自动开关跳闸；

7）检查并确认站用变压器自动开关、刀开关没有发现异常；

8）检查站用电母线是否发现异常造成相间短路故障，若有则需要将母线停电处理。

（2）做好记录，向当值调度值班人员汇报故障发生的经过和象征。

（3）依次拉开相应的开关。

1）拉开主控室电源自动开关；

2）拉开变压器冷却装置电源自动开关、配电室电源自动开关；

3）拉开浮充机电源、设备区检修电源、照明电源自动开关；

4）拉开变压器刀开关、站用电母线分段自动开关。

（4）在站用电母线分段自动开关母线侧装设接地线。

（5）在站用变压器刀开关与自动开关间装设接地线。

（6）对站用电母线相间短路进行处理。

（7）工作结束后，拆除站用电母线分段自动开关母线侧接地线，拆除站用变压器刀开关与自动开关间接地线。

（8）检查并确认站用电母线无接地短路线，并合上站用变压器自动开关、站用变压器刀开关。

（9）检查站用电母线电压表指示是否正常，若正常，则依次合上以下开关：

1）合上主控室电源自动开关；

2）合上配电室电源自动开关；

3）合上浮充机电源自动开关；

4）合上设备区检修电源自动开关；

5）合上照明电源自动开关。

（10）依次检查以下项目：

1）检查站用变压器电流表指示是否正常；

2）检查主控室所有照明灯是否全亮；

3）检查主控室所有电源插座是否有电；

4）检查浮充机是否有电。

（11）运行值班人员将故障处理经过向当值调度值班人员汇报，并填写相关运行记录。

四、站用电全停处理

1. 象征

警铃响，喇叭叫，全站照明无电，变压器控制屏上“冷控全停”，“冷控电源故障”，“温度高”光字牌亮，变压器上层油温缓慢上升，晶闸管整流器装置跳闸。站用变压器电流表无指示。站用电母线电压表指示为零。

2. 原因

母线无电，造成站用变压器无电，站用电全停。

3. 处理步骤

（1）复归音响信号。

（2）依次检查并记录以下项目：

1）检查变压器控制屏上“冷控全停”、“冷控电源故障”、“温度高”光字牌是否亮；

2）检查变压器冷却装置、变电站照明是否全停；

3）检查晶闸管整流器装置是否跳闸；

4）检查站用变压器电流表、站用母线电压表指示是否为零；

5）运行值班负责人安排专人记录时间并严密监视变压器温度、直流母线电压指示情况，并做好记录，向当值调度值班人员汇报事故发生的经过和象征。

（3）依次拉开相应开关：

1）拉开站用变压器自动开关、变压器刀开关、变压器断路器；

2）拉开事故照明刀开关、变压器冷却装置电源自动开关、防误闭锁电源自动开关；

3）拉开主充机电源自动开关、蓄电池室电源自动开关；

4）拉开主控室电源自动开关、配电室电源自动开关、浮充机电源自动开关；

5）拉开设备区检修电源自动开关、照明电源自动开关。

（4）依次检查以下项目：

1）检查站用电母线电压表指示是否正常，若正常则合上站用电母线分段自动开关；

2）检查站用电母线电压表指示是否正常，若正常则合上变压器冷却装置电源自动开关并检查变压器冷却装置运行是否正常；

3）检查变压器控制屏上“冷控全停”、“冷控电源故障”、“温度高”光字牌是否灭。

（5）依次合上相应开关：

1）合上晶闸管整流器装置开关、事故照明自动开关；

2）合上防误闭锁电源自动开关；

3）合上蓄电池室电源自动开关；

4）合上主控室电源自动开关；

5）合上配电室电源自动开关、浮充机电源自动开关；

6）合上设备区检修电源自动开关、照明电源自动开关。

（6）运行值班人员将故障处理经过向当值调度值班人员汇报，通知检修单位对母线无电进行处理，填写相关运行记录。

第三节　直流系统接地故障分析与处理

一、二次回路的运行检查和故障处理

二次回路关系变电站的监测、控制质量，其正常运行关系着一次设备的运行状况。

1. 二次回路的运行检查

（1）正常巡视检查。

1）检查直流系统的绝缘是否良好，各装置的工作电源是否正常；

2）检查各断路器控制开关手柄位置与开关位置及灯光信号是否相对应；

3）检查事故信号，预告信号的音响及光字牌显示是否正常；

4）各保护及自动装置连片的投退与调度命令是否相符，各熔丝、刀开关、转换电器的工作状态是否与实际相符，有无异常响声；

5）检查表计指示是否正常，有无过负荷；

6）检查信号继电器掉牌是否在恢复位置。

（2）特殊巡视及检查。

1）高温季节应加强巡视；

2）当断路器事故跳闸后，应对保护及自动装置进行重点巡视检查，并详细记录各保护及自动装置的动作情况；

3）高峰负荷以及恶劣天气应加强对二次设备的巡视；

4）对某些二次设备进行定点，定期巡视检查。

2. 二次回路的典型故障处理

（1）断路器红灯、绿灯不亮原因。

1）灯泡灯丝断；

2）控制熔丝熔断，松动或接触不良；

3）灯光监视回路（包括灯座、附加电阻、断路器辅助触点）接触不良或断线；

4）控制开关触点接触不良；

5）防跳继电器电流绕组烧断；

6）跳闸或合闸绕组接触不良或断线；

7）断路器跳、合闸回路的闭锁触点黏连；

8）其他二次回路断线。

注：查找二次回路故障一定要由二人进行检查处理。

（2）断路器不能合闸原因。

1）合闸熔丝烧断或松动；

2）合闸电源电压过低；

3）控制把手有关触点接触不良；

4）合闸时设备或线路故障，保护发出跳闸脉冲；

5）断路器机械故障。

（3）断路器不能跳闸。

断路器不能跳闸时应采取措施将断路器退出运行，即将此断路器以旁路断路器代替，若无旁路可通知用户准备停电，断路器退出运行以后，若能手动分闸，则属电气回路故障，有可能是KK把手触点、断路器辅助触点接触不良及二次回路断线所致。

（4）断路器跳闸后，喇叭不响。

当断路器事故跳闸后，喇叭不响时，首先按事故信号试验按钮，喇叭仍响，则说明事故信号装置故障，这时，应检查冲击继电器及喇叭是否断线或接触不良，电源熔丝是否烧断或接触不良，若按试验按钮喇叭响时，则应检查KK把手和断路器的不对应起动回路，包括断路器辅助触点（或位置继电器触点）、KK把手接点及辅助电阻等。

二、查找二次系统的直流接地的方法及注意事项

根据运行方式、操作情况、气候影响进行判断可能接地的处所，采取拉路分段寻找处理的方法，以先信号和照明部分后操作部分，先室外部分后室内部分为原则。在切断各专用直流回路时，切断时间应尽量短，不论回路接地与否均应合上。当发现某一专用直流回路有接地时，应及时找出接地点，尽快消除。需要注意以下几点：

（1）当直流发生接地时禁止在二次回路上工作；

（2）处理时不得造成直流短路和另一点接地；

（3）拉合直流电源前应采取必要措施防止直流失电可能引起保护、自动装置异常。

三、对直流系统接地故障的分析处理原则

直流系统的用电负荷极为重要，供给继电保护、控制、信号、计算机监控、事故照明、交流不间断电源等，对供电的可靠性要求很高。直流系统的可靠性是保障变电站安全运行的决定条件之一。

1. 直流系统故障接地的分析

直流系统分布范围广、外露部分多、电缆多且较长。所以，很容易受尘土、潮气的腐蚀，使某些绝缘薄弱元件绝缘降低，甚至绝缘破坏造成直流接地。分析直流接地的原因有如下 3 个方面：

(1) 二次回路绝缘材料不合格、绝缘性能低，或年久失修、严重老化，或存在某些损伤缺陷，如磨伤、砸伤、压伤、扭伤或过流引起的烧伤等。

(2) 二次回路及设备严重污秽和受潮、接地盒进水，使直流对地绝缘严重下降。

(3) 小动物爬入或小金属零件掉落在元件上造成直流接地故障，如老鼠、蜈蚣等小动物爬入带电回路；某些元件有线头、未使用的螺丝、垫圈等零件，掉落在带电回路上。

2. 直流系统接地故障的危害

直流接地故障中，危害较大的是两点接地，可能造成严重后果。直流系统发生两点接地故障，便可能构成接地短路，造成继电保护、信号、自动装置误动或拒动，或造成直流熔丝熔断，使保护及自动装置、控制回路失去电源。在复杂的保护回路中同极两点接地，还可能将某些继电器短接，不能动作于跳闸、致使越级跳闸。

(1) 直流正极接地，有使保护及自动装置误动的可能。因为一般跳合闸绕组、继电器绕组正常与负极电源接通，若这些回路再发生一点接地，就可能引起误动作。

(2) 直流负极接地，有使保护自动装置拒绝动作的可能。因为，跳闸、合闸绕组、保护继电器会在这些回路再有一点接地时，绕组被接地点短接而不能动作。同时，直流回路短路电流会使电源熔丝熔断，并且可能烧坏继电器接点，熔丝熔断会失去保护及操作电源。

直流系统接地故障，不仅对设备不利，而且对整个电力系统的安全构成威胁。因此，规程上规定直流接地达到下述情况时，应停止直流网络上的一切工作，并进行选择查找接地点，防止造成两点接地：一是直流电源为 220V 者，接地在 50V 以上；二是直流电源为 24V 者，接地在 6V 以上。

3. 查找接地故障的原则和方法

(1) 处理原则。根据运行方式、操作情况、气候影响来判断可能接地的地点，以先信号、照明部分，后操作部分，先室外后室内，先负荷后电源为原则，采取拉路寻找、分路处理的方法。在切断各专用直流回路时，切断时间不得超过 3s，不论回路接地与否均应合上。如果设备不允许短时停电（失去电源后会引起保护误动作），则应将直流系统解列后，再寻找接地点。

(2) 处理方法。传统方法是：当“直流系统接地”光字牌亮时，工作人员应先切换直流负荷屏上的接地电压表，判明直流接地的极性。若将该表转换开关切至“正”，电压表指示值为 220V 或接近 220V，则说明“负”极接地；反之，则“正”极接地。接地极性明确后，可进行以下处理：检查绝缘水平低（如水轮机层的各直流设备）、存在设备缺陷及有检修工作的电气设备和线路是否有接地情况；询问载波室是否有直流系统故障；依次切断直流负荷屏上各负荷开关；检查蓄电池、晶闸管整流装置及充电机回路是否有接地现象等。在切断上述每一直流回路后，应迅速恢复送电。在切断每一回路过程中，工作人员应根据仪表和信号装置的指示，判断是否有接地。如果切断时接地消失，恢复送电后接地又出现，则可肯定接地发生在该回路上，应及时查找接地点设法消除。

上述方法虽然简单易行，但也有其缺点：因直流负荷屏上的负荷开关控制的既有室内部分又有室外部分，工作人员在水轮机层或发电机层查找接地点时、需用电话联系中控室人员了解光字牌信号变化情况，大大延长了处理时间。如果是直流屏内部或蓄电池发生接地，用此法很难检测到接地故障。

4. 直流系统接地故障的处理

查找直流接地故障的一般顺序和方法，具体内容如下所述。

(1) 分清接地故障的极性，分析故障发生的原因。

(2) 若站内二次回路有工作，或有设备检修试验，应立即停止。拉开其工作电源，看信号是否消除。

(3) 用分网法缩小查找范围，将直流系统分成几个不相联系的部分。

注意：不能使保护失去电源，操作电源尽量用蓄电池带。

(4) 对于不太重要的直流负荷及不能转移的分路，利用“瞬时停电”的方法，查该分路中所带回路有无接地故障。

(5) 对于重要的直流负荷，用转移负荷法，查该分路所带回路中有无接地故障。查找直流系统接地故障后随时与调度联系，并由两人及以上配合进行，其中一人操作，一人监护并监视表计指示及信号的变化。利用瞬时停电的方法选择直流接地时，应按照下列顺序进行：

1) 断开现场临时工作电源；

2) 断合事故照明回路；

3) 断合通信电源；

4) 断合附属设备；

5) 断合充电回路；

6) 断合合闸回路；

7) 断合信号回路；

8) 断合操作回路；

9) 断合蓄电池回路。

在进行上述各项检查选择后仍未查出故障点，则应考虑同极性两点接地。当发现接地在某一回路后，有环路的应先解环，再进一步采用取保险及拆端子的办法，直至找到故障点并消除。

5. 查找接地故障时的注意事项

(1) 在运行班长及技术人员监护下，查找接地回路及故障。但在查找前必须向调度汇报，并不得打开继电器和保护机箱。

(2) 尽量避免在高峰负荷时进行，并防止人为造成短路或另一点接地，导致误跳闸。

(3) 使用仪表检查时，表计内阻应不低于 2000Ω/V，禁止使用灯泡查找直流接地故障。

(4) 查找故障，必须由两人及以上进行，防止人身触电，做好安全监护。

(5) 为了防止误判断，观察接地故障是否消失，应从信号、光字牌和绝缘监察表计指示的情况，综合判断。

(6) 检查有关二次设备状况，特别注意户外端子箱（盒）、操动机构箱、端子箱等关闭是否完好，有无漏水现象，各种防雨板等是否完整盖好，端子排有无受潮、短路、接地、烧坏。

(7) 检查蓄电池室、直流配电室等设备状况，蓄电池有无受潮和溶液溢出等现象。

(8) 防止保护误动作，在瞬时断开操作（保护）电源前，应解除可能误动的保护。待操作（保护）电源恢复后再加用或恢复停用保护。

(9) 利用直流绝缘检测装置检测正、负对地电压，判断接地情况。

(10) 采用瞬时断开操作、信号、位置等电源熔断器（或瞬时断开直流电源小开关）时，应经调度同意，且断开电源的时间一般不超过 3s。无论回路中有无故障、接地信号是否消除，均应及时投入。

(11) 按符合实际的图纸进行，防止拆错端子线头，防止恢复接线时遗漏或接错，所拆线头应作好记录和标记。

(12) 对于没有安装直流绝缘检测装置的回路或无法使用专用测试仪器的直流回路，可采用常规的暂断电源法或暂代电源法对部分回路进行故障查找。

四、直流系统发生一点接地的事故处理

(1) 直流系统发生一点接地后，主控室警铃响，打出“直流绝缘降低”光字牌，值班员应迅速到交直流配电室用微机直流绝缘监测仪，查出接地馈路，并根据监测结果，寻找接地点并排出，严防造成两点接地。

(2) 直流系统发生接地后，立即停止二次回路上的工作，并检查工作地点有无接地现象。

(3) 蓄电池的事故处理：

1) 当发现有如下异常情况时，应查找原因并更换故障的蓄电池：①电压异常。②物理性损伤（如盖、壳有裂纹或变形）。③电解液泄漏。④温度异常。

2) 蓄电池熔丝熔断后，应拉开蓄电池刀开关，迅速更换熔丝，将浮充电改为均衡充电，保持母线电压满足 229～242V。

五、用暂断电源法查找直流接地的方法及注意事项

暂断电源法是在直流配电屏上依次、逐回、短时断开各直流回路的电源（取下熔断器或断开分回路直流小开关），并观察直流接地信号是否消失。如果暂时断开某一回路时，直流接地信号消失，说明接地故障可能就在该回路上。

(1) 依次断开正、负直流电源熔断器（或断开小开关）时，先断正极，后断负极，合上时相反。

(2) 在断开负荷回路时，应先断开负荷性质比较次要的、接地可能性比较大的回路，如未查出故障回路，再去断开负荷性质比较重要的回路。

(3) 断开直流配电屏上带有较大负载的直流回路熔断器前，应先断开负载本身的电源开关，恢复时顺序相反。同时，为防止在断接操作过程中产生的电弧，使保护装置产生干扰，造成保护误动作，不可使用螺丝起子在端子排上拆开或接上带有负载的直流回路。

(4) 当断开某一熔断器（小开关）后直流接地消失，即可判明接地是发生在该熔断器所供的二次回路中，如接地未消失则应立即合上该熔断器（小开关）。

(5) 当断开某些直流回路时，有时会使某些继电器其他回路被切断，使接地信号消失，因此接地故障不一定在断开熔断器（断开小开关）回路，也可能是在被切断的继电器回路上。

(6) 当采用前述试查的方式直流接地现象仍不消失时，在采取安全措施以后，可在主电源上进行查找，必要时可倒换直流母线，并注意下面情况：

1) 接地发生在蓄电池、充电设备上；

2) 同一极不止一点接地；

3) 直流系统因受潮多处于绝缘下降。

六、用暂代电源法查找直流接地的方法及注意事项

暂代电源法是在变电站有两个或多个直流电源的条件下，将发生接地的系统各个回路逐回短时切换到另一电压相同的正常直流系统去（用另一电源逐回暂代），观察接地现象是否随着转移，以判断该回路是否接地。

(1) 如图 7-2 所示，变电站有电压相同的两个直流电源 A 和 B，若 A 系统发生接地时，查找接地回路步骤如下：

1) 对 B 系统接临时连接线 X1、X2，按极性相同原则将 X1 和 X2 分别接至 A 系统被检查的回路 1 电源熔断器负荷侧的适当端子上（开关 S 暂不合上）。

2) 检查开关 S 每极的 A、B 两侧电源极性相同，电压基本平衡。

3) 合上开关 S，使 A、B 两系统并列，这时 B 系统将出现接地信号。

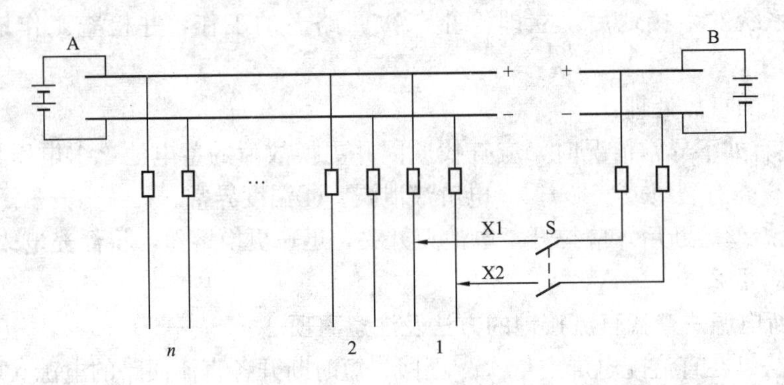

图 7-2　用暂代电流法查找直流接地回路

4) 取下 A 系统回路 1 的电源熔断器（或断开小开关），回路 1 的负载由 B 系统电源暂代供电。

5) 这时如果 B 系统接地信号不消失，而 A 系统接地信号消失，说明接地点就在回路 1；如果 B 系统接地信号消失，A 系统接地信号不消失，说明接地点不在回路 1 上。如果 A 系统和 B 系统接地信号都不消失，说明接地点不止一处（多回路接地），其中回路 1 有接地，除此之外 A 系统还有其他接地点。

6) 重新装上 A 系统回路 1 电源熔断器，然后断开开关 S。

7) 拆下回路 1 临时连接线 X1 和 X2，对回路 1 的选线检查至此结束。若判断 A 系统其余部分还有接地，应重复以上 1)～7) 同样步骤，并对 A 系统其他回路逐回进行检查。

(2) 采用暂代电源法查找直流接地故障时需注意以下 3 点：

1) 相互之间的两个电源极性必须正确；

2）严格遵守正确操作步骤，并特别注意在暂代电源已接通后，才能断开被查回路的熔断器（电源），检查完后要先装好熔断器，然后才能断开开关 S，否则会使被查回路断电；

3）检查工作必须认真细致，避免差错，整个暂代检查工作应在运行班长或有经验的技术人员的指导和监护下进行。

暂代电源法的优点是在定线检查过程中能保持被检查回路的电源不中断，不会在电源断开和重新接通的瞬间使保护误动作，特别是它能查出多回路同时接地的每一接地回路。其缺点是操作步骤繁琐，需要变电站有多个直流电源，并只能用于选择相互独立的直流回路，当回路之间有交叉混错时不能用该方法。

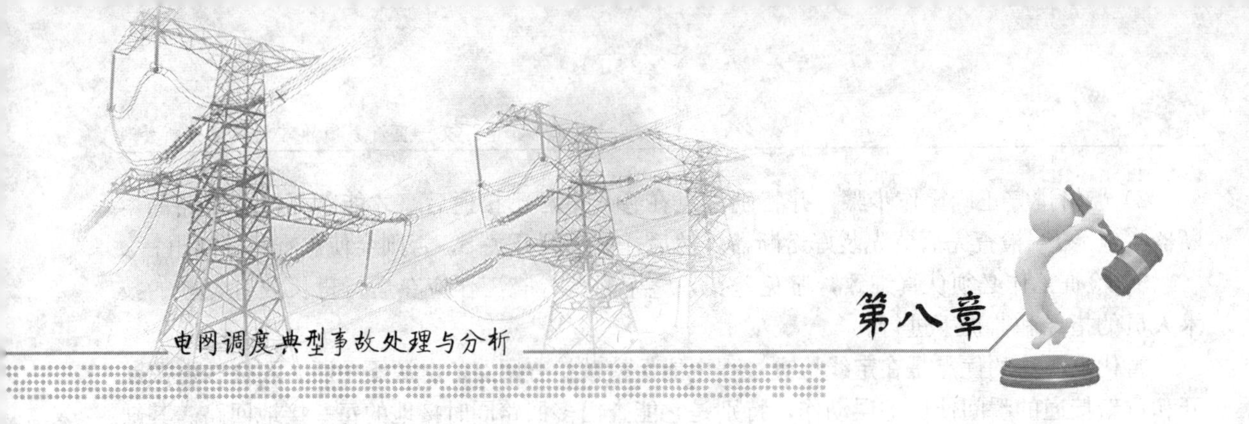

梯级水电站调度运行及事故分析处理

梯级水电站就是指分布在一条河流的上下游有水流联系的水电站群。梯级中的各级水电站可以是坝式水电站、引水式水电站或混合式水电站，若单独开发，各类水电站有各自的优缺点，而组成梯级水电站后，则可取长补短，获得梯级综合效益。由于梯级水电站之间有着密切的水流联系，则采用梯级水电站联合调度运行有以下几个主要优点：

(1) 上游水电站水库调节径流可增大下游所有梯级水电站的保证出力和年发电量。

(2) 上下游水库联合调度，可协调发电和其他用水要求的矛盾。

(3) 上游水电站水库削减洪峰、蓄存洪量，可提高下游各级水电站防洪标准，减小泄洪设施规模。

(4) 上游电站水库有时可为下游电站缩短初期蓄水时间。

黄河上游梯级水电站群和汉江流域（陕西境内）梯级水电站群是两种较为典型的梯级水电站群。西北网调通过多年来对这两个梯级水电站群的联合调度运行及事故处理，积累了一套典型经验，下面浅析一下西北网内这两个典型梯级水电站群调度运行及事故处理的一些原则。

第一节　黄河上游梯级水电群调度运行及事故处理

黄河上游来水先后流经青海、甘肃、宁夏三省区，水量大而稳定，淹没损失小，工程地质条件优越，河段全长为918km，集中落差约为1324m。高河段水利资源丰富，开发条件好，经济指标优越，是我国水电资源中的“富矿”，被列入国家重点开发的水电基地之一。截止2009年底，西北电网水电总装机容量为1905万千瓦，其中黄河上游已经建成投运的大型水电站总装机容量为1055万千瓦。

黄河上游梯级水电站中的龙羊峡、拉西瓦、李家峡、公伯峡、刘家峡等水电站承担着西北电网主要的调峰、调频和事故备用等保电网安全、稳定、经济运行的任务，也承担着下游防洪、供水、灌溉、防凌等综合用水任务。其中综合用水要求之高，任务之重，在全国梯级水电站中罕见。多年来、西北电网调度部门通过对龙羊峡、拉西瓦、李家峡、公伯峡、刘家峡水电站开展水库的优化调度，使水库水能利用率进一步提高，最大限度地保证了梯级其他水库的正常经济运行，满足了下游的综合用水；在保证电网安全、稳定、经济运行和发电企业取得最大发电效益的同时，有力促进了西北地区乃至沿黄其他省（区）社会经济的全面快速发展。

一、防洪期调度运行及事故处理原则

1. 防洪期调度运行原则

黄河上游流域面积广大，植被水平不均，流域洪水主要由较大尺度天气系统、长历时、大面积连续降雨所形成。黄河上游洪水的特性为：涨落缓慢，历时较长，一次洪水过程平均40天左右；洪水大都为单峰型，峰量关系较好。黄河上游洪水多出现在7月和9月。洪水出现在9月的占40%，出现在7月的占30%。

龙羊峡水库建成后，黄河上游梯级水库防洪调度就形成了龙羊峡和刘家峡两大水库联合调度格局。梯级联合调度要实现的防洪目标和任务：

(1) 确保龙羊峡、刘家峡水库大坝自身安全。

(2) 保证兰州市以及李家峡、公伯峡、盐锅峡、八盘峡、大峡、小峡、沙坡头、青铜峡水电站等防护对象在各自防洪标准下的度汛安全。

(3) 满足河段内在建水电工程及其他设施的度汛要求。这就是黄河上游梯级水库防洪调度的特点。

龙羊峡、刘家峡梯级水库承担着黄河上游其他梯级电站、沿黄两岸以及兰州市的防洪任务，在有关地方政府、防汛部门的领导下，完成了1981年和1989年特大洪水的防洪任务。1981年9月黄河上游发生了百年一遇的洪水，青海贵德水文站洪峰流量达到5430m^3/s，兰州洪峰流量7000m^3/s，超过了兰州河道安全泄量6500m^3/s。由于当时龙羊峡属在建工程，龙羊峡围堰存储了9.75亿立方米的洪水，加之刘家峡水库的调洪作用，使得青海贵德和兰州的洪峰流量分别降到4900m^3/s和5600m^3/s，分别削峰530m^3/s和1400m^3/s，并使兰州洪峰出现时间推后5～6天，有效地保证了黄河上游安全度汛，也保证了青、甘、宁、蒙两岸和兰州、银川等重要城市人民生命财产以及包兰铁路的畅通，避免了洪水造成的重大损失。

随着梯级龙头电站龙羊峡水库全部建成投运，梯级水库的调节能力不断增强，通过水库的调节，可将其可能的最大洪水10 500m^3/s削减到6000m^3/s，削峰4500m^3/s，两千年一遇的洪水可削减1540m^3/s，从而大大提高龙羊峡以下的梯级水库和兰州市的防洪标准。由于龙羊峡与刘家峡的联合调节，可调控梯级水电站的泄流，使梯级在建工程达到小流量或零流量截流，不仅节省了投资，而且大大缩短了工程工期，保证了在建工程的安全施工，加快了黄河上游水电站的建设步伐。西电东送标志性工程公伯峡水电站在截流实施前后，西北电网调度部门充分发挥上游水库联合调度的巨大作用，全程控制截流流量，工程实现零截流，这在国内尚属首次。零截流节约了投资，降低了工程造价，同时也大大提高了截流的安全系数，使工程实现了无风险截流。

2. 防洪期事故处理原则

(1) 洮河、大夏河突来洪水，刘家峡水位即将达到汛限水位1727m。

当洮河、大夏河突来洪水，刘家峡水位即将达到汛限水位1727m时，应采取如下措施：

1) 根据《水调处工作联系及汇报请示制度》及时将龙、刘区间来水预测以及上游龙羊峡、刘家峡水库运行情况向有关领导汇报。

2) 会同有关单位及时做好提高刘家峡水库水位的有关论证工作，并积极向有关上级部门提出后期运行建议。

3) 在上级部门同意提高刘家峡运行水位后，网调应继续做好相应计划安排，努力解决好防洪与蓄水的矛盾，充分利用增蓄空间做好调度运行工作。

4）如上级不同意提高刘家峡控制水位，网调应立即会同黄河上中游水量调度办公室做好刘家峡闸门调度的一切准备工作，并及时开门泄水以保证防洪安全。

（2）当汛期龙、刘水位较高时，黄河干流河段决口后处置预案。

汛期龙、刘水位较高，而下游河堤出现决口，此时黄河梯级水库运用将面临严峻考验。在此情况下，黄河防汛主管部门可能会要求上游水库控制流量，以支援下游防洪抢险，但由于龙、刘两库调蓄能力有限，过度控制泄量将威胁大坝安全，此时应做好以下工作：

1）应根据《水调处工作联系及汇报请示制度》及时将有关情况上报公司防汛领导小组，国调中心，并做好刘家峡全停的电网方式安排。

2）积极做好水情分析工作，并针对防汛部门可能提出的要求，及早做好各种调度预案，并将有关结论包括可能产生的后果及时上报公司主管部门及领导。

3）在配合下游抢险渡口工作时，网调应及时掌握黄河干流段决口处的堵口进展情况，并在充分考虑流达时间的情况下，对刘家峡进行准确控制。

4）必要时利用下游各径流式水库尽量多蓄水，为下游堵口错峰，减少决口处流量。

5）若黄河干流决口发生在9月初，可紧急上报黄河防总要求解除防汛水位的限制，以缓解黄河梯级水库调度及西北电网运行面临的巨大压力。

（3）汛期龙、刘水位偏低，黄河干流河段决口后处置预案。

汛期黄河上游段干流出现决口，但此时龙、刘水位较低，并具备很好的调蓄能力，此时积极配合下游抢险工作是黄河梯级水库调度运行义不容辞的责任，具体应采取如下措施：

1）根据《水调处工作联系及汇报请示制度》及时将有关情况上报公司防汛领导小组，国调中心，并做好刘家峡全停的电网方式安排。

2）加大水情预报和水情分析力度，时刻关注黄河上游的天气状况。积极做好黄河上游以及龙羊峡、刘家峡区间出现较大洪水的应对预案。

3）利用水库的调蓄能力，做好龙羊峡、刘家峡的运用控制工作，积极为下游堵口工作创造有利条件。

4）在配合下游抢险渡口工作时，及时掌握黄河干流段决口处的堵口进展，并在充分考虑流达时间的情况下，对刘家峡进行准确控制。

5）必要时利用下游各径流式水库尽量多蓄水，为下游堵口错峰，减少决口处流量。

二、防凌期调度运行及事故处理原则

1. 黄河上游河段凌汛与河道水量调节

黄河上游的凌汛主要发生在宁夏石嘴山至内蒙河口镇区间。在这一河段由于河流由低纬度流向高纬度，气温上游暖下游寒，结冰封河溯源而上，而解冻开河时却自上游向下游，造成开河时上游段已解冻开河，大量冰块蜂拥而下，而下游段仍处于封河状态，水流不畅，水位高，从而产生凌汛。尤其是内蒙古河段地处流域最北端，冬季气温寒冷而漫长，最低气温达−35℃，加之河道比较平缓，流速较小，河面年年封河，是稳定封冻河段。黄河凌汛期包括流凌、封河、开河三个时期。在宁夏、内蒙古河段，一般11月下旬开始流凌，12月上、中旬，最迟1月上、中旬封河，2月下旬开始解冻，一般到3月中下旬全部开河，稳定封冻期40～100天，封河长度约700km，冰盖厚度70cm左右，槽蓄水量平均6亿m^3，最大约9亿m^3。

黄河凌情除受气温影响外，河道流量的变化对凌汛也有直接影响。在流凌封河期，如果流量较小，水温就相对较低，较容易结冻，形成小流量低冰盖封河，从而影响后期河道过流能力，容易出现冰上过水，发生层冰层水现象；但如果封河时流量太大，槽蓄量增加，也会形成冰塞灾害。在封冻期，一般要求流量平稳，流量太大就会形成层冰层水或几封几开的情况。在开河期，如果上游来水增加，流量增大，不仅会增加开河动力，出现“武开河”或“半文半武”开河，同时还会增大凌峰流量，增加凌汛威胁和出险几率。因此，通过调节不同时期河道流量，可以有效地缓解黄河上游凌情，降低凌汛威胁。

根据多年的研究和生产经验，在实际调度运行中总结出了凌汛期上游河道水量调节应遵循的原则：

(1) 封河前应适当加大河道水量，以推迟封河时间，避免小流量封河，从而增加冰下过流能力。同时应考虑宁夏、内蒙古灌溉用水，适当调节上游水库出库流量，保持河段流量平稳，避免“忽大忽小”。据分析，流凌封河期河道流量一般应控制在500～700m^3/s，时间为30～40天左右。

(2) 在封冻期应保持流量平稳。一般稳定封河期应保持流量平稳，使河道流量略小于或接近封河流量，并随河流的解冻情况逐步向开河期流量递减。流量过大，容易出现冰上过流或几封几开现象；流量太小又会造成冰盖坍塌。

(3) 在开河期严格控制刘家峡下泄水量，维持宁夏石嘴山至内蒙古巴彦高勒河段水位平稳或缓慢下降，使河道以“文开河”形式解冻。多年的分析证明，开河期应控制兰州断面流量在500m^3/s左右。具体时间原则上为宁夏石嘴山开河时间前5天左右开始控泄，内蒙古河段全线开通前8天左右结束限制。

2. 凌汛期黄河上游水库梯级调度原则及方式

黄河上游梯级开发的主要目的是发电，同时兼顾防洪、防凌、灌溉、供水。但在凌汛期，首先要满足防凌需要，其次才是发电、灌溉和供水需求。从上述凌汛期河道水量调节与凌情关系分析可以看出，为了满足凌汛期宁夏、内蒙古河段的防凌要求，刘家峡水库出库流量一般按照“前期适当加大，中间平稳排泄，后期逐步减小”的变化过程来调节，尤其是在开河期，刘家峡水库出库流量应严格按兰州断面过水流量500m^3/s左右控泄。

由于凌汛中期刘家峡水库出库流量受到限制，因此，为了保证水库运行安全，在封河之前合理预留刘家峡水库的防凌库容，以承接凌汛期上游多余来水。另外，在凌汛期，青海正值冬季用电高峰期，但青海电源结构中火电比重低，且地理受电能力也有一定限制，造成青海大负荷期缺乏必要的水电电源支撑及电压支撑，此时若要满足电力系统电力电量平衡及安全稳定的需求，就需要一定的龙羊峡出库流量，满足系统对龙羊峡、拉西瓦、李家峡、公伯峡等电站电力电量的需求。所以，腾空刘家峡水库部分库容所承接的多余来水不仅包括凌汛期龙羊峡与刘家峡区间多余来水，而且包括龙羊峡、拉西瓦、李家峡、公伯峡电站为满足电网安全运行和增加出力的发电水量。

为了满足上述调度要求，需要较准确地预测整个凌汛期西北电网的负荷，确定凌汛期龙羊峡水库的运行方式，预留合理的刘家峡防凌库容。考虑到龙羊峡水库位于最上游，库容大、调节能力高，而刘家峡水库库容小、调节能力低，且距下游宁夏、内蒙河段较近、调水快。因此，在龙羊峡、刘家峡水库联合调度时，按照先刘家峡水库后龙羊峡水库的原则，即当下游需水或需要增加梯级出力时，首先由刘家峡水库补水，加大刘家峡水库下泄流量，使刘家峡及以下水电站加大出力运行，而龙羊峡水库应少放水，龙羊峡、拉西瓦、李家峡、公伯峡电站少发电并担任调峰和备用任务；当刘家峡水库满足不了调节任务时，再由龙羊峡水库补水。这样既可使龙羊峡水库多蓄少补，尽可能发挥龙羊峡水库的多年调节作用，又能使刘家峡水库提早腾库，避免后期防凌库容不足。

从龙羊峡水库建成后，经过龙羊峡与刘家峡梯级水库的联合调度运用，配合各级政府防汛部门严密监视河道凌情发展变化，宁夏、内蒙古封冻河段未发生大的凌灾；遇有凌汛灾害的突发事件，调度部门配合防汛部门在第一时间采取应急预案，及时调节上游梯级水电站运行方式，减少控泄刘家峡水量，把凌灾损失减到最小。通过有效的调控刘家峡下泄流量，凌汛灾害频发的宁蒙河段防凌减灾能力明显提高。

3. 防凌期事故处理原则

(1) 防凌期刘家峡水库水位提前接近或达到水库正常蓄水位。

由于整个防凌期长达5个月，不可预见情况时有发生，如防凌库容预留偏少，防凌期间电网负荷、电量需求估计不足，防凌河段决口等情况发生时，都可能使刘家峡出库水量比计划减少或龙羊峡出库水量比计划增加。最不利情况就是刘家峡水库水位提前接近或达到水库正常蓄水位1735m，防凌后期刘家峡水库调节能力基本丧失，给电网安全稳定运行带来非常严重影响。

在此不利情况时，采取如下措施进行处置：

1) 认真分析不利情况产生的原因，并依据黄河防总调令要求的刘家峡出库流量，及时拟定电网及龙、刘水库运行方案，做好电网电力电量平衡工作，严格控制龙羊峡出库水量，确保刘家峡水库运行水位不超过水库正常蓄水位1735m。

2) 认真分析凌情，并及时了解后期气温等变化趋势，适当时机积极主动与黄河防总沟通、协调，争取适当放宽刘家峡水库出库流量的控制。

3) 分析安康水库运行情况，拟定安康水库临时应急方案，发挥其水电补偿调度作用。

4) 进一步挖掘火电及电网运行潜力，必要时拉闸限电。

(2) 封河期宁夏或内蒙古河段出现决口。

封河期防凌河段决口主要特点：冰凌洪水来势迅猛，天寒地冻，堵口困难，排除险情历时较长，距离控制性水库较远。

当防凌河段发生决口时，采取如下措施：

1) 积极建立与现场联系的渠道，了解现场的具体情况，及时将有关信息向上级领导汇报。

2) 根据现场实际情况，认真分析电网运行及黄河梯级水库运用要求，拟定配合方案，做好电力电量平衡。

3) 一般情况下，刘家峡至青铜峡河段日调节水库不宜率先参与调控水量，以免造成刘家峡至青铜峡梯级水库全局被动。

4) 在实际调度过程中，主要依据黄河防总调度指令执行，注意分析研究黄河防总调度指令对黄河上游梯级水库正常运用和电网运行安全可能造成的影响，发现问题，及时协调。

(3) 黄河宁蒙河段出现冰坝。

冰坝一般出现在开河期，上游河段冰坝多发生在三盛公至三湖河河段，开河进入了关键阶段。当防凌河段发生冰坝，采取如下措施：

1）及时了解现场的具体情况，并将有关信息向上级领导汇报。

2）由于冰坝的形成与处理需要在最短时间进行，地方政府及空军等相关部门将视凌情发展情况，适时对冰坝有条件实施飞机轰炸措施。根据现场实际需要，拟定配合方案并做好必要的运行准备。

3）由于开河期刘家峡出库流量在整个防凌期是最小的，调控的空间不大。如果现场需要配合，梯级日调节水库必要时可以参与适当调控。

第二节　汉江安康水电站调度运行及事故处理原则

汉江发源于秦岭南麓宁强县境内，自西向东穿行于秦岭山脉与大巴山系之间，于武汉市汇入长江，为长江第一大支流。安康水电站位于汉江干流上游的陕西省安康城以上 18km 的火石岩，流域面积 35 700km^2，多年平均流量 626m^3/s，多年平均水量 197.4 亿 m^3。水库设计正常蓄水位 330m，汛限水位 325m，正常死水位 305m，极限死水位 300m，305～300m 为系统事故备用库容，一般不得动用。汛期水库调节深度 20m，调节库容 11.14 亿 m^3，汛期调节系数仅为 9.7%。安康水库地处陕西秦岭以南，该地区汛期雨量较大，汛期从 5 月 1 日～11 月 15 日，主汛期为 7～9 月，期间水量丰沛，但安康水库调节性能较差，每年汛期水库存在一定量弃水。

安康水电站装机 4 台，单机容量 20 万 kW，满发时最大过机流量不大于 1200m^3/s。安康水电站是西北电网内骨干水电站，承担着西北电网主要的调峰、调频和事故备用等保电网安全、稳定、经济运行的任务，所以即使来水较大，也不可能按最大过机流量发电，所以在安康洪水期间，水库必然会有一定量弃水。因此，如何充分利用汛期水量资源，提高水能利用率，成为西北电网调度部门所必须研究和解决的课题。而合理降低运行水位，无疑是一种有效措施。但如果水位太低，又将影响电站的水头效益，并对后期水库蓄水不利，所以选取合理的汛期控制水位是提高安康水库运行效益的关键。

一、汛期安康水库调度运行原则

1. 安康水库汛期防洪安全目标

（1）确保安康水库大坝本身安全。

（2）确保上游襄渝铁路安全。

（3）尽力保证下游安康城区防洪安全。

（4）与汉江干流水库联合防汛，减轻湖北武汉长江段防洪压力。

2. 安康电站在调度运行方面的典型经验

（1）由于安康水库汛期水量丰沛，来水集中，因此汛期适当降低其控制水位将会取得很好的水电增发效益。

（2）安康水库汛期 7～11 月合理的水位控制目标分别为 305.00，310.00，320.00，320.00，330.00m。

（3）安康水电站按上述目标水位运行，其多年平均总电量将比按调度图运行增加 14%。

（4）对安康水库进行分段水位控制，其主汛期运行水位将相应降低，这将为安康水库洪水调度争取主动。

3. 安康水库调洪的具体操作原则

(1) 当入库流量大于 12 000m³/s 时，水库限制泄量为 12 000m³/s，库水位可抬升至 326m。

(2) 当入库流量大于 17 000m³/s 时，库水位超过 326m 时，水库限制泄量为 17 000m³/s，库水位可抬升至 328m。

(3) 当入库流量大于 20 年一遇洪峰流量 21 500m³/s，库水位超过 328m 时，启用全部的泄洪设备。

(4) 如遇到百年一遇的洪水，利用 330m 高程以上库容滞洪削峰。

二、安康、石泉两水库梯级联合防洪调度原则

汉江南岸的米仓山、大巴山多呈南北走向，形成了西南气流向本流域输送低层水汽的主要通道，由于形成暴雨的水汽如流通道和笼罩面积不同，常形成不同类型的暴雨洪水。根据分析，汉江上游地区组成可归纳为三种类型。

(1) 上游型。当水汽以嘉陵江谷道为主要通道，暴雨中心只在汉江南岸的喜神坝一带或秦岭南坡停滞和发展时，则形成上游型暴雨洪水。如 1976 年 8 月 25 日洪水，石泉洪峰流量为 7380m³/s，安康为 8130m³/s。

(2) 区间型。当水汽翻越大巴山，以任河为主要通道时，暴雨常出现在任何、岚河流域，形成石泉至安康区间暴雨洪水。石泉至安康区间面积为 17 634km²，占安康集水面积的 43%，但由于区间处于流域主要暴雨中心区，并具有很有利的汇流条件，即使石泉以上来水不大，仅区间也可以造成安康大洪水。例如，1960 年 9 月 6 日洪水，石泉最大洪峰 4370m³/s，安康为 18 500m³/s；1965 年 7 月 13 日洪水，石泉洪峰为 7880m³/s，安康为 20 400m³/s。

(3) 全流域型。当水汽来势很猛，如流通道除嘉陵江谷道外，还向东展宽，造成汉江自上而下普遍降雨，则形成全流域洪水。这类洪水一般雨区较广，若雨量较大，暴雨中心自西向东移动，上游与区间的洪水容易在安康遭遇，形成大洪水。例如，1973 年 10 月 7 日洪水，石泉洪峰为 7190m³/s，安康为 12 500m³/s。1983 年 7 月 31 日洪水，石泉洪峰为 14 000m³/s，安康为 31 000m³/s，均属于全流域型洪水。

鉴于汉江上游陡涨陡落的洪水特性，有必要进行安康、石泉两水库梯级联合防洪调度，有效发挥两水库的最大防洪效益。通过选用分别代表区间型、全流域型及上游型的典型洪水，进行了多种方案的比较和论证，选择了石泉对安康进行防洪补偿调节的梯级联合调度方案。该方案关键在于由石泉水库对安康水库进行错峰调度，为了避免一库防洪压力太大，另一库运用又不充分的局面，采用了控制两水库蓄洪量之比的方法使得安康、石泉两水库的防洪库容都控制在一个合适的水平上。当区间来水为主时，安康蓄洪量较多，石泉蓄洪量相对较少，石泉水库应减少下泄流量以减轻安康水库压力；当以上游来水为主，石泉蓄洪量较多，安康蓄洪量相对较少，石泉水库应加大下泄量；当为全流域型洪水时，也视石、安两水库蓄洪量情况，按蓄洪量之比确定石泉下泄流量以进行补偿调节。这样，通过控制石泉、安康两水库蓄洪量之比，把两水库有机地联系起来，由石泉水库对安康进行有效地补偿，从而达到两库联合运用的目的。

根据上述指导思想制订的石泉、安康梯级联合调度方案有着较为明显的防洪效益：

(1) 与单库调度相比，梯级联合调度安康各频率洪水最高水位有所降低，万年一遇降低 0.85m，千年一遇降低 0.37m，百年一遇降低 0.13m。遇区间大洪水时，石泉水库需与安康

进行错峰调度，百年以下洪水时石泉水库水位较单库调度有所抬高，但仍在安全水位以下。这样做是必要的，石泉以较少库容进行错峰，有效地减轻了洪水对安康的压力，取得了较大的总体效益。

(2) 梯级联合调度使得大洪水时，石泉、安康两库所需防洪库容有所减少。与单库调度相比，万年一遇节省库容 0.73 亿 m^3，千年一遇节省库容 0.33 亿 m^3，百年一遇增加防洪库容 0.19 亿 m^3。百年一遇以下洪水梯级联合调度比单库调度多占用了一些防洪库容，这是因为石泉水库为区间洪水错峰所致。

(3) 与单库调度相比，梯级联合调度使得安康水库最大泄量有所减少，万年一遇减少 $1420m^3/s$，千年一遇减少 $600m^3/s$，百年一遇减少 $200m^2/s$。

安康、石泉流域发生洪水，采取如下措施：

(1) 严格按照国调颁发的《水库调度工作规范》以及《水调处工作联系及汇报请示制度》有关要求，及时将有关情况通报公司防汛值班人员及上级主管部门。

(2) 所属流域发生中等或标准以下洪水时，在防洪调度规程的基础上，通过协调，适当利用石泉水库对安康水库进行防洪补偿调节；安康水库适当调蓄，减轻下游城防压力。

(3) 所属流域发生超标准洪水时，及时向公司和上一级调度部门汇报有关情况，并服从省防指及国家防总的统一指挥。

(4) 石泉对安康进行补偿调节关键在于石泉水库进行错峰调度，同时控制两水库蓄洪量之比在一个合适的水平上，避免一库防洪压力太大，另一库运用不充分的局面。

(5) 要求现场监测人员加强对大坝的监测，特别对坝基渗漏、坝基扬压力、溢洪道的巡视和检查，并将有关情况及时报告安康电厂防汛指挥中心、网调等部门。

(6) 网调应对现场有关情况进行不间断的跟踪了解，及时对洪水及大坝情况进行分析，并及时提出相应的处置意见供领导决策。

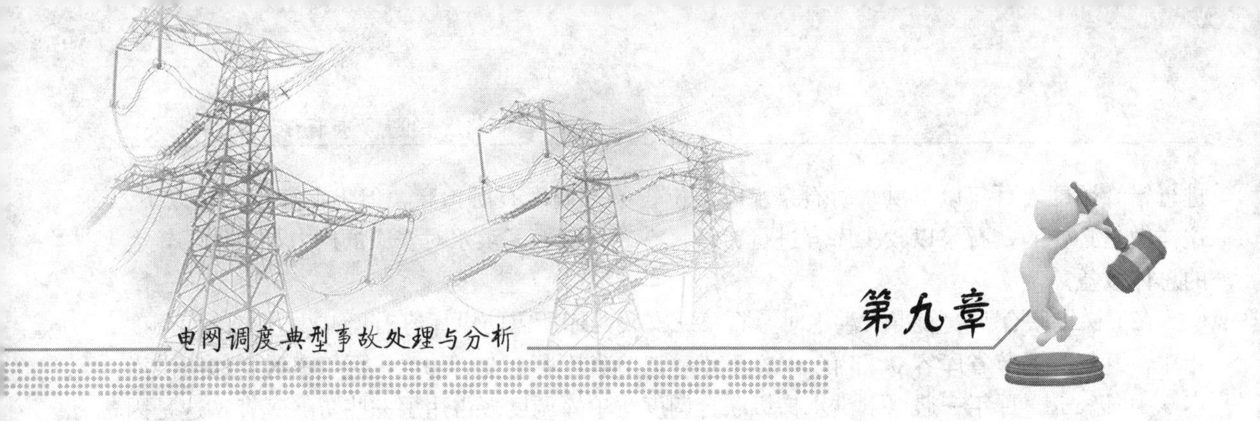

调度自动化系统异常及事故分析处理

第一节　EMS系统事故处理

电网调度自动化SCADA/EMS系统正常运行中，主要涉及以下几个环节的问题，EMS主站系统、应用软件、计算机通信网络系统、厂站自动化系统、外部电源系统等。针对以上各个环节容易发生的故障，有以下反事故预案。

一、对于EMS主站系统而言，可能出现的系统事故灾难

对于EMS主站系统而言，可能出现的系统事故灾难有以下三种情况：

1. 节点故障

SCADA/EMS系统各节点采用冗余配置，任一个节点的故障均不影响系统的正常运行。

(1) 节点掉电。

值班人员检查电源情况，确认正常后重启。

(2) 节点硬件故障。

通知有关专责人员，修复或更换故障设备，如需对操作系统重新配置的话，需要专责人员重新更改相关设置。

(3) 节点软件故障。

如果是OPEN2000E软件问题，通知有关专责人员，从磁带或另外一台运行正常的节点重新拷贝相关的OPEN2000E运行软件即可；如果是操作系统问题，则修复操作系统或重新安装操作系统。

2. 数据库服务器故障

数据库服务器故障必须通知有关专责人员处理。

(1) 数据库服务器掉电。

检查电源是否完好，上电重启，操作步骤见用户手册。

(2) 数据库服务器硬件故障。

修复或更换故障设备，如需对操作系统重新配置的则重新更改相关设置。

(3) 数据库服务器操作系统软件故障。

如果是HA集群软件故障，则修复或重新安装HA集群软件；如果是AIX操作系统软件故障，则重新安装AIX操作系统，再重新安装HA集群软件及ORACLE数据库软件。

(4) ORACLE数据库内容破坏。

从硬盘或磁带导入最新的数据库备份。

(5) ORACLE数据库破坏。

重新安装ORACLE数据库软件，并从硬盘或磁带导入最新的数据库备份。

(6) 两台数据库服务器均破坏（最严重情况，需重装）。

重新安装两台服务器的操作系统，再安装HA集群软件，然后安装ORACLE数据库软件，并从硬盘或磁带导入最新的数据库备份。

3. 全系统故障

(1) 全系统掉电。

确认电源完好后给系统加电，先起动两台数据库服务器，再起动SCADA服务器，最后起动其他工作站和服务器节点。

(2) 全系统破坏。

这种情况是最严重的灾难，一般是人为因素造成的。首先按照情况1和情况2所述的方案恢复各节点及数据库服务器，然后按照情况1所述步骤起动OPEN2000E系统，从而实现全系统的恢复。

二、高级应用软件出现故障

(1) 高级应用出现故障应立即通知专责人员到现场处理。

(2) 状态估计不能运行时，应检查服务器主要进程运行状态，以及当前工作站与PAS服务器通信是否正常。

(3) 状态估计误差较大，应检查PAS数据库与SCADA数据库是否一致，现场遥测误差、遥信状态。SCADA改动PAS应保持同步。

(4) DTS各节点应保持与服务器通信正常，PAS数据库应与DTS使用各种参数保持一致。

三、计算机通信网络系统故障

(1) 当两台数据采集服务器有一台发生故障（包括死机、失电）时，处理方案如下：

EMS系统中数据采集服务器采取双机机制，互为热备，如果其中任意一台服务器发生故障，系统可自动切换由另一台服务器作为主机运行，不会造成计算机通信中断。故障服务器可离线检修。

(2) 当两台数据采集服务器同时发生故障（包括死机、失电）时，处理方案如下：

两台数据采集服务器同时发生故障，计算机通信进程将无法运行，各方向数据交换中断。检查故障原因，如果是因为死机或失电，应立即重新起动数据采集服务器，并运行各通信进程。

(3) 当两台路由器/交换机有一台发生故障（包括死机、失电）时，处理方案如下：

计算机通信所使用的网络平台，采用双路由器/双交换机的组网方式，两台路由器/交换机互为热备，若其中一台路由器/交换机宕机，在通信通道正常的情况下，不会影响网络可用性，不会造成计算机通信中断。故障路由器/交换机可离线检修。

(4) 当两台路由器/交换机同时发生故障（包括死机、失电）时，处理方案如下：

两台路由器/交换机同时发生故障，数据网络将中断，计算机通信将无法正常运行，各方向数据交换中断。检查故障原因，如果是因为死机或失电，应立即重新起动路由器/交换机，并检查网络连通性。

四、厂站自动化系统

1. 单个厂站自动化信息中断

(1) 检查远动通道信息是否正常。

(2) 如果不正常，通知通信值班人员协助检查。

(3) 如果正常，通知相关专责人员，检查相关服务器的进程，查看异常记录，确定故障原因，处理故障。

2. 单个信息错误

(1) 调度人员报告信息不正常，查看相关信息数据，确认是厂站原因还是主站处理原因。

(2) 通知相关专责人员检查数据库定义及画面连接情况。

(3) 检查数据处理情况是否正确。

五、外部系统

1. 电源

调度自动化系统采用UPS供电，UPS采用双电源输入，一旦双电源失电，为了提高UPS供电时间，将采取减少UPS负荷的手段以延长UPS供电时间，具体步骤如下：

(1) 发现UPS电源失电，通知办公室专责及各系统负责人员到达现场。

(2) 立即检查EMS系统频率显示，如不正常，应立刻通知当值调度员退出AGC，改由调频厂手动调频，避免AGC模块的过调和欠调。

(3) 失电超过30min（设计UPS满负荷供电1h），开始减负荷操作。

(4) 将机房工作站保留一台，所有工作站关机，保留调度室工作站工作。

(5) 失电超过45min，对系统中冗余服务器关掉一台，操作步骤见用户手册。同时，断掉模拟屏、大屏幕电源。

(6) 失电超过60min，保留调度室一台工作站，关掉PAS服务器和Web服务器。

(7) 观察UPS电源情况，保证在UPS供电中断前5min，关掉所有自动化设备，以保证设备安全。

(8) 系统恢复严格按照系统维护手册进行。

2. 空调

自动化机房要求温度为18～24℃，湿度为40%～70%。如果空调系统故障，采取以下措施：

(1) 空调系统故障，通知相关维修专责。

(2) 最高温度到达23.8℃时，采取电源部分（1）～(3）步骤，减少机器发热。

(3) 最高温度24℃时，采用机房放置冰块降温方法。

第二节　水调自动化系统（WMS）事故处理

WMS系统在机房不失电的情况下，考虑到系统最小配置的情况，制订以下反事故预案。

一、通信机故障

(1) 两台通信机有一台发生故障（包括死机、失电）时，处理方案如下：

任意一台通信机发生故障，均不影响通信软件的正常运行。发生故障的通信机上的运行软件会自动切换到另一台通信机上。故障通信机可离线检修。

(2) 两台通信机有两台发生故障（包括死机、失电）时，处理方案如下：

两台通信机同时发生故障，通信程序将无法运行，WMS系统数据通信中断。检查故障原因，如果是因为死机或失电，应立即重新起动通信机，运行通信进程。

二、数据机故障

(1) 两台数据机有一台发生故障（包括死机、失电）时，处理方案如下：

任意一台数据机发生故障，均不影响数据库的正常运行。故障数据机可离线检修。

(2) 两台数据机有两台发生故障（包括死机、失电）时，处理方案如下：

两台数据机同时发生故障，数据库将无法运行，WMS系统瘫痪。检查故障原因，如果是因为死机或失电，应立即重新起动数据机，运行通信进程。

三、应用服务器故障

(1) 两台应用服务器有一台发生故障（包括死机、失电）时，处理方案如下：

任意一台应用服务器发生故障，均不影响水调应用软件的正常运行。发生故障的应用服务器上运行的应用进程会自动切换到另一台服务器上。故障应用服务器可离线检修。

(2) 两台应用服务器有两台发生故障（包括死机、失电）时，处理方案如下：

两台应用服务器同时发生故障，水调应用进程将无法运行，WMS系统的数据处理、水务计算等功能失效。检查故障原因，如果是因为死机或失电，应立即重新起动应用服务器，运行水调应用进程。

四、Web服务器故障

Web服务器发生故障（包括死机、失电）时，处理方案如下：

Web服务器发生故障，水调浏览服务将无法运行，水调Web网站失效。检查故障原因，如果是因为死机或失电，应立即重新起动Web服务器，恢复水调Web网站。

五、调度工作台故障

(1) 两台调度工作站有一台发生故障（包括死机、失电）时，处理方案如下：

两台调度工作站各自独立运行同样的软件，当任意一台发生故障时，不影响调度员值班。故障调度工作站可离线检修。

(2) 两台调度工作站有两台发生故障（包括死机、失电）时，处理方案如下：

两台调度工作站同时发牛故障时，检查故障原因，如果是因为死机或失电，应立即重新起动调度工作站。

六、网络设备故障

WMS系统采用双网结构，任意计算机的任意网络连接故障或是任意交换机故障均不影响系统运行。

检查故障原因，如果是网络连接故障则检查网线网卡是否正常。如果是交换机故障失电应立即加电起动。

如果系统对外通信路由器故障则无法进行正常数据通信，检查故障原因，如果是因为死机或失电，应立即重新起动路由器。

七、数据交换中心发生故障

与相邻调度数据交换发生故障，或者与分中心数据通信发生故障时，处理方案如下：

（1）分中心通信机故障，导致通信客户端无法运行。应立即与各分中心管理维护人员联系，保证通信机正常运行。

（2）中心站通信机故障，检查通信机和数据机，参照本节的一、二进行处理。

（3）数据传输通道中断，导致数据无法传输。检查对外通信路由器是否运行正常，参照本节的六进行处理。

（4）检查数据链路是否正常，及时与通信部门或卫星公司联系并排除故障。

第三节　DMIS系统事故处理

一、专业应用程序错误处理

（1）检查客户端网络连接是否正常。用户上网身份认证是否能够通过。如果网络连接有问题，OA用户联系信息管理人员处理；调度台工作站联系自动化DMIS网络专责处理。

（2）客户端网络连接正常，检查DMIS客户端软件登录过程是否正常，如果无法正常登录，通知自动化DMIS专责紧急处理。

（3）DMIS客户端正常登录，但应用软件在使用中报错，通知自动化DMIS专责紧急处理。

二、DMIS应用系统平台错误处理

（1）检查比较平台的版本信息是否正确。查看报错的内容是否与数据库有关。如果没有关系，通知重要DMIS用户离线后重新起动计算机。

（2）如果重新起动平台服务后仍然无法恢复正常，起动备用服务器，通知或协助用户切换到备用服务器，并及时通知厂家进行技术支持。

（3）如果备用服务器也无法提供正常服务，起动异地备用服务器，利用最新的备份数据恢复该服务器中的数据库系统，提供临时服务，并紧急通知厂家派人支持。

三、DMIS数据库系统错误处理

（1）进行数据库数据备份。

（2）重新起动数据库系统。

（3）如果主数据库服务器无法恢复，启用备用数据库服务器。将DMIS平台服务器连接的数据库地址更换为备用服务器地址。

四、DMIS服务器操作系统或硬件错误处理

（1）如果是IBM AIX操作系统出现故障，在关闭数据库系统后，重新起动HA软件。

（2）利用lssrc-gcluster和lsvg-o查看HA组件起动是否完成。确认HA起动成功后，再起动数据库系统。

（3）如果HA软件无法运行正常，启用备用数据库服务器。将DMIS平台服务器连接的数据库地址更换为备用服务器地址。同时通知IBM工程师紧急提供支持。

五、网站调度日报信息错误处理

（1）检查客户端网络连接是否正常。用户上网身份认证是否能够通过。如果网络连接有问题，OA用户联系信息管理人员处理；调度台工作站联系自动化DMIS网络专责处理。

（2）网路如果连接正常，通知DMIS专责检查DMIS系统是否运行正常。

（3）如果DMIS系统运行正常，通知综合处网站系统专责处理网站发布DMIS信息的问

题。同时，起动 DMIS 专业系统网站系统，保证调度日报和日志的 WEB 发布不中断。

六、模拟屏显示系统故障处理

（1）如果模拟屏显示数据失效，首先检查 EMS 系统模拟屏显示进程是否加载，如果进程失效，重新加载进程。如果信号还未恢复，检查模拟屏与 EMS 系统的物理连接、模拟屏智能控制箱是否正常，如果发现有故障，重新连接或修理（更换）智能控制箱。

（2）如果模拟屏上信息点数据显示失效，检查显示设备是否故障及 EMS 信号是否正常，可采用更换（配置）设备及纠正 EMS 数据来解决。

七、大屏幕显示系统故障处理（以调度室大屏幕系统为例）

（1）如果大屏幕投影无法开启，采用以下步骤恢复：

1）重启控制机房内的大屏幕控制器。

2）重启调度台上大屏幕控制机，并依次起动应用管理服务器程序、应用管理操作平台程序。

3）通过大屏幕控制机模式起动大屏幕。

（2）如果大屏幕墙体个别屏幕无法点亮，首先通过控制机重启故障屏幕，如无效，投影墙断电后重启，如故障未恢复，通知厂家进行维修。

八、数据安全性

建立可移动数据库服务器，在 NT 环境下安装 DMIS 系统的软件，每月定期将备份的历史数据导入并恢复到该服务器中。该服务器实现不同现有 DMIS 系统的异地保存。当 DMIS 系统的主机系统或网络出现故障并无法立即恢复时，将该服务器投入运行，提供临时的基础 DMIS 服务。

九、机房温度异常处理

（1）检查空调系统运行是否正常，如果不正常，通知空调专责处理。

（2）如果机房温度持续升高，达到 30℃时，空调故障还未能解决，用冰块降低机房温度，并安排专人负责清运冰水。

（3）如果机房温度持续升高，达到 40℃时，空调故障还未能解决，通知各子系统专责，按照紧急事故停机方案逐步停运机房设备。

1）第一级别。

连续停电 30min 或机房温度＞35℃时，停运以下设备：

① DMIS 网站服务器一（内网区）；

② DMIS 网站服务器二（拨号区）；

③ 中心网站服务器一（数据库）；

④ 中心网站服务器二（发布）；

⑤ 防病毒服务器（网管服务器）；

⑥ 综合查询服务器一；

⑦ 综合查询服务器二；

⑧ 所有 DMIS 工作站。

2）第二级别。

连续停电 90min 或机房温度＞40℃时，停运以下设备：

① DMIS 平台服务器二；

② DMIS计划接收服务器；

③ DMIS拨号管理服务器；

④ DMIS数据备份服务器；

⑤ SAFEBORDER FRONT和BACK代理服务器。

3）第三级别。

连续停电120min或机房温度大于45℃时，停运剩余的所有设备。

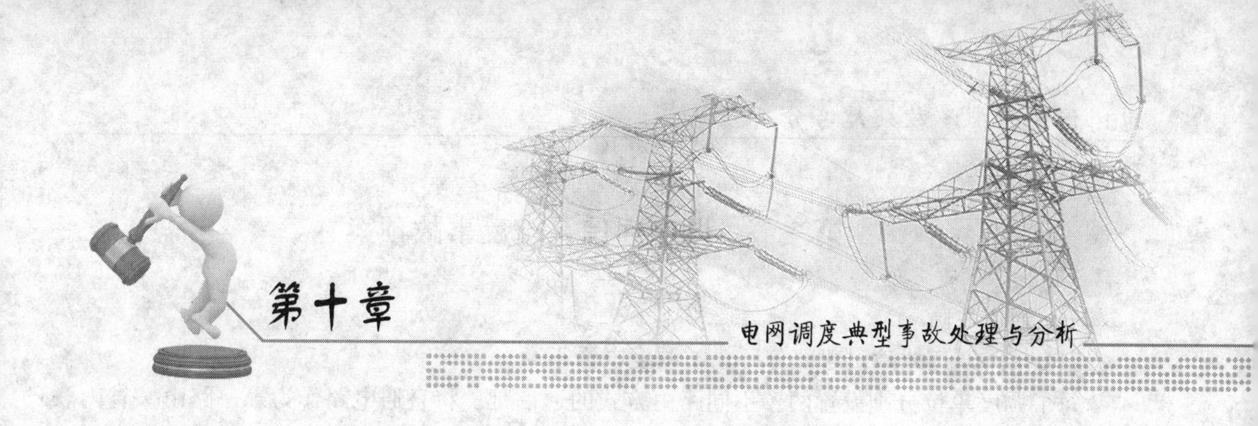

通信系统异常及事故分析处理

随着电网一次系统的不断发展，对电力系统的通信提出了更新、更高的要求。通信网的任务和作用随之也发生了重要变化，由以前传送单一的话音业务向传送多元化（话音、数据、视频和多媒体）业务方向转变。保护及安全稳定控制、调度自动化数据等业务要求通信网提供更小的传输时延，更好的传输质量和更高的传输可靠性。

第一节　电力通信网主干通信电路非正常停运及关键设备故障

（1）通信调度值班员发现主干通信电路故障，或接到调度、方式、保护、自动化等相关专业的故障申告后，应及时组织迂回通道，尽量缩短电路中断时间，恢复通信业务的正常运行。

（2）及时通知故障区段的运行维护单位赶赴现场，并向通信主管领导汇报故障情况。

（3）跟踪故障处理进展情况，对各运行维护单位故障处理进行指挥和协调。具体故障处理方法详见设备故障处理导则。

（4）处理完毕后，及时通知调度、方式、保护等相关专业人员，并向通信主管领导汇报处理过程和结果。

第二节　继电保护及安全自动装置通道反事故预案

（1）通信调度值班员发现保护及安全自动装置通道故障或者接到调度、方式、保护等相关专业的故障申告后，应及时确认通道组织方案，判断出故障区段。

（2）根据故障区段，及时通知相关运行维护单位技术人员赶赴现场，并向通信主管领导汇报故障情况。

（3）跟踪故障处理进展情况，对各运行维护单位故障处理进行指挥和协调。具体故障处理方法详见设备故障处理导则。

（4）故障处理完毕后，及时通知调度、方式、保护等相关专业人员，故障排除、保护或安自装置通道可以重新投入，并向通信主管领导汇报处理过程和结果。

第三节 调度通信系统反事故预案

一、通道故障

(1) 某一通道故障引起部分厂、站调度电话不通。

每个调度单位分别设置两个不同路由方式的通话键。将直通电路作为第一路由，省内联网或系统号码作为第二路由，可保证无论通道故障与否调度通信的畅通。

(2) 调度专用传输通道计划检修和传输光缆遭到人为破坏、自然灾害破坏引起某些调度单位调度专用电话不通。

接到通信调度的传输通道计划检修单，按检修单的计划时间，提前1h在调度交换终端将调度台通话键设置为临时号码（系统行政电话号码或电信长途号码），并将所改数据迅速传到调度台。

无论在什么时间，在接到传输光缆遭到人为破坏、自然灾害破坏通知的第一时间内或接到调度员反应的情况，迅速在调度交换终端将调度台通话键设置为电信长途号码，并将所改数据传到调度台。

二、调度台故障

(1) 某一调度台故障。

将维护调度台数据配置与电调组调度台数据配置一致，平时在热备份状态。一旦电调组某一调度台临时出现故障，无法正常呼入呼出，可随时将维护调度台搬往调度室。保证调度台故障时的调度通信的畅通。

(2) 连接调度台的T板出现故障引起调度台不能正常使用。

在调度室安装两部调度交换机的数字分机，将各调度单位的调度专用号码做成表格，是存放在调度室以备调度台不能正常使用时的备用通信手段。

三、调度交换机故障引起调度台及调度数字分机不能正常使用

在调度室安装两部行政分机及两部电信市话分机，将各调度单位的电信长途号码做成表格，是以备调度交换机故障引起调度台及调度数字分机不能正常使用时的备用手段。

调度交换系统一定的硬件备份和高度的工作责任心是保证调度通信畅通的关键。

对于调度通信，要以事前防范为主，做到防患于未然。平时应对调度交换系统的硬件有一定的备份，每年应有一定的大修费作为购置备品备件费用，保证故障状态下的急用。

坚持每天早上9：00以前到调度室巡视，对调度员反应的问题及时处理，即使在自己力所能及的范围内不能马上解决的问题，也要尽快联系相关人员并督促解决。

遇到突发性故障，无论什么时间，只要接到申告就立即赶到调度室向调度员了解情况，并对故障情况做出相应处理，时刻保证调度通信的畅通。

第四节 电视、电话会议系统反事故预案

为了保证电视、电话会议的顺利召开，应针对电视、电话会议系统可能出现的紧急情况制订以下应急措施：

1. 双传输通道

为了保证通道故障情况下电视会议信号的正常传输，电视会议网络设备（MCU）之间

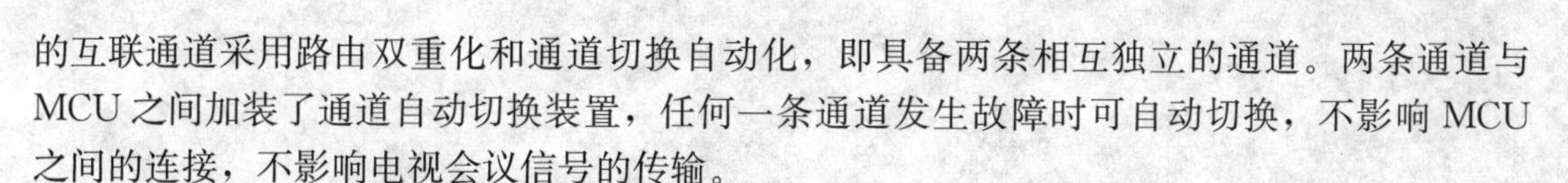

的互联通道采用路由双重化和通道切换自动化，即具备两条相互独立的通道。两条通道与MCU之间加装了通道自动切换装置，任何一条通道发生故障时可自动切换，不影响MCU之间的连接，不影响电视会议信号的传输。

2. 双电视会议终端

为了避免电视会议终端设备出现故障，影响整个会议的收听收看效果，通过本侧MCU设备，下挂两个电视会议终端。开会时两个电视会议终端处于热备用工作状态，当主用终端出现异常时，通过会议室音视频集成系统，及时切换到备用终端。

3. “一主两备”三重保障

为了保障声音传递的可靠性，采用了“一主两备”的三重保障措施，即电视会议系统作为主用，专线式电话会议系统作为备用，拨号式电话会议系统作为应急措施。为了保证第三套安全措施能够应对电力通信专网线路故障引发主用和备用系统全部失效的极端情况，拨号式电话会议系统通过邮电公网拨入，不得采用电力专网。通过三重保障通道传递的声音信号，都接入调音及扩音设备，按电视伴音、专线语音、拨号语音的优先顺序，选择其中之一送入会场，发生异常时及时切换。

4. 会议室预备电话线插口

在会场中预备电话线插口，并购置扩音效果良好的拨号式电话会议终端设备。当本地调音台或扩音系统故障，导致“一主两备”三重保障声音传递阻断时，可立即启用会场应急终端作为临时替代。

第五节　通信电源系统反事故预案

(1) 通信调度值班人员通过通信电源集中监控系统、综合网管系统或维护单位的报告，发现主干通信电路通信电源故障，根据所得到的信息，判断故障类型，属于交流停电类故障、通信电源系统故障、模块故障或者蓄电池组故障中的哪一类故障，及时通知故障站点的运行维护单位，并向通信主管领导汇报故障情况。

1) 属于交流停电类故障，应及时与运行维护单位联系，查明停电的原因。如果是交流线路事故或检修停电，应落实停电时间，根据蓄电池容量和设备负荷，计算蓄电池带设备的运行时间，如有必要，及时切除次要负荷，保证主干电路设备的运行。如果停电时间过长，应做好该站设备退出运行的准备。

2) 属于通信电源系统故障，包括交流部分、直流部分、监控部分以及开关、熔丝等。此类故障有可能使电源设备立即退出运行，运行维护人员应及时赶赴现场处理，如果不能解决，应与厂家及时联系，并做好该站设备退出运行的准备。

3) 属于模块故障，运行维护人员应及时赶赴现场，及时处理或更换整流模块，事后及时对故障模块进行维修。

4) 属于蓄电池组故障，运行维护人员应及时赶赴现场检查处理，更换损坏的单块电池，如果不能及时更换，应保证两组蓄电池中的一组正常运行，并在事后尽快更换损坏的电池。

(2) 通信调度值班人员应跟踪故障处理进展情况，对各运行维护单位故障处理进行指挥和协调。

(3) 处理完毕后，及时通知调度、方式、保护等相关专业人员，并向通信主管领导汇报处理过程和结果。

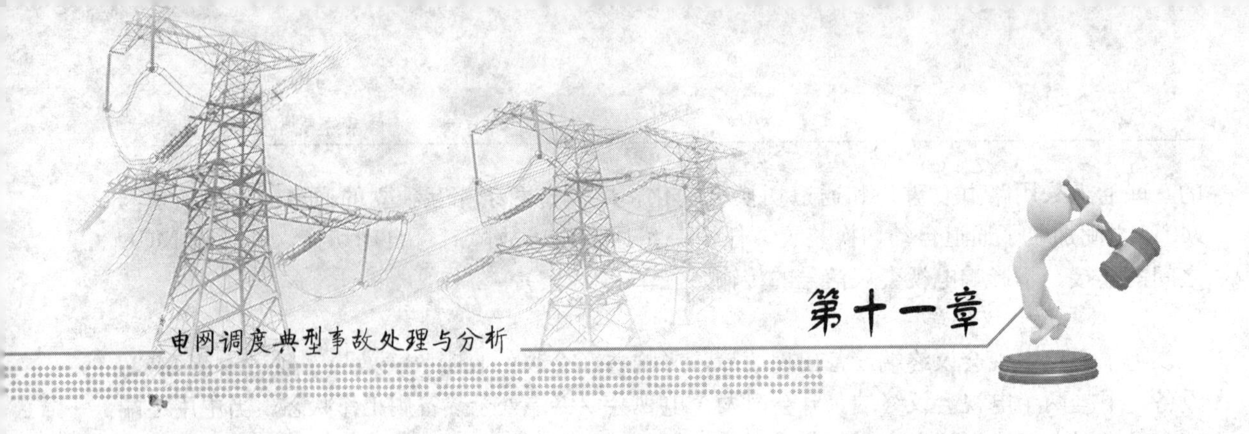

电网典型事故和故障分析

第一节 电网大面积停电

案例一 1997年陕西电网“2·27”大面积停电

一、综述

1997年2月27日，由于气候条件恶劣，陕西电网发生多起线路污闪跳闸事故，致使西安东部、咸阳、渭南地区大面积停电，商洛地区全部停电，并造成沣河变电站＃1B、＃2B严重受损，其影响范围之广、损失之大都是西北电网当时罕见的。

二、事故前运行方式

西北电网330kV主网按正常方式运行，潮流方向为东电西送，龙羊峡电厂担任调频厂。330kV北蒲线抢修中。汤峪＃2B故障停运，2201、2202断路器停运。110kV兴镇变电站在110kV尧山用电，渭南城区变电站在110kV瓜坡用电；代王110kV负荷在330kV北郊变电站用电。

三、事故经过及处理过程

2月26日20：31，330kV南庄线高频闭锁，零序Ⅰ段、Ⅱ段保护动作，B相跳闸，重合闸重合不成功（原因是118号杆B相绝缘子闪络，6片钢帽炸裂，导线掉在铁塔上）。

2月27日3：22，220kV周枣线高频保护动作跳闸，重合闸重合不成功；周枣线高频及接地距离Ⅰ段保护动作跳闸，重合闸重合不成功。

3：50周至变电站经检查周枣线C相断路器未跳开，既令其手动拉开C相断路器。

3：51枣园汇报枣周断路器A相喷油，无法投运。立即通知西安供电局检查线路（原因是124号杆A相绝缘子爆炸脱串）。

4：22庄汤线WXB－11保护阻抗Ⅰ段、零序Ⅰ段、高频闭锁保护动作；WXB－22保护阻抗Ⅰ段、高频闭锁保护动作，C相跳闸，重合闸重合不成功。即令宝鸡、咸阳供电局检查线路（原因是157号杆C相绝缘子爆炸，导线落在铁塔中间，7片钢帽炸裂。该线1月7日清扫过）。

4：50汤庄线故障后，东电西送已达520MW，立即令秦岭二厂减出力至400MW，蒲城电厂减至200MW，渭河电厂减至800MW，户县电厂减至180MW，宝鸡电厂减至100MW（均投油）。

5：00 因陕南电网受电较大，立即令石泉开两台机。

5：07 代秦线高频率相差，零序Ⅰ段保护动作，重合闸重合不成功。

5：21 代秦线两侧检查均正常，立即令代秦线同期合环。

5：28 鉴于庄汤线、周枣线均故障，为防止马庄线故障后阎耀线、宝凤线外送功率过大，同时也为了提高东电西送动态稳定水平，立即令汤峪 2200 断路器停运，此时陕南网仅通过宝凤Ⅰ、Ⅱ线与系统联系，为了保持陕南电网出力平衡，事前于 5：20 令碧口开一机。

5：25 和 5：40，沣河 330kV＃1B 和＃2B 分别差动保护动作跳闸，全站停电。令咸阳调度值班人员自行处理。沣河变两台变压器故障后，导致阿房变电站 110kV Ⅰ母停电，网调于 6：56 下令将 110kV 阿枣Ⅰ、Ⅱ线投运。7：40 西安调度值班人员恢复 110kV 阿化Ⅰ、Ⅱ线负荷。

6：07 南郊 330kV Ⅰ母差动保护动作跳闸（原因是 330kV Ⅰ母南端 C 相支柱绝缘子闪络）。

6：08 由于天气情况较差，为了防止南郊变电站再发生闪络，立即令西安热电厂开一台机进相运行，调低电压。

6：20 南郊变电站 330kV＃1B 差动保护动作，3330、3332 断路器跳闸，由于 330kV Ⅰ母此前已经故障，导致 330kV 南秦线停运（原因是 3332 断路器 A 相引线支柱绝缘子整串闪络）。

7：35 鉴于当时运行方式下，若渭桃线、北沣线或秦岭电厂 330kV 系统故障，均会造成系统振荡或阎耀线烧断，故下令将阎耀线断路器停运。

7：57 秦岭电厂 330kV 7 号联变差动保护动作跳闸，秦岭电厂 1、2 号机成为孤立小网，由于功率缺额大（330kV 7 号联变跳闸前向 110kV 母线送有功 100MW），频率降至 45Hz 以下，秦岭一厂两台机被压垮，致使秦岭电厂 220kV、110kV 母线 220kV 阎良、代王变电站失压。其所供渭南东部地区、商洛地区、西安的阎良地区及三个铁路牵引变电站全停，损失负荷约 280MW。

8：00 阎耀断路器投运，并经倒换方式于 8：20 给秦岭一厂 110kV 母线充电正常。

9：58 南郊变电站 330kV Ⅰ母投运。

14：16 秦岭电厂 1 号机组并网，2 号机组因泄漏转检修。

18：01 枣周线投运，系统恢复正常。

事故简图见图 11-1。

四、事故影响

本次事故中，除以上主网设备跳闸外，还有多条 110kV 线路污闪跳闸：

(1) 西安局 12 条 110kV 线路污闪跳闸；

(2) 咸阳局 9 条 110kV 线路污闪跳闸；

(3) 渭南局 15 个 110kV 变电站、7 个 35kV 变电站停电；

(4) 商洛地区全停。

本次事故共造成 5 条 330kV 线路、5 条 220kV 线路跳闸停运，21 条 110kV 线路及 4 台 24MW 变压器停运。其中沣河变电站两台 330kV 主变压器故障严重，返厂修复。2 个 220kV 变电站和 30 个 110kV 变电站停电，共停电负荷约 41MW。

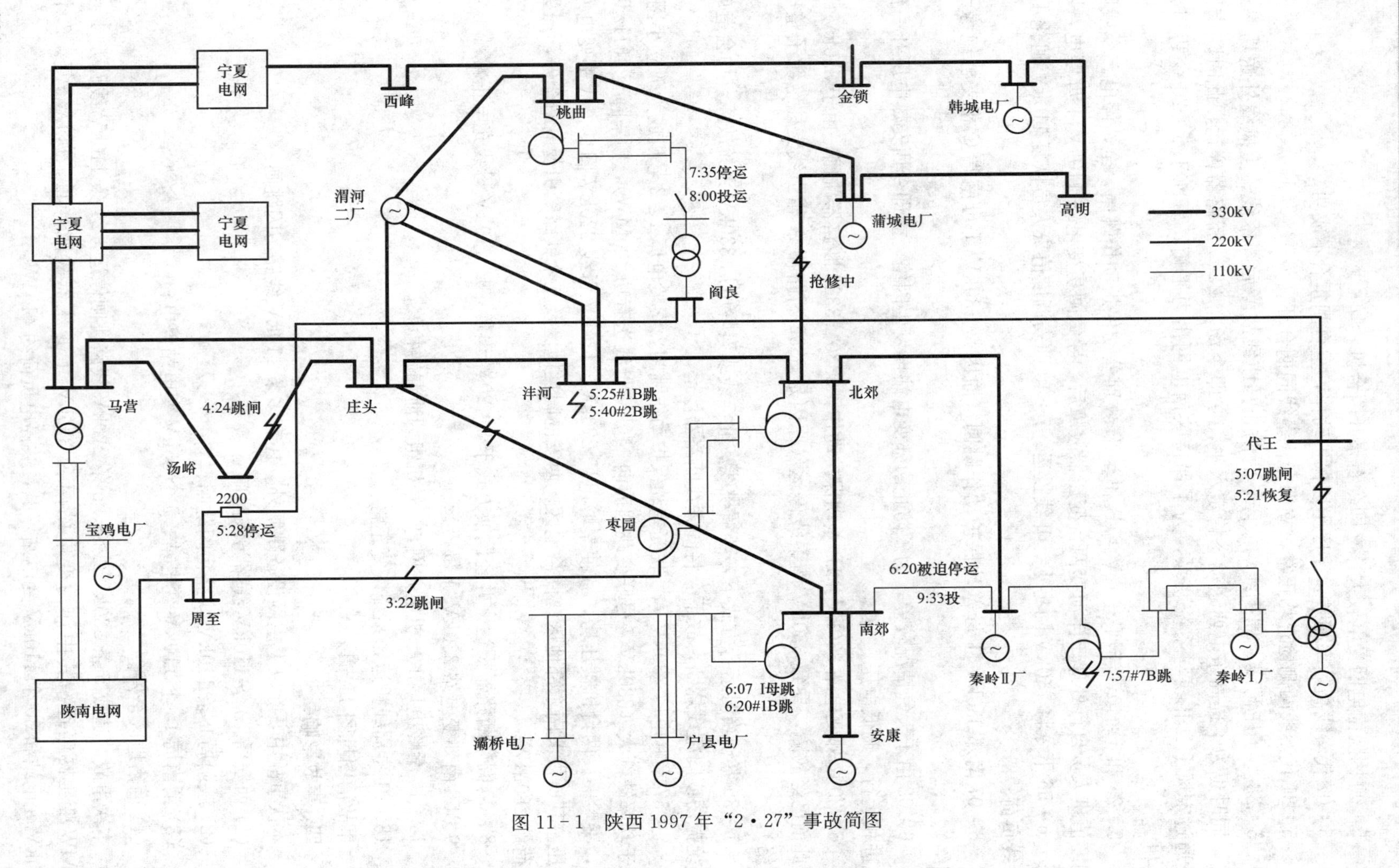

图 11－1 陕西 1997 年“2·27”事故简图

事故造成秦岭Ⅰ厂厂用电停电 23min，3 个铁路牵引变电站停电 34min。

五、事故原因分析

本次事故的直接原因是由于污闪造成的，发生多处污闪的原因为：

(1) 入冬以来，天气干旱，2 月 27 日的小雨是开春以来的第一场雨，且伴有大雾，长期干旱、灰尘污染严重，形成污闪最佳环境，这是客观原因。

(2) 近年来工业发展迅速，特别是一些污染比较严重的企业形成了局部的污染源，原有的设备绝缘水平已不能满足要求而又未及时调整。

(3) 对防污工作应进一步加强。

1) 污秽区虽已划分，但由于环境影响，污秽等级有所变化，调爬工作没有跟上，致使有些变电站绝缘子爬电比距偏小，不能满足要求。

2) 清扫不及时或清扫质量不高，加之系统出力紧张，主设备停运困难也是清扫不能按周期进行的一个原因。

六、事故处理过程分析

本次事故停电范围大，持续时间长，调度员对事故的过程把握得当，处理正确。尤其是对汤峪 2200 断路器和阎耀线断路器的停运，判断准确、操作及时、正确。

当时陕西电网与西部电网通过马秦、马陇、桃西 3 条 330kV 线路联络，在春、冬枯水季节，陕西东部火电大发，此时，东电西送潮流较大，尤其在后半夜低谷阶段，常常出现按动稳极限运行的情况（730MW）；而且当时宝鸡地区负荷大于宝鸡电厂装机容量约 3 倍左右，所以宝鸡地区大部分负荷要通过庄马线及庄汤线来输送，正常方式下这两条线的负荷可达800～900MW，此时一条线故障，另一条线将严重过载，同时西电东送的稳定水平也下降至 400MW，所以从电网结构上考虑，为避免另一回线故障时，大量功率经宝凤Ⅰ、Ⅱ线外送，必须将宝凤线断开，本次事故中，庄汤线故障后正是形成了这一局面，当值调度员在考虑了上述因素后，下令将汤峪 2200 断路器停运。

当时的电网结构下，韩城电厂开机方式较小或东电西送较大时，330kV 蒲北线或渭桃线任一回线检修，另一回线必重载运行，此时若发生故障跳闸，大量功率必通过阎耀线送入渭北网，所以在安排蒲北线、渭桃线检修方式时，必须将阎耀线开断，而在这种渭北网 N－2 方式下，若另一回 330kV 线路跳闸，则形成渭北网通过桃西线并入西部电网，此时桃西线动稳水平仅 200MW，而且东西部电网仅通过马秦线、马陇线联络，动稳水平大大降低。本次事故中，由于蒲北线、庄南线故障，南秦线停运，使这种矛盾更加突出。此时若渭桃线、北沣线、秦北线任一回故障，都将造成阎耀线严重过载烧断。当值调度员正是考虑上述因素后，下令将阎耀断路器停运。

案例二　2003 年西藏电网“9·9”大面积停电

一、综述

2003 年 9 月 9 日 20：43，拉萨电网羊湖电站至西郊变电站 110kV 输电线路（简称羊西线）因雷击跳闸，造成拉萨地区大面积停电的重大电网事故。

二、事故前运行方式

藏中电网接线如图 11－2 所示。事故发生前，藏中电网（拉萨电网、山南电网、日喀则电网）联网运行，拉萨—墨竹工卡—泽当环网线路投入运行。藏中电网发电总出力 111MW，全网供电负荷 101MW。

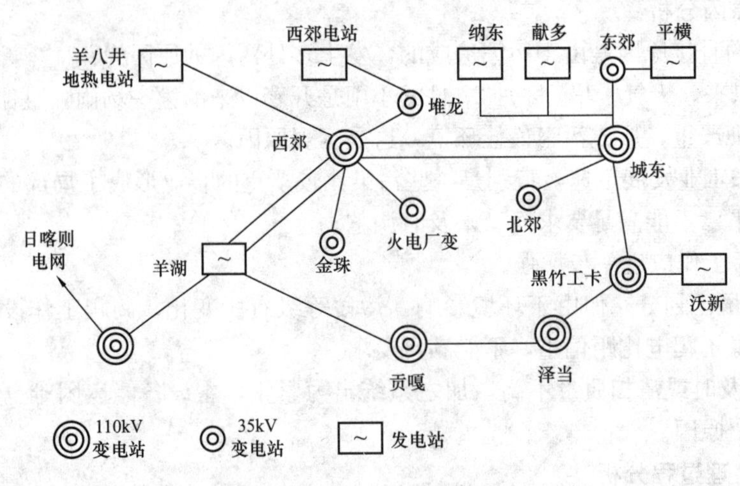

图 11-2　藏中电网接线

三、事故经过及处理过程

20：43，羊西线双回线由于雷击故障同时跳闸，羊西线输送功率转移至环网线路，引起墨竹工卡电站至拉萨城东变电站线路断路器过流保护跳闸，拉萨地区电网与羊湖电站、日喀则电网、山南电网解列，拉萨地区电网失去约 53MW 的外部送入功率。电网安全自动装置动作切除 11 条 10kV 馈线，低频低压减载装置动作切除 20 条 10kV 馈线，共切除负荷 39MW，但全网有 17 条馈线低频低压减载装置达到起动定值但拒动（负荷 13.7MW）。由于拉萨地区电网仍存在 14MW 的功率缺额，功率缺额达 36.84%，引起电网频率、电压急剧下降，造成羊八井地热电厂、纳金电厂、平措电厂相继解列，拉萨电网全网停电。

事故发生后，调度部门按照事故处理预案进行事故处理和电网恢复。至 21：30，电网恢复正常运行方式，拉萨电网所有用户全部恢复供电。

四、事故影响

本次事故中，拉萨地区电网与羊湖电站、日喀则电网、山南电网解列，解列后由于部分低频低压减载装置拒动，拉萨电网频率、电压急剧下降，造成羊八井地热电厂、纳金电厂、平措电厂相继解列，拉萨电网全网停电。

五、事故原因分析

(1) 羊湖至拉萨 110kV 双回输电线路遭雷击发生单相接地故障是造成此次事故的直接原因。

(2) 拉萨—墨竹工卡—泽当的 110kV 拉泽环网线路于 2003 年 8 月 20 开始试运行，继电保护定值处于调试阶段。区调在 9 月 3 日进行定值检验时发现墨竹工卡变电站墨城线 042 断路器过流Ⅱ段保护定值偏小，曾下令施工单位退出该保护并修改定值，但未得到及时执行，致使羊西双回 110kV 线路雷击跳闸后，传输功率转移至拉泽环网线路时，该保护误动跳闸，造成拉萨电网解列，出现大功率缺额，最终导致电网全停。因此，墨竹工卡变电站墨城线 042 断路器误动是造成此次事故扩大的主要原因。

(3) 电网安全自动装置不完善和低周减载装置在电网事故情况下未能发挥应有作用，电网缺乏快速切除负荷手段，低周减载装置负荷切除量不够，引起电网频率、电压崩溃，是造

成此次事故扩大的重要原因。

六、事故暴露问题

(1) 电网结构薄弱，电源分布不合理。电网的受端网络缺乏有力的电源支持，主要用电负荷必须依靠远距离大功率传输。

(2) 现场运行值班人员和调试人员执行调度命令不严格，没有认真、全面、准确、及时地执行调度下达的修改继电保护定值的命令。

(3) 电网安全稳定运行的“第三道防线”措施不到位，在藏中电网环网投运之后，在电网安全稳定控制装置不完善的情况下，没有及时调整低频减载方案，部分低频减载装置在事故中拒动。

(4) 羊西Ⅱ回线路羊湖侧高频保护、零序Ⅰ段保护未动作，西郊侧保护装置未能记录和打印保护动作情况，故障录波资料无法提取，暴露在继电保护整定计算、现场调试、装置管理维护等方面存在的问题。

(5) 对雷击危害缺乏深入的分析和研究，缺乏有效的防范措施。

七、防范措施

(1) 加强对雷击危害的观测、分析和研究，从工程设计、施工、运行维护等各方面采取措施，提高电网的抗雷害能力。

(2) 加强继电保护管理，对继电保护装置进行全面的检查和校验，对全网的继电保护定值进行全面、认真的复核。

(3) 严肃调度纪律，严格执行调度命令，做好电网运行中的“六复核”工作，确保电网安全稳定。

(4) 深入分析电网现有安全稳定控制策略和安全稳定自动装置中存在的问题，完善安全稳定控制方案和措施，尽快落实与环网运行方式相适应的安全稳定控制和低频减载方案，保证“第三道防线”发挥有效作用。

(5) 要吸取事故教训，狠抓设备的预试和消缺，加强事故隐患治理和防范措施落实，组织制订预防大电网事故的处理预案，抓好电网安全稳定运行的工作，对电网安全自动装置、继电保护装置等与电网安全有直接关系的二次系统进行技术校核，保证有关参数满足电网安全稳定要求。

案例三　2006年“11·4”欧洲大停电

一、综述

欧洲当地时间2006年11月4日22时10分（北京时间11月5日5时10分），欧洲电网发生一起大面积停电事故，事故中欧洲UCTE电网解列为三个区域，各个区域发供电严重不平衡，相继出现频率低周或高周的情况。事故影响范围广泛，波及法国和德国人口最密集的地区以及比利时、意大利、西班牙、奥地利的多个重要城市，大多数地区在半小时内恢复供电，最严重的地区停电达1个半小时。整个事故损失负荷高达16 720MW，约1500万用户受到影响。

本次大面积停电事故发生于电网用电负荷高峰时段，由于系统潮流大范围转移，电网联络薄弱环节设备相继退出运行，导致欧洲跨国互联电网基本结构遭到破坏、各区域发用电严重失衡，最终造成大量负荷损失。

近年来，我国电力工业发展迅速，电源投产力度不断加大，电网覆盖密度不断提高，用电负荷逐年攀升，事故情况下，潮流大范围转移的问题也开始显现，认真分析欧洲“11・4”大停电原因，汲取事故经验教训，对我国跨区电网安全稳定运行具有重要意义。

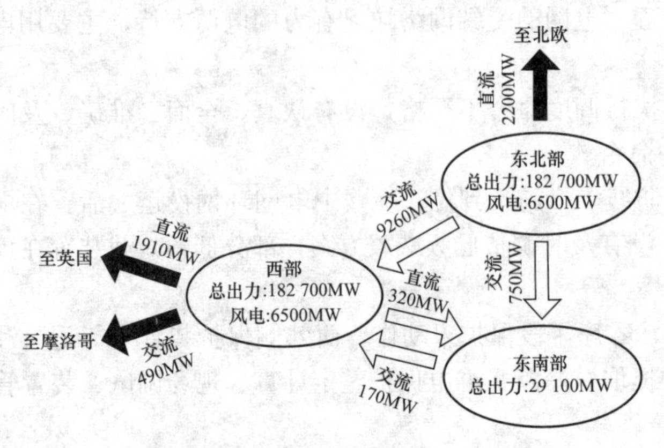

图 11-3　解列前 UCTE 电网各区域发电出力及交换潮流情况

二、事故前运行方式

2006 年 11 月 4 日 22 时 09 分，UCTE 电网总发电出力约为274 100MW，其中风电电力约 15 000MW，系统频率为 50.00Hz。按照电网解列后所形成的三个区域分析，事故前各地区的发电出力及区域间交换潮流如图 11-3 所示。

三、事故经过及处理过程

2006 年 9 月 18 日，Meyerwerft 造船公司向 E.ON 公司提出：为使“挪威珍珠”号轮船于 11 月 5 日 1 时 00 分通过埃姆斯河，申请停运双回 380kV Diele-Conneforde 线路。

E.ON 公司进行了“$N-1$”安全校核，批准停运申请，并通知相邻的荷兰 TSO-TenneT 公司和另一家德国 TSO-RWE 公司。11 月 3 日，Meyerwerft 造船公司请求提前 3 小时停运该线路。E.ON 公司重新进行安全校核后，同意了该请求。11 月 4 日 21 时 29 分，E.ON 公司将双回 Diele-Conneforde 线路分别停运，并通知 RWE 公司和 TenneT 公司。

Diele-Conneforde 双回线停运后，E.ON 电网和 RWE 电网之间的 380kV 联络线 Landesbergen-Wehrendorf 线潮流由 600MW 上升至 1200MW 左右，见图 11-4。与此同时，E.ON 电网内的 380kV Elsen-Twistetal 线 和 Elsen-Bechterdissen 线出现电流高报警。

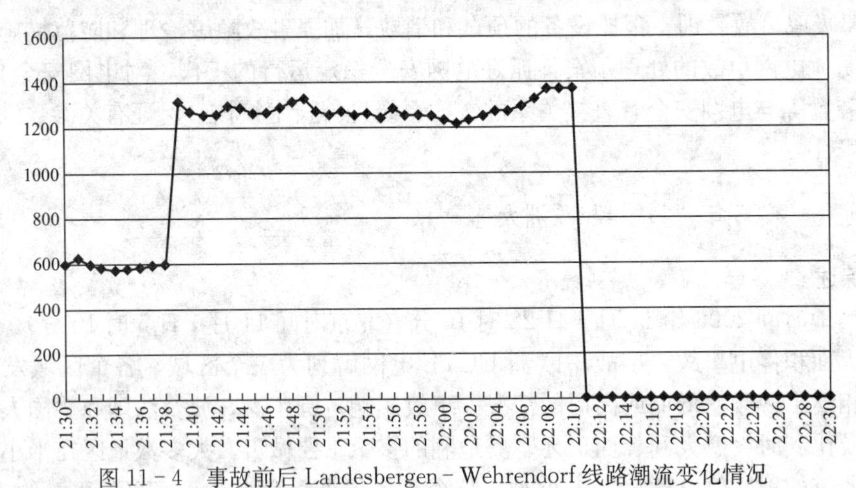

图 11-4　事故前后 Landesbergen-Wehrendorf 线路潮流变化情况

由于 E.ON 电网内 380kV 线路的热稳定限额为 2000A，并且允许过负荷 25%运行 1 小时，所以 E.ON 公司认为无需立即采取措施。

21 时 41 分，E.ON 公司在同 RWE 公司的业务联系中得知：380kVLandesbergen-Wehrendorf 线在 RWE 侧的保护定值与 E.ON 侧不同。RWE 侧的保护限值为 1995A，E.ON

侧则为2550A。而当时线路电流已接近1780A。

22时05分至07分，Landesbergen－Wehrendorf线上的潮流增加了100MW，超过了RWE侧1795A的保护报警值。22时10分，E. ON公司将Landesbergen变电站两条母线合母运行后，380kV Landesbergen－Wehrendorf线立即因过流保护动作跳闸，潮流向南转移，并导致整个UCTE电网内多条联络线连锁跳闸。

随着E. ON与RWE、HEP（克罗地亚）与MAVIR（匈牙利）电网之间的联络线，以及E. ON、APG（奥地利）、HEP和MAVIR等电网的内部联络线相继跳闸，UCTE电网解列为三部分。此外，UCTE与摩洛哥之间的联络线也由于低频保护动作跳闸。事故期间，共有31条220kV及以上线路跳闸。

UCTE电网解列后分解为西部、东北部、东南部三个交流联网区域，其中西部通过直流与东南部电网、英国电网相联，东北部通过直流与北欧电网相联。由于出力负荷不平衡，三个区域分别出现频率低周或高周的情况，频率曲线见图11－5。

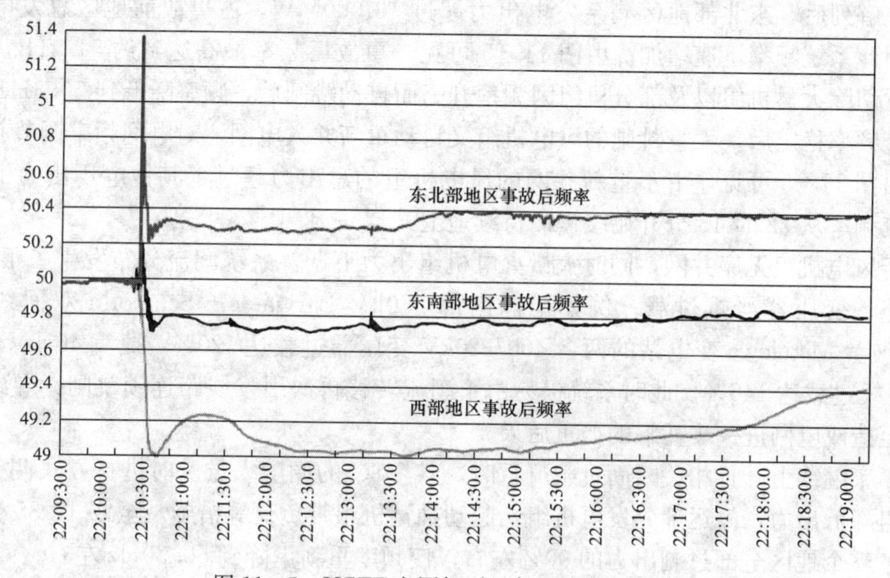

图11－5　UCTE电网解列后各区域频率曲线

(1) 西部地区电网事故后情况分析。

系统解列后，由于东部输入电力中断，西部电网电力缺额达8940MW，8s之内频率快速下降至49Hz左右。区域内各个TSO的安全自动装置共切除抽蓄电厂蓄能负荷1566MW，低频减载装置切除负荷约16 061MW，意大利TSO手动切负荷663MW。由图11－5可见，由于大量负荷被迅速切除，系统频率在22时11分迅速恢复到49.20Hz以上。

UCTE电网内运行着大量的风电机组和热电联动机组，这些小容量机组一般运行在配电网，不受TSO直接控制。由于风电机组最低允许运行频率是49.50Hz，事故后风电机组纷纷跳闸，截至23时00分，西部地区共损失风电出力4142MW。同时该区域还有大量热电联动机组由于频率过低跳闸，损失出力占热电联动机组总出力的30%。由图11－5可见，由于出力严重不足，22时12分，系统频率又跌至49.10Hz以下。

为了尽快恢复系统频率，各TSO共起动了约16 400MW备用出力，相当于几乎全部可调备用容量。22时25分，系统频率逐步恢复至50Hz。

在系统恢复过程中，西部电网各TSO及时切除负荷，将频率控制在49Hz以内，随后起动备用出力，将频率稳步恢复至正常水平。从整体看，西部电网各TSO应急处置预案比较完备，事故处理措施得当，避免了事故进一步扩大。

但系统恢复过程也暴露出一定问题。当各TSO还没有开启足够的备用容量、系统频率尚未恢复正常时，部分大用户将负荷自行并网，导致频率再度下降，对事故处理造成一定影响。大用户负荷的无序并网延误了系统恢复。

当系统电压与频率变化趋于平稳后，许多与系统断开的小功率风电机组和热电联动机组自动并入电网。无论TSO还是DSO（Distribution System Operator，配电网运营公司）对这些机组均没有监控手段，风电等小机组的并网随意性在一定程度上也影响了系统频率的正常恢复。

(2) 东北部地区电网事故后情况分析。

系统解列后，东北部地区剩余发电出力超过10 000MW，占事故前地区总发电出力约17%，因此系统频率迅速增加。由图11-5可见，事故后频率最高达到约51.4Hz。在安全自动装置切除大量机组以及部分机组因频率升高而自动跳闸后，频率降低到50.3Hz左右。

系统频率稳定后，大量跳闸的风电机组又自动重新并入电网，对电网频率调节起到了反作用。由图11-5可见，由于重新并网的风电机组的总出力超过了其他电厂出力下调的功率，系统频率从22时13分开始缓慢而持续地上升。

由于风电机组无序并网，同时大量火电机组出力下调，系统潮流分布发生了很大变化，许多线路、变压器严重过载。例如德国南部380kV Barwalde - Schmolln双回线过载达126%，波兰Mikulowa变电站的两台400/220kV变压器过载达120%，捷克400kV Hradec - Reporyje线过载达140%。此时系统极易由于潮流转移再次引发线路连锁跳闸，导致事故扩大，甚至造成电网进一步瓦解的严重后果。

当频率继续上升且相关断面过载严重时，各TSO的调度人员及时进行方式调整，采取发电机组降低出力，停运部分发电机组，起动抽蓄机组带负荷等措施。至22时35分，系统共消纳了整个地区全部过剩出力的90%左右，使频率重新下降到50.30Hz左右。

从系统恢复过程来看，东北部地区电网的安全自动装置在事故之初能够正确动作，及时控制了系统频率，各TSO在系统频率、潮流发生意外变化时准确采取措施，稳定系统，避免了事故进一步扩大的风险。

但是事故处理过程中也暴露出一定的问题，电网解列前，大量的潮流从东北部地区向欧洲西部和南部输送，由于当天德国北部风电出力增加，跨区输送总潮流相对于正常水平进一步加重。风电的这种不可预测性加重了事故后系统的恶劣程度，对事故处理造成了一定的难度。

在系统频率稳定后，由于风电机组随意并网，不但使系统频率重新提高而且引起潮流转移、使断面越限，导致系统存在严重的停电范围扩大风险。

(3) 东南部地区电网事故后情况分析。

由于东南部地区与西部、东北部电网交换电力较少，系统解列后该地区电力缺口约770MW。该地区系统频率（最低值为49.7Hz左右）大大高于安全自动装置动作限值，因此没有切除负荷。各TSO起动备用出力后，该区域频率逐渐恢复正常。

(4) UCTE电网恢复并列过程。

22时47分，E.ON公司在双回380kV Bechterdissen－Elsen线上首次成功实现西部地区和东北部地区系统重新并列。试送成功之后，更多的线路恢复运行，6min后，在德国和奥地利之间西部和东北部地区间已有9条380kV和4条220kV联络线恢复运行。

在西部和东北部系统重新并列后不久，东南部地区同系统恢复并列的操作也开始进行。从22时49分起的13分钟内，东南部地区同UCTE电网的4条联络线相继转为运行，至此整个UCTE电网恢复并列运行。

四、事故原因分析

UCTE对事故的中期调查报告认为，导致此次事故的根本原因可归结为两点，一是E.ON公司未严格执行“$N-1$”标准，二是各TSO之间协调不当。

根据事故调查中进行的模拟计算分析，E.ON及相邻电网在Diele－Conneforde双线停运后的系统状态不满足“$N-1$”准则要求。

造船公司要求提前通航，E.ON公司被迫提前进行准备工作，但通知相邻电网过迟，造成各单位准备工作均不完善。另外，E.ON在了解Landesbergen－Wehrendorf线路两侧保护定值不一致的问题后，一直没能采取有效措施，也是引发事故的主要原因。

此外，UCTE还提出了5条其他重要因素：

(1) 部分并网发电机组对事故处理造成影响；

(2) 调度人员事故中处理电网阻塞时受到相关法规限制；

(3) TSO与DSO间在电网恢复时的协调不利；

(4) 各TSO在进行系统同期并列时协调不利；

(5) 人员的培训有待加强。

五、事故对于我国电网运行工作的启示

(1) 构建科学、坚强的国家电网网架结构。

1) 建设坚强的国家电网。

目前，国家电网结构与欧洲电网相比有很大差距，暂态、动态稳定与热稳定问题交织，东北、川渝等电网在大负荷情况下，全接线方式均不能满足“$N-1$”安全准则，需要采取安全稳定控制措施。国家电网安全稳定运行基础较薄弱，发生大面积停电的风险始终存在，必须加快建设以特高压为核心的坚强电网，加强区域电网互联，为电网安全稳定运行奠定坚实基础。

2) 积极推进重要断面电磁环网解环工作。

当前国家电网内还有相当数量的500（330)/220kV电磁环网运行，一旦高电压等级线路故障跳闸，大量转移潮流导致低压线路越限严重，如再发生线路故障等其他系统冲击，很容易发生系统振荡并导致大面积停电。因此，加大基建和技改投入，积极推进重要断面电磁环网解环工作，从电网结构上限制该类事故的发生是保证电网安全稳定运行的重要基础。

3) 合理安排基建投产和检修计划。

随着电网建设高速发展，影响电网安全稳定运行的不利因素增多。基建技改及设备检修等工作与电网运行的配合紧密，客观上要求运行方式调整做出相应调整。在网架薄弱、系统潮流重的情况下，由于检修安排导致的方式变化使电网安全运行存在潜在风险。因此统筹考虑，合理安排基建投产和检修计划是保证电网安全稳定运行的必要条件。

(2) 加强电网"$N-1$"安全校核。

1) 加强电网运行方式精细化管理。

目前，我国电网运行分析的精细化水平与发达国家相比还有差距，特别是实时计算分析的精度、广度和深度还不能满足电网精细化管理的要求。因此，亟须建立健全电网运行分析制度和电网安全分析制度，全面提升电网运行方式精细化管理水平，在管理层面确保电网安全校核落到实处。

2) 完善电网安全分析计算工具。

强有力的技术支持系统是电网安全分析的保证。一方面需要对现有EMS系统进行升级改造，实现电网安全分析功能的实用化，为电网运行人员提供便捷的潮流分析工具。另一方面要加强电网动态监测预警系统建设，为运行方式人员、调度员提供快速有效的"$N-1$"安全校核工具。

(3) 加强"统一调度、分级管理"。

1) 确保电力市场环境下电网安全稳定运行。

由于电力市场的建立，UCTE电网运行模式出现重大变化，一是基于经济性考虑，输电断面潮流越来越接近稳定极限，二是网间交易增多，系统潮流变化频繁。本次大停电事故前相关断面潮流压极限运行，在进行方式调整导致潮流转移后，过载线路成为整个事故的导火索。

要在电力市场环境下保证电网安全稳定运行，必须加强调度运行管理，周密安排系统方式，做好市场交易的安全校核，确保输电断面不超稳定限额运行。

2) 加强电网统一标准化建设。

本次大停电事故反映出UCTE电网各TSO内部标准化建设较为成功，例如，E. ON电网内所有380kV线路的热稳定限额均为2000A，并且明确规定允许过负荷25%运行1h，这种统一的标准化配置为系统稳定运行和调度运行人员掌控电网提供良好基础。

另外，本次事故也反映出UCTE电网各TSO之间的标准化协调工作有待加强，例如，E. ON公司与RWE公司的联络线两侧保护定值不同，给系统运行造成安全隐患。

随着国家电网互联日益紧密，建立适应电网安全稳定运行的标准化体系、规范电网运行工作对于保证电网安全非常重要。加强电网统一标准化建设，逐步将各省、区域的电网运行标准规范到统一的国家电网运行标准上来，是保证互联电网安全稳定运行的必要条件。

3) 深化国网省三级调度的有效沟通与协调。

在互联电网事故情况下，统一调度指挥、各级调度密切配合是事故处理的关键。本次大停电事故中，相关TSO之间缺乏及时沟通造成安全隐患是事故的主要原因，在事故处理过程中，各TSO配合不够顺畅也在一定程度上延误了事故处理。

因此，充分发挥统一调度、分级管理的优势，加强国、网、省三级调度部门在事故处理预案和调度运行业务上的有效沟通与协调，形成快捷、高效的应急事故处理机制，对于在事故情况下最大限度控制事故扩大，迅速恢复电网稳定运行具有重要意义。

(4) 加强风电等并网小机组管理。

1) 加强风电等可再生能源的并网管理。

作为环保能源，欧洲多数国家政府立法确保风电并网发电，但是由于风电出力的不可预测性，UCTE电网正在承受着风电接入带来的越来越大的出力波动。本次事故前，因天气

原因造成风电大发，造成系统重要断面潮流加重。事故发生后，低周地区大量风电机组跳闸，进一步加剧了系统功率缺额，而高周地区大量被切除的风电机组在系统频率恢复阶段自动并网，延缓了频率恢复过程，并造成系统潮流重新分布和部分断面功率越限。

目前，国家电网范围内风电、小水电等可再生能源发展方兴未艾。在重视开发绿色环保电力资源的同时，需要尽快开展对这些小机组并网特性的研究，特别要尽早开展风电不可预测性对电网冲击的研究。避免出现事故情况下风电反调节的情况发生，最大限度减小风电等小机组对电网安全运行的冲击。

2）加强小机组并网管理。

由于小机组容量小、接入电网电压等级低，长期以来其并网管理一直没有受到应有重视。本次事故处理过程中小机组无序并网延误了系统恢复过程，可能造成事故进一步扩大的后果。

因此，加强小机组并网管理，在地、县调层面，将并网小机组接入 EMS，使其可控、在控，是杜绝小机组危害电网安全运行的有效手段。

第二节　电网振荡及解列

案例一　2006 年华中电网“7·1”功率振荡

一、综述

2006 年 7 月 1 日 21 时前后，因华北华中联网系统河南电网内发生多条 500kV 和 220kV 线路跳闸，华中电网发生大范围功率振荡，造成华北电网与华中电网、川渝电网与华中主网解列。

二、事故前运行方式

事故前，华中电网为夏季大负荷方式，华中电网用电负荷为 60 140MW，其中河南为 17 040MW、湖北为 12 340MW、四川为 10 840MW、湖南为 9210MW、江西为 5410MW、重庆为 5300MW。三峡左岸电厂 14 台机组运行，出力为 7680MW。

事故前，河南电网开机容量为 17 350MW，旋转备用为 9.2%。河南省网内主要 500kV 线路潮流：嵩获Ⅰ、Ⅱ回线南送 740MW，嵩郑断面东送 2790MW 左右，豫中～豫南（白郑线、姚郑线、邵祥线）南送 1700MW。

华中、华北电网通过 500kV 辛洹线联网运行，华中送华北 500MW。龙政直流双极送华东 3000MW，葛南直流双极送华东 1200MW，江城直流双极送南方 3000MW，灵宝直流西北送华中 360MW。

500kV 省间联络线主要是：鄂豫通过樊白Ⅰ、Ⅱ回线和孝邵线相联，南送 440MW；鄂湘通过葛岗线、江复线相联，南送 460MW；鄂赣通过凤梦线、磁南线相联，东送 160MW；渝鄂通过万龙Ⅱ回线相连（三万线因加装串补工程施工停电），西送 200MW；川渝断面东送 1760MW。

事故前，为配合郑州变电站 500kV Ⅰ母线管母延长及新建 500kV 牡郑线间隔基建施工、设备安装等，郑州变电站 500kV Ⅰ母线停运，郑州变电站 500kV 郑 5011、5021、5031、5041 断路器停运。

事故前河南电网内部及华中电网省间功率交换如图 11－6 和图 11－7 所示。

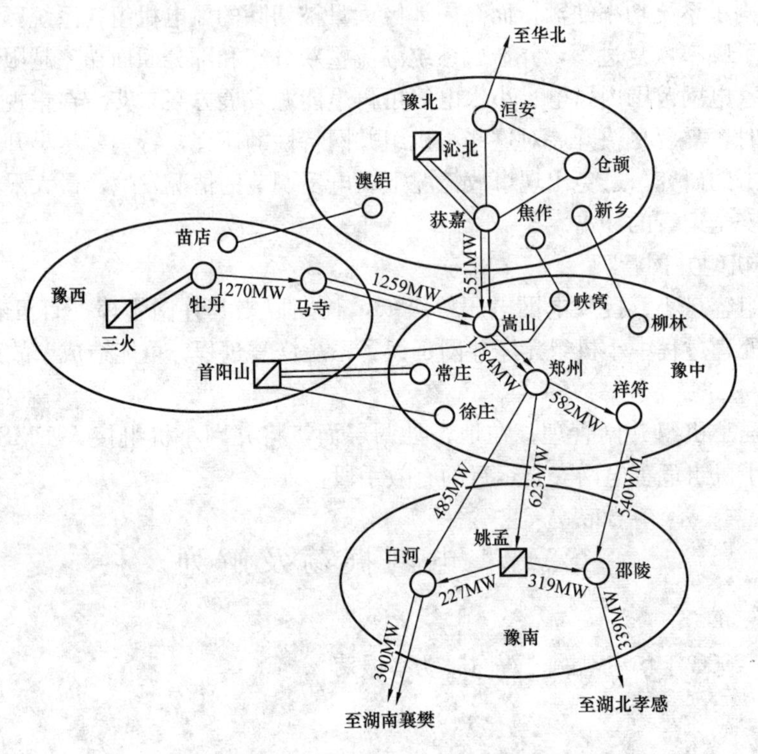

图 11－6　2006 年“7・1”事故前河南电网内部分区功率交换

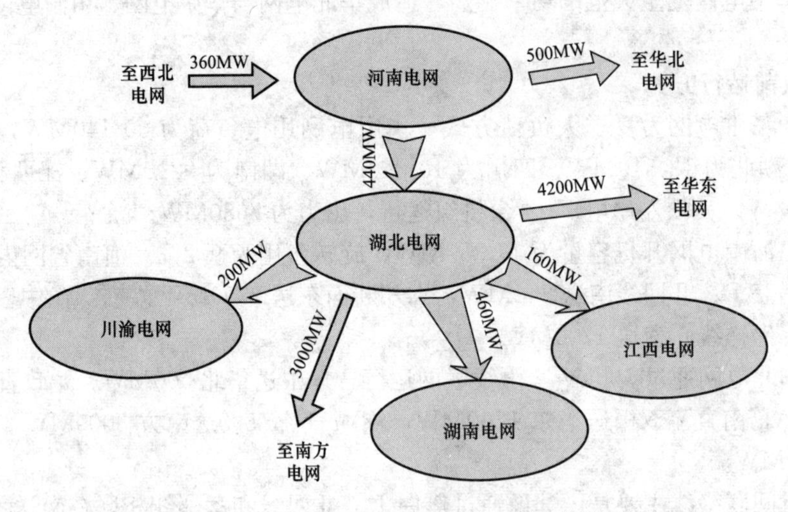

图 11－7　2006 年“7・1”事故前华中电网省网间功率交换

三、事故经过及处理过程

(1) 事故起始阶段：

7 月 1 日 20 时 48 分，500kV 嵩郑Ⅱ线 REL561 保护中的电流差动保护动作。郑州变电站 5033 断路器、5032 断路器跳闸，因郑州Ⅰ母线配合牡郑线施工停电，带掉 500kV 郑祥线，跳闸后，郑祥线由祥符侧充电运行。

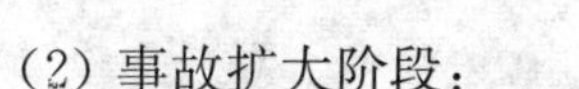

(2) 事故扩大阶段：

20 时 48 分 10 秒，500kV 嵩郑Ⅰ线郑州变电站 REL561 保护中的过负荷保护动作，郑州变电站 5023 断路器、5022 断路器跳闸，因郑州Ⅰ母线配合牡郑线施工停电，带掉 500kV 白郑线，跳闸后，嵩郑Ⅰ线由嵩山侧充电运行，白郑线由白河侧充电运行。

(3) 事故进一步扩大阶段及处理情况：

20 时 48 分 10 秒，嵩山变电站安控未按既定策略发出切机信号。

20 时 48 分～20 时 50 分，河南省调紧急停运小浪底水电厂、三门峡水电厂、三门峡火电厂等部分机组，同时豫西、豫北地区电厂快减出力；豫中、豫东、豫南地区电厂有功及无功出力带满；豫中东、豫南地区地调迅速拉限负荷，以消除线路过载。

20 时 54 分，220kV 柳新线（豫北—豫中）C 相故障跳闸，牡丹变电站 500kV 联变严重过负荷，安控动作，切除洛阳热电厂 6 号机组（单机容量 300MW）。

20 时 56 分，220kV 焦峡线（豫北—豫中）A 相故障跳闸，牡丹变电站 500kV 联变再次严重过负荷，安控再次动作，切除洛阳热电厂 5 号机组（单机容量 300MW）。

20 时 58 分，220kV 首常Ⅱ线（豫西—豫中）B 相故障跳闸；220kV 澳苗线（豫北—豫西）B 相故障跳闸；牡丹变电站 220kV 牡陡Ⅰ线保护动作跳闸。因嵩山变电站为 500kV 开关站，豫北电网（与华北联网）仅靠 500kV 嵩获Ⅰ、Ⅱ回线和马嵩Ⅰ、Ⅱ回线与豫西电网相联，豫西电网（与华北联网）仅靠余下 3 条 220kV 线路与豫南电网（主网）相联。郑热、杭锦等电厂汇报电压迅速下降。

20 时 54 分～59 分，豫中东、豫南各地调按照事故拉闸序位表紧急拉限负荷，紧急停运驻马店天中变电站、漯河变电站等 220kV 变电站主变压器。

20 时 59 分，经过紧急采取切机切负荷措施后，电网基本趋于平稳。

(4) 系统振荡过程及处理恢复情况：

20 时 59 分，豫西、豫中电网潮流、电压出现周期性摆动，电压水平急剧下降，系统出现振荡现象。

20 时 59 分～21 时 03 分，豫西、豫中地区部分机组因定子过负荷保护、过流保护和失磁保护等继电保护动作相继跳闸。

21 时，灵宝直流因电压降低而闭锁，华中电网与西北电网解列。

21 时，万龙Ⅱ回线两套解列装置动作跳闸，四川、重庆电网与华中东部电网解列。龙泉变电站 5062 断路器 B 相爆裂，万龙Ⅱ线高抗中性点避雷器爆裂。

21 时 03 分，华中电网与华北电网手动解列。

21 时 02 分～21 时 07 分，河南省调紧急切除豫南地区部分负荷，直接下令停运淮阳、计山、邓州、薛坡等 220kV 变电站主变压器。

21 时 02 分～21 时 07 分，振荡期间频率最低达 49.1Hz 左右，河南、湖北、江西、湖南等电网低频减载动作，切除负荷合计 1600MW。

21 时 04 分～21 时 07 分，江城直流功率由 3000MW 手动减至 1500MW，龙政直流功率由 3000MW 手动减至 2248MW。

21 时 05 分，在采取了一系列切机切负荷措施后以及低频减载动作后，系统振荡逐渐平息。

21 时 30 分，湖北、湖南、江西电网停供负荷全部恢复供电。

23 时 20 分，河南电网基本恢复正常，停供负荷全部恢复供电。

四、事故影响

该事故导致华中（河南）电网多条 500kV 线路和 220kV 线路跳闸、多台发电机组退出运行，电网损失部分负荷，造成河南等 5 市停电，并影响到周边湖北、湖南、江西等各省电网。

河南 500kV 嵩郑双回线继电保护误动作跳闸，负荷完全转移到和它电磁环网的 220kV 系统，先过负荷继而全网稳定破坏，系统振荡不仅波及西到四川、南到湖南、东到江西的华中全网，而且波及北到华北电网。发电机组共 26 台跳闸、出力损失 600 多万 kW。华中和华北的弱联系单回 500kV 联络线手动解列。华中电网频率下降到 49.1Hz，负荷损失近 380 万 kW。

由于西北、华东、华南对华中都是直流稳控联网的分区结构，所以都不受到事故波及影响。

五、事故原因分析

事故前，郑州 500kV 变电站母线轮停以延长母线。2006 年 6 月 26 日，郑州变电站 500kVⅠ母线停运。2006 年 7 月 1 日，20 时 48 分，500kV 嵩郑Ⅱ线的 REL561 保护因装置故障引起误动，造成 500kV 嵩郑Ⅱ线跳闸，带掉同一串的郑祥线，系统形成 $N-2$ 故障；随即，大量负荷转移至 500kV 嵩郑Ⅰ线。作为安全稳定的第一道防线，继电保护装置没有起到应有的作用。

500kV 嵩郑Ⅱ线保护误动作 10s 后，500kV 嵩郑Ⅰ线因过负荷保护误动，带掉同一串的白郑线，系统形成 $N-4$ 故障，使得豫中与豫北、豫西的 500kV 联络通道断开，潮流向同一断面的 220kV 线路转移，导致多回 220kV 线路过载。同样，作为安全稳定的第一道防线，继电保护装置没有起到应有的作用。

嵩山变电站安全稳定控制装置拒动是导致本次事故扩大的原因。本次事故中，嵩山变电站安控装置未能正确动作，快速及时切除豫西、豫北等送端地区机组负荷，作为第二道防线的安全稳定装置没有起到应有的作用。

六、事故处理过程分析

事故发生后，电力调度处理及时、果断，措施有效。紧急停运部分发电机组，拉限负荷，维持电压水平，控制系统潮流，防止了事故进一步扩大，成功地避免了一次电网大面积停电事故发生。主要表现在以下三点：

（1）调度判断准确，处置果断。事故发生后，国家电力调度中心、华中电力调度中心，特别是河南省电力调度中心判断准确，处置果断，指挥有效，迅速平息系统振荡，精心组织电网恢复和供电恢复，成功地避免了一次类似美加大停电的电网瓦解和大面积停电事故发生。

（2）应急预案发挥了重要作用。河南省电力公司按照《国家处置电网大面积停电事件应急预案》等应急管理的要求，认真组织编制了各级、各类应急预案。特别是针对豫北-豫中、豫西-豫中 500kV 断面是华中电网薄弱环节的具体情况，对嵩山至郑州第一、二回线路同时跳闸曾专门组织过预案演练，使调度值班员在面对突发事故时能够沉着应对、正确处置，防止了事故的进一步扩大。

（3）厂网密切配合，为事故处理提供保障、创造条件。各发电厂在事故处理过程中以高

度的责任感密切配合电网企业，严格执行调度命令，全力协助事故处理，反应迅速，及时起停机组，调整负荷，为事故处理赢得了时间、创造了条件。

案例二　2005年陕西电网“6·21”安康电厂与主网解列

一、综述

2005年6月21日15时54分，受秦岭山区恶劣气候影响，西北电网安康水电厂330kV送出线路安（康）南（郊）Ⅱ线、安（康）柞（水）Ⅰ线相继故障跳闸。由于事故前西电东送功率较大，陕西关中受电的重要线路330kV沣（河）北（郊）线停电进行施工，安南Ⅱ线、安柞Ⅰ线跳闸后，西电东送超动稳运行，330kV庄（头）南（庄）线超动稳运行，安康电网与主网解列运行，陕西电网电力缺口较大。在此情况下，330kV庄南线及东西部联络线等重要线路一旦故障，将引发东西部电网振荡解列，解列后的陕西电网将因出力严重短缺酿成大面积停电事故。

二、事故前电网运行方式

事故前，西北电网可调出力20 340MW，用电负荷16 690MW，送华中电力360MW，备用出力3290MW，其中水电旋转备用850MW。陕西电网负荷6200MW、处于上涨趋势，西电东送（西桃、眉雍、天雍、秦雍四条联络线）650MW，庄南线500MW，安康水电厂出力550MW，安柞Ⅰ线、安南Ⅱ线送出520MW。事故前，安康地区负荷168MW。

事故前，西电东送稳定极限按700MW控制，庄南线+蒲北双回线因潮流分布不均，要求控制庄南线不超过550MW。新马Ⅰ、Ⅱ线合计送出按不大于940MW控制，要求在马营变电站准备100MW紧急限电负荷，确保一回线路故障可立即切负荷保证另一回线路不过载。

330kV沣北线停电进行陕西330kV草滩变电站“π”入工作。

事故前电网接线方式如图11-8所示。

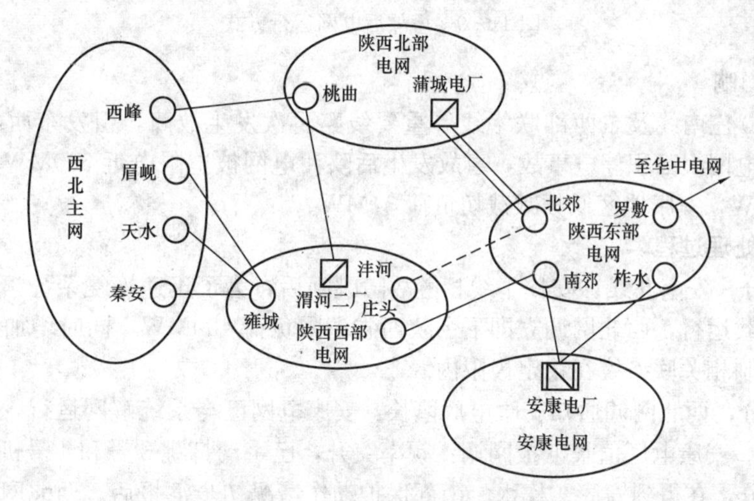

图11-8　事故前电网运行方式

三、事故经过

6月21日15时54分，330kV安南Ⅱ线两侧高频方向、高频闭锁保护动作，C相断路器跳闸，ZCH重合成功。18s后，安南Ⅱ线两侧高频方向、闭锁保护再次动作，C相断路器跳闸，安康侧ZCH重合成功，南郊侧3322断路器三跳，3320断路器A、B相运行。1.8s后，该线路C相又发生第三次故障，安康侧三跳，南郊侧3320断路器A、B相运行，即安南Ⅱ线从南郊侧非全相充电运行，南郊侧电抗器（通过隔离开关接于安南Ⅱ线）匝间保护动作跳闸。

15时55分，330kV安柞Ⅰ线两侧高频方向保护动作，B相断路器跳闸，ZCH重合失败。

安南Ⅱ线、安柞Ⅰ线相继故障跳闸后，西电东送达到1190MW，庄南线790MW，均超过动稳极限，西北电网频率骤降至49.69Hz。

事故后，安康地区最高频率达53.20Hz，稳控装置切除安康0号机组（35MW），安康电厂手动解列2、4号机组，安康1、3号机组共带100MW，切机后，低频减载切负荷34MW，安康电网频率恢复稳定，孤网运行，安康电厂1、3号机组负责孤网调频。

16时50分，陕西灞桥电厂12号炉磨煤机跳闸，减负荷100MW。

事故后电网运行方式如图11-9所示。

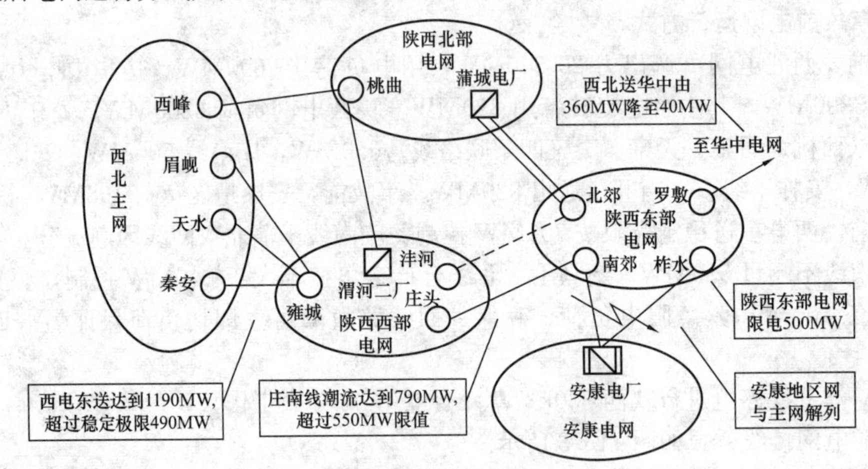

图11-9　事故后电网运行方式

四、事故影响

为避免330庄南线及东西部联络线等重要线路再次发生故障，引发东西部电网振荡解列，酿成陕西电网大面积停电事故，事故发生后陕西电网被迫限电近500MW，西北送华中功率降至40MW，安康地区低频减载切负荷34MW。

五、事故处理过程

15时55分，安南Ⅱ线、安柞Ⅰ线相继故障跳闸后，为了迅速恢复系统频率，消除重要输电联络线过载运行，西北网调立即下令陕西省调限负荷400MW，同时增加未带满出力的电厂出力，控制相关联络线在稳定极限内。

15时56分，西北网调通知安康电厂值长：安康电网已与系统解网运行，要求其自行负责地区网调频。安康电厂值长汇报网调：频率突升，已手动打跳2号和4号机组。

15时57分，在得到安康、柞水、南郊保护动作情况初步汇报后，西北网调立即令陕西省调安排查线。

15时59分，西北网调令陕西省调根据陕南电网情况开启石泉电厂备用机组，并协调甘肃省调增加碧口电厂直供陕西电网的出力。

16时10分，西北网调将事故简要汇报国调并请求事故支援。国调给予大力支持，16时

10分～16时22分西北送华中电力由360MW降至40MW。

16时15分，西电东送有功降至650MW，16时22分庄南线有功降至520MW，均恢复至动稳水平内。

18时03分，西北网调做好了安康机组带线路零起升压的准备工作，即调整了安康电厂接线方式，整定和修改了线路保护定值。

18时15分，安康电厂4号机组对安柞Ⅰ线零起升压正常。

18时46分，安柞Ⅰ线由柞水侧充电，18时54分安柞Ⅰ线同期合环，安康地区电网与主网并列。西北网调即通知安康电厂停止调频。

18时50分，西北网调通知安康开机，并通知陕西省调恢复部分限电负荷。

19时45分，西北送华中电力由40MW升至200MW。

23时30分，陕西限电负荷全部恢复。

6月22日0时10分，西北送华中电力由200MW升至360MW。

1时15分，西北网调保护处到南郊变电站现场检查相关设备情况。

6时12分，安康电厂4号机组对安南Ⅱ线零起升压正常。

8时21分，安南Ⅱ线转运行，电网恢复正常运行方式。

六、事故原因及分析（包括事故起因、扩大原因）

1. 线路故障原因

事故当天，巡线人员迅速赶赴故障地段，由于故障地段处于秦岭山区，并且为暴雨、冰雹和大风天气，无法查找故障点。当时初步分析为山区恶劣气象条件造成线路故障跳闸。天气好转后，查明了线路跳闸原因：安南Ⅱ线126号塔C相靠小号侧遭雷击，安柞Ⅰ线110号塔B相连接金具和与其相连的第一串瓷瓶有轻微烧伤痕迹。

同时，南郊变电站对南安Ⅱ线电抗器进行了检查，未发现异常。

2. 保护动作分析

15时54分，安南Ⅱ线C相发生瞬时性故障，线路两侧LFP-901、LFP-902保护均正确动作，ZCH重合成功。第一次故障发生18s后，该线路同一地点再次发生C相故障，安康电厂侧保护正确动作，ZCH重合成功；南郊侧线路保护动作后由于3322、3320断路器重合闸充电时间未满，3322断路器直接三跳，而3320断路器（集成电路保护）没有重合闸充电时间未满沟通三跳回路，仍维持A、B两相运行。第二次故障发生1.8s后，该线路C相发生第三次故障，因安康侧保护未整组复归，故直接三跳。安康侧断路器三跳后，由于南郊侧3320断路器A、B相还处于运行状态，造成安南Ⅱ线从南郊侧非全相充电运行。线路非全相运行时，产生较大的零序电压和零序电流，满足了南郊2号高抗晶体管型匝间保护动作条件，造成电抗器保护动作。

15时55分，安柞Ⅰ线B相发生高阻接地故障，线路两侧LFP-901保护正确动作，跳开B相断路器，ZCH动作。因线路为永久性故障，当线路重合于故障时，两侧LFP-901保护加速出口，断路器三跳。由于线路为高阻接地故障，故两侧LFP-902保护未动作出口。

七、事故处理过程分析

在本次事故处理过程中，国调中心、西北网调、陕西省调三级调度能够齐心协力、密切配合，使运行方式得到及时调整；由于各调度机构在平时的反事故预案及反事故演习中安排了与本次事故相同的内容，使调度员面对突然发生的事故能够沉着应对，在处理事故过程中采取措施正确、果断，避免了电网解列事故与大面积限电事故。在事故恢复过程中采取了积极稳妥的方式，避免了电网再次受到故障的冲击，确保事故恢复过程安全、可靠地进行。

案例三 1995年西北电网“9·9”宁夏电网与系统解列

一、综述

1995年9月9日6时07分，西北330kV靖（远）大（坝）线发生绝缘子闪络事故，宁夏电网内多处继电保护拒动、误动，造成宁夏电网解列瓦解、大面积停电的重大事故。事故中共有6个330kV断路器、17个220kV断路器和4个110kV断路器跳闸。事故导致宁夏电网与主网解列，宁夏电网南北解列。事故造成系统甩负荷420MW（事故前系统负荷920MW），银川市甩负荷130MW左右（银川市正常用电负荷约180MW，事故后只维持40～50MW）。是一起非常严重的系统解列事故。

二、事故前电网运行方式

大坝电厂2号机运行，1号机检修，大武口电厂1、3、4号机运行，石嘴山电厂3、4、5、6、7、8、9号机运行，中宁电厂1、2号机运行，青铜峡电厂1、2、3、4、5、6、7、8号机运行。火电厂出力870MW，水电厂出力170MW，大靖线向主网送出120MW，宁夏电网系统负荷920MW。

三、事故经过

1995年9月9日6时07分，330kV靖（远）大（坝）线（宁夏与主网联络线）130号塔（距靖远电厂50km，属甘肃白银局管辖）A相绝缘子对横担闪络接地，靖远侧保护正确动作跳闸；大坝侧线路保护全部拒动，7、8号联络变压器330kV侧零序电流保护拒动，8号联络变压器中性点零序电流保护拒动，2号主变压器零序电流保护动作跳8200、8202断路器，2号机停运，220kV母线解列，7号联络变压器中性点零序保护动作跳开三侧3321、3320、8207、357断路器，高压电抗器匝间保护动作跳3301断路器；330kV大固线固原侧零序Ⅳ段保护动作跳3312、3310断路器；220kV青古线古侧零序Ⅱ段保护误跳623断路器，220kV新城变电站3号主变压器零序方向保护误动跳3206断路器；220kV大青甲、乙、丙线青侧零序Ⅲ段保护动作跳217、219、221断路器；220kV银新线新侧零序Ⅳ段、接地距离Ⅲ段保护动作跳3207断路器；220kV银川变电站3号主变压器跳4203断路器（无保护跳闸信号），4号主变压器差动保护误动跳三侧断路器；220kV武银甲线零序Ⅳ段保护、接地距离Ⅲ段保护动作跳205断路器；大武口电厂2号主变压器零序电流保护动作，跳200、203断路器；220kV武新线新侧零序Ⅲ段保护动作跳3209断路器。至此，宁夏电网青铜峡电厂、中宁电厂带银南、银川地区负荷与北部网大武口电厂、石嘴山电厂（带银北负荷）解列，南部电网出力严重不足，频率降至45.59Hz，限电；北部网出力过剩，频率上升至51.27Hz，压出力调频率。中宁电厂低频切机保护动作将1号机解列，2号主变压器复压过电流保护动作，2号机停机。此时大武口电厂4号机通过武银乙线、大银乙线、大坝8号联络变压器带大靖线故障点，随后大武口电厂4号主变压器差动保护和银川变电站4号主变压器差动保护同时误跳闸，造成大坝电厂带负荷很轻的长线运行（大银、银武、武平线串接，武平线为末端），大坝电厂大靖线过电压保护动作，跳开大坝3322断路器，故障切除。大武口电厂3号机失磁保护误动。

事故电网接线方式如图11-10所示。

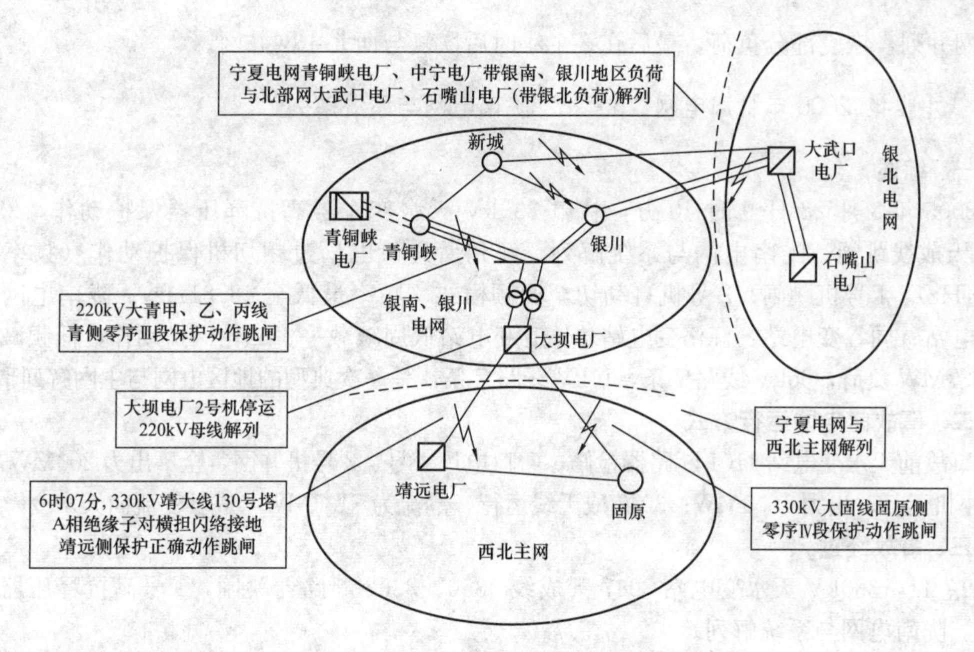

图 11－10　事故电网接线方式

四、事故影响

事故中，共有 6 个 330kV 断路器、17 个 220kV 断路器和 4 个 110kV 断路器跳闸。事故导致宁夏电网与主网解列，宁夏电网南北解列。事故造成系统甩负荷 420MW（事故前系统负荷 920MW），银川市甩负荷 130MW 左右（银川市正常用电负荷约 180MW，事故后只维持 40～50MW），2 个多小时后，系统逐步恢复，跳闸机组陆续并网。

五、事故处理过程

事故发生后，宁夏省调令银南地调限电，除 304 铝厂低频减负荷装置切除 90MW 负荷外，事故处理过程中还拉开青铜峡变电站 114、125 断路器，青铜峡电厂 112、113 断路器共 13MW 负荷，使频率恢复至 50Hz；同时令银北地区减出力，停石嘴山电厂 6 号机。

6 时 37 分恢复武新线；令大武口电厂向银川变电站充电，银川变电站恢复运行。

7 时 13 分令大武口电厂用母联 200 断路器将宁夏电网并列，银新线合环。令银川变电站向大坝充电，青铜峡变电站 217 断路器合环。

8 时 03 分与西北电网恢复并列。

六、事故原因及分析（包括事故起因、扩大原因）

（1）这次事故的直接原因是大靖线线路污闪。

（2）事故扩大的主要原因：大坝电厂大靖线保护拒动。

（3）事故扩大的次要原因：大坝电厂 7、8 号联络变压器保护拒动，220kV 大银甲、乙线银侧保护拒动等。

七、事故处理过程分析

本次事故发生后，调度员对于电网运行方式的调整正确无误，首先将宁夏电网解列后形成的南北两个小网的出力调整到位，果断采取了限电、停机等手段，迅速控制了频率，保证了地区电网稳定，防止事故进一步恶化。

调度员在稳定系统的基础上，准确判断，将误动、拒动保护退出运行，迅速恢复宁夏南北电网并列，恢复部分负荷，最后在2个小时后恢复与西北主网并网。

案例四 2005年甘肃电网“5·28”陇南电网与系统解列

一、综述

2005年5月28日9时40分，甘肃330kV天水变1号高抗释压器保护动作，330kV 3047天成线跳闸。陇南电网与系统解列。解列后碧口电厂过频切机保护动作（频率最高52.44Hz），1号机跳闸、2号机自动切至调频模式（频率最低至48.81Hz）。陇南电网何家湾变电站、同谷变电站、江洛变电站、长道变电站低周减载一、二轮保护动作，低频减载所切56.7MW负荷，35kV线路7条，10kV线路7条，是一次典型的地区电网与主网解列事故。

二、事故前电网运行方式

事故前天水变电站1101断路器检修；碧口电厂1号、2号机并网，全厂出力200MW，1～4号小机运行，出力16.5MW；3047成天线运行，潮流为71.5MW（成县变流向天水变）。

三、事故经过

9：41，330kV天水变电站3047天成线3350、3352断路器跳闸，1号高抗释压器保护动作。陇南电网与系统解列。

碧口电厂碧成2211线过频切机保护动作（频率最高52.44Hz），1号机跳闸、2号机自动切至调频模式出力88MW，频率50.5Hz（频率最低至48.81Hz）。

成县变保护装置打出成天线ZSL－900数字接口装置动作，WGQ－871远跳装置异常，220kV母差GZM－41A装置故障异常信号。站内断路器跳闸，安全自动装置未动作。

陇南电网何家湾变电站、同谷变电站、江洛变电站、长道变电站低周减载一、二轮保护动作，低频减载所切56.7MW负荷，35kV线路7条，2条为硅铁负荷，其余为农网负荷，10kV线路7条，全部是农网负荷。

事故情况及电网接线方式如图11－11所示。

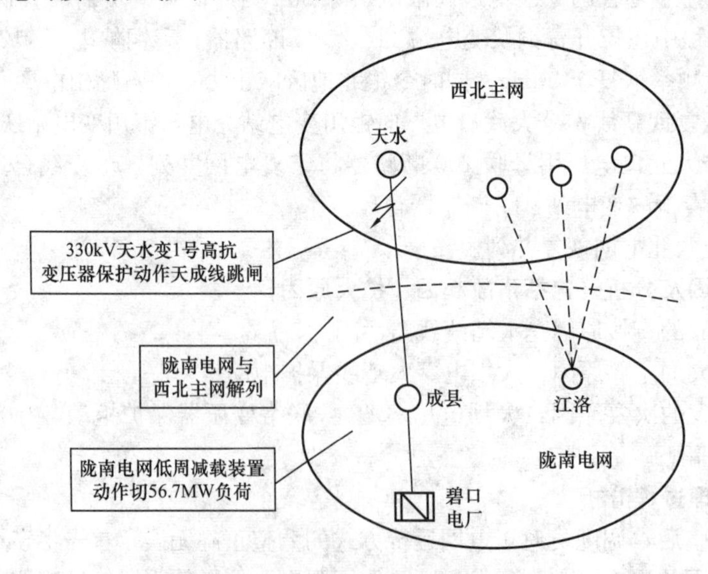

图11－11 事故情况及电网接线方式

四、事故影响

事故造成陇南地区电网与主网解列，陇南地区电网频率最高至 52.44Hz，最低至 48.81Hz。造成碧口电厂安自装置动作切除 1 号机。事故引起何家湾变电站、同谷变电站、江洛变电站、长道变电站低周减载一、二轮保护动作，低频减载所切 56.7MW 负荷。

五、事故处理过程

事故发生后，甘肃省调令天水变压器检查 3047 天成线间隔一、二次设备。告陇南地调 3047 天成线跳闸，陇南电网与系统解列，令其检查网内设备情况。

成县变电站 330kV 成天线 3310 断路器在合，保护装置打出“失灵远跳装置异常”信号，9：52，3310 断路器断开。

9：45，碧成 2211 线过频切机保护动作（频率最高 52.44Hz），1 号机跳闸，2 号机自动切至调频模式出力 88MW，频率 50.5Hz（频率最低至 48.81Hz），省调令其调频运行。

9：55，陇南地调汇报何家湾变电站、同谷变电站、江洛变电站、长道变电站低周减载一、二轮保护动作，低周所切 66.7MW 负荷，其中 35kV 线路 8 条，2 条为硅铁负荷（共计 30MW），其余为农网负荷，10kV 线路 5 条，全部是农网负荷。

10：24，陇南地调汇报：110kV 江七、江北、长石线保护已改为 110kV 联网运行方式，江洛变同期装置运行正常，可以在江洛变同期并列。

10：35，天水变汇报：1101 断路器检修工作结束，具备送电条件，当值调度令其将 1101 断路器检修转运行。

10：45，甘肃省调令陇南地调操作陇南电网与主网在江洛变同期并列。10：57 陇南电网通过江北 1114 断路器与主网同期并列成功。

10：58，碧口电厂 1、2 号机解除调频，出力维持不变。

11：05，天水变电站 1 号高抗冷备用转检修后详细检查。

11：30，陇南电网低周所切负荷已全部送出。事故损失电量 8.53 万 kWh。江洛、长道变备自投装置退出。

11：41，成县变将低频解列装置及串补远方切机装置退出，1、2 号主变压器过载远方切机装置投入。

12：03，成县变电站将 3 号联变运行转热备用。

13：00，天水变电站将 3350、3352 断路器热备用转冷备用。

六、事故原因及分析（包括事故起因、扩大原因）

陇南电网仅通过一条 330kV 天成线与主网联系，联系非常薄弱，线路高抗保护动作导致线路跳闸，是本次事故的起因。

七、事故处理过程分析

本次事故发生后，调度员对于电网运行方式的调整正确无误，迅速稳定了地区电网频率，避免了事故扩大。调度员在稳定系统的基础上，准确判断，迅速恢复系统并列；恢复已停电的设备，将损失降到最低。

案例五　1999 年华北电网“4·28”局部电网解列

一、综述

1999 年 4 月 28 日，华北电网 500kV 房山变电站因 220kV 断路器内部故障引起母线跳

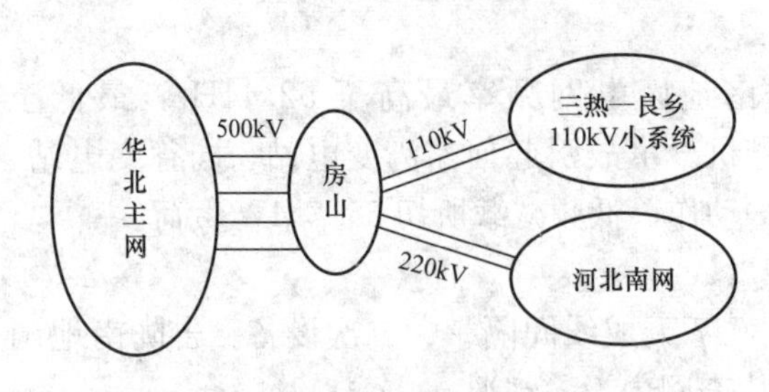

图 11－12　1999 年华北电网“4·28”
事故前系统接线示意图

闸，造成河北南网与华北主网解列，北京地区 110kV 三热—良乡—房山小系统独立运行的事故。

二、事故前运行方式

华北电网正常运行方式。房山变电站 220kV 5 号母线运行，4 号母线备用，母联 2245 断路器检修状态。北京三热 110kV 5 号母线在检修状态。事故前系统接线示意图如图 11－12 所示。

三、事故经过及处理过程

4 月 28 日 14 时 30 分，华北电网 500kV 房山变电站 220kV 母联断路器 2245 断路器检修完毕恢复送电过程中（220kV 5 号母线运行，4 号母线备用），当合上 2245－5 隔离开关时，2245 断路器 C 相内部发生故障，引起 5 号母线母差保护动作跳开 220kV 全部 12 个断路器，共切除该站 8 条 220kV 线路、2 台 500kV 变压器和 2 台 220kV 变压器。

15 时 27 分，北京三热 110kV 5 号母线检修工作终止并转备用；15 时 52 分，三热 110kV 小系统与主网并列；16 时 20 分，北京地区停电负荷全部恢复供电。

16 时 20 分，220kV 房南（房山—南苑）双、房吕（房山—吕村）双和 2 台 500kV 变压器恢复送电。随后，由房山供电的 2 条 220kV 负荷线路恢复送电。

17 时 28 分，河北南网与华北主网并网。

四、事故影响

事故导致河北南网、北京地区 110kV 三热—良乡—房山局部电网分别与主网解列。河北南网频率最低至 49.51Hz，河北南网拉路限电 70MW。三热—良乡—房山 110kV 小系统低频减载第一轮 49.25Hz/0.2s 和特殊轮 49.25Hz/20s 动作，切除 35kV 3 路、10kV 11 路负荷，部分低压释放装置动作，共计损失负荷 50MW。

五、事故原因分析

房山变电站 2245 母联断路器 C 相发生内部故障是此次事故的直接原因。从事故的发展过程来看，房山变单条母线有 12 个元件接入运行，说明电网结构仍不够坚强，致使母线发生故障后引起局部电网解列。

六、事故处理过程分析

本次事故中，北京地区 110kV 小系统因低频低压减载装置的正确动作而保证了稳定运行，使得事故没有进一步扩大。为后期事故处理打下了良好的基础。

由于母线和主变压器跳闸需要检查的时间较长，实际处理中调度及时终止北京三热 110kV 5 号母线检修工作，及时利用无故障母线恢复北京小系统与主网的并列，使得停电负荷得到及时恢复，处理过程体现了“保人身、保电网、保设备”的指导思想，即在确保人身安全的条件下，优先考虑恢复电网的正常方式，在此基础上，逐步恢复停电设备的送电，处理准确，合理。

案例六　2000 年“11·8”蒙西电网解列

一、综述

2000 年 11 月 8 日，蒙西电网（以下简称蒙西网）与华北电网（以下简称华北网）发生

解网事故，联络线简图如图 11－13 所示。事故发生在电网高峰时段，导致蒙西网甩发电负荷高达 963MW，其范围之广、影响之大在当时实属罕见。

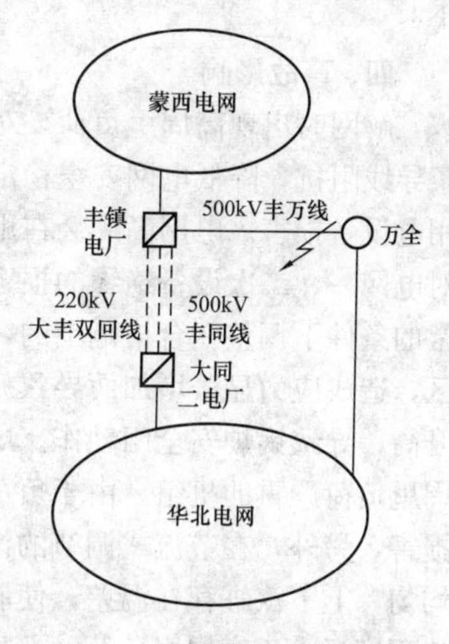

图 11－13　蒙西电网与华北 4 回联络线简图

二、事故前运行方式

蒙西网作为华北电网的一部分，与华北网之间由 2 条 500kV 和 2 条 220kV 线路相连。由于各种原因，当时投入运行的只有 1 条 500kV 线路（丰万线），另外 1 条 500kV 线路（丰同线）及 2 条 220kV 线路（太丰双回）停电备用。截止事故发生日，蒙西网总装机容量为 4869MW，除了满足地区用电，还肩负着向华北送电的任务，执行的送电曲线为 938/850/657MW，全天 24h 分高峰、平腰、低谷三段。

解网前，蒙西网方式安排最大发电负荷 3575MW，丰镇发电厂 5 号机（200MW）、蒙达公司 4 号机（330MW）、准格尔电厂 1 号机（100MW）、乌拉山发电厂 2 号机（50MW）检修。检修的电气设备有张家营变电站 2 号主变压器和 220kV 兴城线。高周切机投运情况为第一轮：动作值 52Hz，动作时间 0s，切丰镇发电厂 3 号机（200MW）、包头第一热电厂（以下简称包一）7 号机（100MW）、乌拉山发电厂 3 号机（100MW）、乌达电厂 3 号机（25MW），容量合计 425MW；第二轮：动作值 51.5Hz，动作时间 1s，切丰镇发电厂 4 号机（200MW）、海勃湾发电厂 2 号机（100MW）、乌达电厂 4 号机（25MW），容量合计 325MW。

三、事故经过及处理过程

2000 年 11 月 8 日 09：40，500kV 丰万线有功负荷从 963MW 降至 0MW，系统频率从 50.05Hz 瞬时升高至 51.08Hz，后降至 50.67Hz；500kV 丰万线万全变侧断路器频率跳闸，为纵联方向后备阻抗Ⅰ、Ⅱ段动作；丰镇发电厂侧断路器未动，系统无冲击；蒙西网全网发电总有功从 3011MW 降至 2048MW，甩负荷 963MW。各厂高周切机动作情况为：第一轮全部动作，切除以上 4 台机；第二轮未动，高周切机正确动作。其中丰镇发电厂 4 号机负荷从 120MW 甩至 0MW，准格尔电厂 2 号机负荷从 98MW 甩至 0MW，乌拉山发电厂 1 号机负荷从 42MW 甩至 0MW；丰镇发电厂 1、2 号机负荷基本没变，蒙达公司 2、3 号机负荷只降了 40MW。乌拉山发电厂 1、3 号炉，丰镇发电厂 4 号炉灭火。

09：43，当值调度员了解以上情况后，立即指定包一为调频厂，负责蒙西网断路器频率调整，调整范围为（50±0.5Hz），同时下令各发电厂适当降负荷，断路器频率从 50.67Hz 降至合格范围。频率异常时间未超过 4min。

09：45，乌拉山发电厂汇报 0 号主变压器（120MVA）过负荷，有功 120MW，令其增加 1 号机负荷。09：53 乌拉山发电厂 0 号主变压器恢复正常。

09：46，张家营变 1 号主变压器（120MVA）过负荷，有功 130MW，令包一并 7 号机。10：10 包一 7 号机并网。10：20 张家营变 1 号主变压器恢复正常。

09：59，丰镇发电厂拉开丰万线本侧断路器。

10：07，500kV 丰万线由万全变侧给线路充电正常。10：32，丰镇发电厂侧同期并列成功。至此蒙西网并入华北网，11：35 送华北网潮流恢复正常，蒙西网恢复正常运行状态。

四、事故影响

解网时出现高周甩负荷，对蒙西网一、二次设备损害相当大。电网高周会增大电网内各条导线阻抗，降低电网安全稳定运行水平，同时也进一步降低低电压地区的供电电压，造成用电设备损害。电网高周会在甩负荷较严重的电源点附近瞬时产生较高的工频过电压，造成对电网一、二次设备绝缘的损害及保护误动。汽轮机叶片的固有振动频率都是在电网频率正常的条件下调整在合格范围的，当电网高周时，有可能使汽轮机某几级叶片接近或陷入共振区，造成应力显著增加而导致疲劳断裂。高周甩负荷严重的机组会造成锅炉主蒸汽压力过分升高，导致锅炉安全门动作。电网高周也会造成锅炉辅机转速升高，加重对锅炉的危害。高周甩负荷严重的机组，由于负荷低，锅炉燃烧不稳，主蒸汽品质难以保持，导致汽轮机叶片损害，另外，在节流式调节的汽轮机中，前汽缸由于蒸汽集中在一个方向而造成汽缸加热不均匀，上下汽缸存在温差，使胀差增大，对汽轮机安全运行不利。高周切机对发电机组的影响程度远大于高周甩负荷，严重的还可能造成发电机组超速“飞车”。电网高周会使用户电机转速升高，导致生产企业产品不合格，影响企业效益。

解网事故发生在向华北送电的高峰期（东送潮流计划为938MW），解网时间近1h，损失电量约100×10^4kWh，直接经济损失约41.47万元，考虑高周对发电设备和生产用户的影响，间接经济损失无法准确估量。

五、事故原因分析

蒙西网与华北网解网事故是由于万全变电站侧保护人员工作时，误将500kV丰万线万全变电站侧断路器捅跳所致。

六、事故处理过程分析

本次事故中，当值调度员准确判断电网解列的情况，及时制订包一为调频厂，负责蒙西网频率调整，并给定了调整范围为（50±0.5Hz），同时高周状态下能及时降负荷，缩短了电网高周运行时间；蒙西网与华北网解网后能及时并网，缩短了蒙西网孤立运行的时间，减少了电量损失；及时令乌拉山发电厂1号机增加负荷、令包一7号机尽早并机带负荷，是缩短乌拉山发电厂0号变电站、张家营1号变电站过负荷时间的最佳方案。说明调度员处理事故的措施是正确的。

七、电网解列事故处理的一般原则

由于系统振荡或其他原因造成主网或地区电网解列后，首先指定各部分电网的调频厂，同时注意各部分电网的有功的平衡：频率高的电网采取减出力，甚至解列发电机组的办法使频率下降到50.20Hz以下；频率低的电网采取增加出力、拉限电，甚至通过低周减载装置等办法将频率恢复到49.80Hz以上。通过以上手段，防止事故扩大，造成系统崩溃以及大面积停电，并尽量减少负荷损失。

其次，网省调度按照调管划分的原则，对于每一部分解列后的电网进行指挥处理。查找故障原因，处理或隔离故障点。必要的情况下，网调调度员可以暂时授权相关省调对直调厂、站进行事故处理指挥，保证解列后各部分电网的事故恢复。

然后，故障点处理或隔离完毕后，根据电网实际情况恢复电网的并列运行。主网的并列由网调调度员统一指挥，省网内地区电网的并列由省调负责指挥，涉及其他省网时，由网调统一协调。电网恢复并列运行时，应注意满足电网同期并列条件，一般由大网充电，小网同期并列。

最后，电网并列运行后，调整电厂出力，恢复电网的正常运行及供电。

第三节 发电厂、变电站全停

案例一 2006年陕西电网“8·3”韩城电厂全停

一、综述

2006年8月3日15时46分，陕西电网韩城电厂因滑坡测量使用的细铁丝碰及站内运行设备，断路器拒动，造成韩城电厂全停，9座110kV变电站失压，损失负荷200MW；同时引起韩城二厂1、2号机组跳闸，频率降至49.58Hz，陕西电网功率缺额较大，从甘、青、宁电网受电断面严重超过安全稳定极限，电网安全稳定运行受到极大威胁。

二、事故前电网运行方式

陕西电网负荷6640MW，可调出力8300MW，总出力6550MW，火电出力6400MW，水电出力150MW；西电东送功率440MW，平（凉）眉（岘）双回线950MW。罗灵线功率370MW。西电东送断面稳定按770MW控制，平眉双回线断面稳定按950MW控制。

事故前，韩城一厂开1、3、4号机组带18.50MW出力；韩二厂1、2号机组全开带950MW出力，安康电厂开1号机组带100MW出力。

事故前，韩城供电区运行方式：110kV韩下Ⅰ、Ⅱ线并列运行供马村变电站、下峪口变电站、苏东变电站、山西铝厂负荷；韩龙线运行供龙门变、龙钢变；韩合线运行供合阳变电站、芝阳变电站、东雷变电站，合韩断路器开环（共计20万负荷）。

事故前，电网运行方式如图11-14所示。韩城电厂接线方式见图11-15。

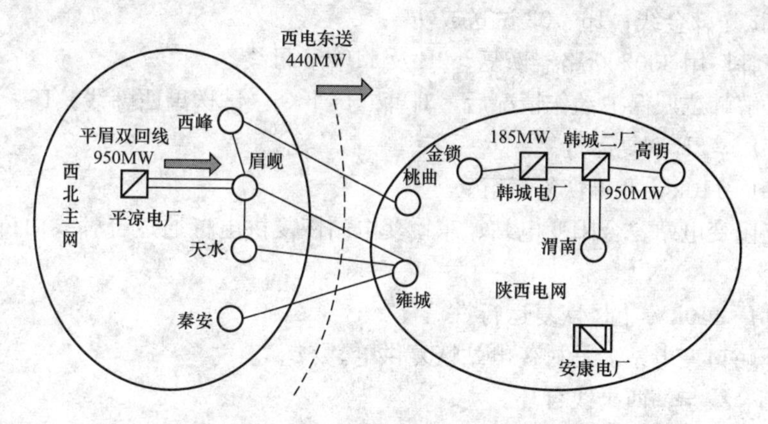

图11-14 事故前电网运行方式

三、事故经过

2006年8月3日15时46分，韩城电厂3号主变压器差动保护动作，跳开1303、1103、3304断路器，3303断路器拒动，引起韩金线、韩西禹线对侧跳闸，韩城电厂与系统解列，330kV、110kV母线失压，该厂直供的9座110kV变电站失压。同时，韩城二厂1、2号机组跳闸，系统频率降至49.58Hz，陕西电网失去出力950MW，西电东送断面功率达1380MW，平眉双回线功率达1200MW，均严重超稳定极限运行。

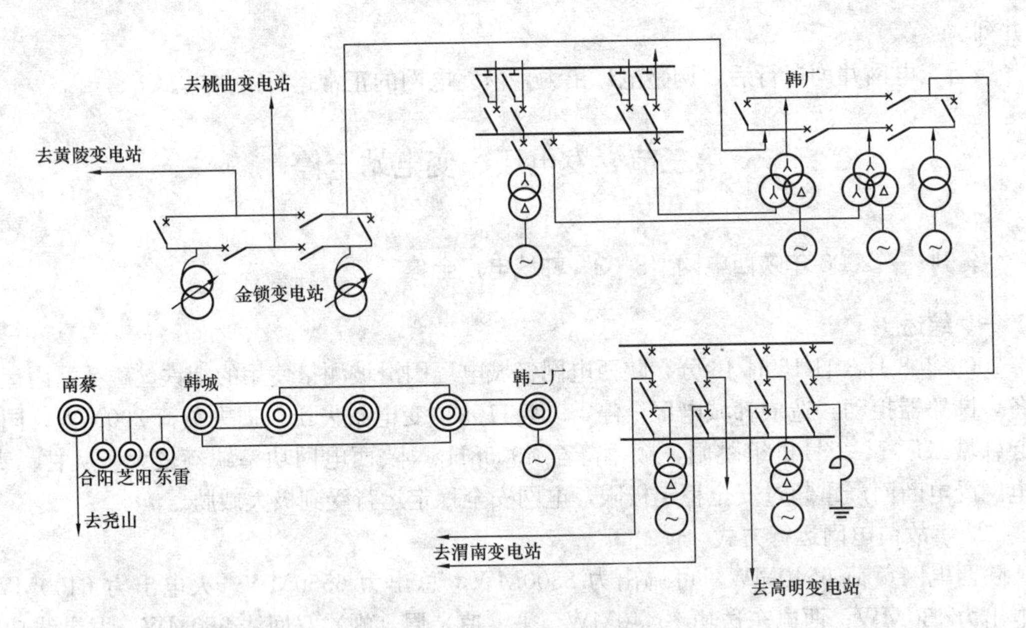

图 11-15　韩城电厂接线图

15：46 韩城一厂＃3B 差动保护动作，1103、1303、3304、1100、3305 断路器跳闸，1、3、4 号机组解列，因 3303 断路器未跳闸，失灵保护未起动，导致韩西禹线、韩金线对侧后备保护动作跳闸，韩二厂 1、2 号机组后备保护动作跳闸。西电东送达 1380MW，平眉双回线功率达 1200MW。西北网调及陕西省调通过迅速增加石泉、安康、喜河、蔺河口及陕西火电备用出力，6min 内将西电东送降至 650MW，满足动稳要求。

16：01 了解金锁变电站保护动作情况，确认韩城电厂所有失压断路器已拉开后，对金锁变电站下令试送韩金线；16：03 试送成功。

16：03 令韩厂用 3302 断路器恢复＃2B 及 110kV 母线。

16：04 了解韩二厂保护动作情况后，对韩二厂下令：试送禹西韩线。16：19 试送成功。

16：07 韩厂＃2B 恢复运行。

16：08 韩厂 110kV Ⅱ母恢复运行。

16：08 芝阳变电站、合阳变电站、东雷变电站恢复供电（通过合韩线由桥陵变电站供，共计 24MW）。

16：14 韩厂 110kV Ⅰ母恢复运行。

16：20 下峪口变电站、马村变电站恢复供电。

16：23 韩金线与韩西禹线合环。

16：25 龙门变电站、龙钢变电站恢复供电。

16：37 韩二厂 1 号机组恢复并网。

16：40 苏东变电站恢复供电。

16：44 韩二厂 2 号机组恢复并网。

16：46 对金锁变下令将＃0DK 停运抬高地区电压。

17：25 韩厂 4 号机组恢复并网。

17：40 韩厂 1 号机组恢复并网。

18：00 失压负荷全部恢复。

事故处理完毕。

四、事故影响

本次事故损失出力 1135MW，损失负荷 200MW，9 座 110kV 变电站失压。频率最低至 49.58Hz，低周时间 97s。西电东送及平眉双回线功率均严重超稳定极限运行。

五、事故原因及分析

2006 年 8 月 3 日，韩城电厂在 3 号主变压器旁进行防滑加固工程测量工作，15：48 工作人员在回收测量绳（0.8mm 细铁丝）时，测量绳摆动引起 3 号主变压器 110kV 侧 C 相引线对测量绳放电，继而发展为对 330kV B 相引线弧光短路。3 号主变压器差动保护动作，3304（3303 断路器拒动）、1103、1303、163、633 甲、633 乙、3 号机 MK 断路器跳闸，330kV 3303 断路器因跳闸出口继电器焊点虚焊拒动，引起 330kV 韩金线金锁变侧线路接地距离Ⅱ段动作，330kV 韩西禹线韩城二电厂侧线路接地距离和零序保护Ⅱ段动作，断路器跳闸，韩城电厂与系统解列、全停，该厂直供负荷全部损失。

韩城电厂 3 号主变压器故障同时，韩城二电厂 1、2 号主变压器零序电流保护动作，1、2 号机组（容量各 600MW）跳闸。经查，韩城二厂 1、2 号主变压器零序电流保护原整定值为 2.5s，后电厂将定值改为 0.5s，较 330kV 禹西韩线Ⅱ段保护（定值 0.8s）快，致使保护配合上失去了选择性。在韩城电厂 3303 断路器拒动时，韩城二厂 1、2 号主变压器先于 330kV 禹西韩线动作跳闸，切除了 1、2 号机组，造成事故进一步扩大。

六、事故处理过程分析

事故发生后，网省两级调度员针对主网西电东送断面严重超稳定的事故方式，迅速增加石厂、安厂、喜河、蔺河口及陕西火电备用出力，短时间内将西电东送降至 650MW，满足动稳要求。

韩城电厂 330kV 部分为复杂的环形接线，故障点为 3 号主变压器部分，3303 断路器未动，韩金线和韩西禹线均为后备保护动作，初步判断线路无故障，调度员通过了解一、二次设备动作信息，综合判断，对金韩线进行试送，成功后韩城电厂恢复 330kV2 号主变压器。在韩城二厂侧对韩西禹线试送电，成功后韩金线和韩西禹线合环。韩城电厂通过恢复 110kV 母线，将事故发生后损失负荷逐步恢复。结合韩二电厂 1 号、2 号机组后备保护动作跳闸情况，分析为后备保护越级动作，发变组无故障，2 号、1 号机组相继并网。

案例二 2006 年陕西电网“12·25”渭南变电站全停

一、综述

2006 年 12 月 25 日，陕西关中北部大雾迷漫，能见度只有 7～8m，西北电网 330kV 渭南变电站两条母线相继跳闸，联切所有 330kV 出线及主变压器，造成电网主要断面严重超稳定运行，损失负荷约 80MW。尽管此次事故减供负荷不多，但前后共有六回 330kV 线路跳闸，一座 330kV 变电站的两条 330kV 母线失压，网调下达紧急事故调度指令达 30 多条，是西北电网近几年来发生的最大一次电网事故，也是最难处理的一次事故。

二、事故前电网运行方式

事故前渭南变电站全接线方式运行，其中渭东Ⅰ线、渭北Ⅰ线、渭高线、渭禹Ⅰ线、＃1B（带 100MW 负荷）在 330kV Ⅰ母运行；渭北Ⅱ线、渭禹Ⅱ线及＃2B（带 100MW 负荷）在 330kV Ⅱ母运行。

韩城二厂带 900MW 出力，韩城一厂带 250MW 出力，韩金线有功 250MW，禹渭Ⅰ、Ⅱ线有功各 240MW，高渭线有功 180MW，寨南双回＋渭东Ⅰ线有功 880MW。西电东送 350MW，西北送华中 360MW，电网运行正常，各部分备用充足。

事故前电网运行方式及渭南变电站电气接线如图 11－16 和图 11－17 所示。

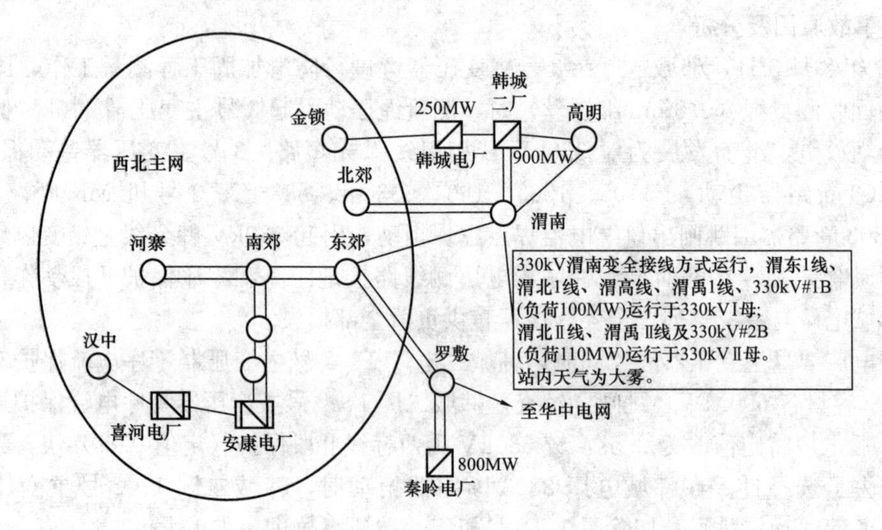

图 11－16　事故前电网运行方式

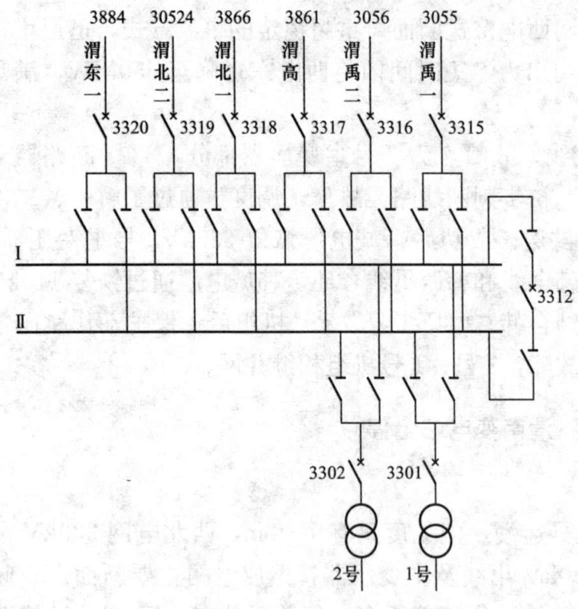

图 11－17　渭南变电气接线图

三、事故经过

9：10，330kV 渭禹Ⅱ线 B 相故障，两套线路保护动作切除故障，重合闸重合成功。约 10s 后，渭禹Ⅱ线再次发生 B 相故障，保护动作三跳。

在渭禹Ⅱ线第一次 B 相故障约 0.05s 后，渭南变 330kV Ⅰ母发生 AB 相间故障，0.02s 左右转换为 ABC 三相故障，两套母差保护正确动作，切除Ⅰ母所联元件（渭东Ⅰ线、渭北Ⅰ线、渭禹Ⅰ线、渭高线、＃1B 断路器）。

此时，北渭Ⅱ线带渭南变电站 330kV Ⅱ母及＃2B 联网运行，渭南＃1B负荷全部转移至＃2B（有功 200MW）；东渭Ⅰ线在东郊侧充电运行，北渭Ⅰ线在北郊侧充电运行。韩城二厂与渭南变电站三回联络线均已断开，韩城二厂通过禹韩线与韩城一厂相联，两厂及高明变电站通过韩金线单线与系统相联，韩金线有功突增至 650MW，重载运行。基本与此同时，秦岭二厂 6 号机失磁保护动作跳闸甩 200MW 出力。造成寨南双回线有功功率增至 1100MW（在渭东 1 线停运情况下，寨南双回线稳定极限为 600MW）。

正当网调调整电网运行方式，紧锣密鼓准备恢复相关线路时，10：05渭南侧330kV Ⅱ母两套母线保护动作，切除Ⅱ母所联北渭Ⅱ线及#2B，渭南变330kV母线失压。同时渭北Ⅱ线B相跳闸，北郊侧北渭Ⅱ线重合成功。

渭南330kV双母失压后，电网运行方式如图11－18所示。

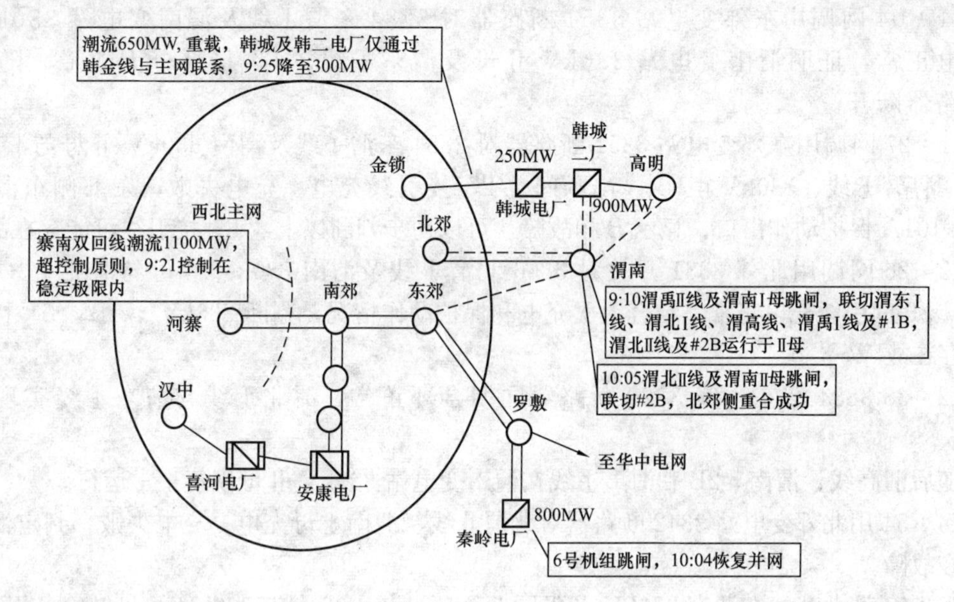

图11－18　事故后电网运行方式

四、事故影响

事故造成六回330kV线路跳闸，一座330kV变电站的两条330kV母线失压，损失80MW负荷，120MW负荷备自投转移至相邻厂站供电，多条重要输电断面（线路）重载或过载，严重威胁着西北电网的安全稳定。

五、事故处理过程

事故发生后，西北网调立即令陕西省调迅速降低韩城一、二厂出力，减小韩金线潮流；令安康紧急开启3台机，降低寨南双回线潮流；令渭河二厂出力带满，令陕西增加除韩城一、二厂外其他电厂出力，令甘肃将平凉电厂出力减300MW，以抵消韩金线可能跳闸造成的西电东送超稳定和平眉双回线不满足$N-1$要求的影响。9：21寨南双回线及韩金线等主网各主要联络线潮流控制在稳定极限范围内，事故后的重载情况得到了有效控制。

10：02网调准备在东郊侧对东渭Ⅰ线及渭南3320断路器靠Ⅰ、Ⅱ母所接引线充电，以验证渭南3320断路器靠Ⅰ、Ⅱ母所接引线是否存在故障。但是，此时事故又有新情况，10：05渭北Ⅱ线B相跳闸，北郊侧重合成功。渭南侧330kV Ⅱ母B相故障跳闸，切除Ⅱ母所联北渭Ⅱ线及#2B，渭南变电站330kV母线失压。网调立即下令将渭南变损失负荷倒至其他厂站供电。

因渭南330kV母线失压，10：38网调下令渭南变电站330kV Ⅰ、Ⅱ母热备用转冷备用。

渭南变电站330kV Ⅰ、Ⅱ母所接元件较多，各个“T”接部分均有故障的可能，考虑渭南变电站为GIS封闭设备，故障原因短时间内无法检查出来，为避免因渭南变电站事故没有及时恢复，造成晚高峰韩城一、二厂出力无法送出，全网用电紧张，被迫限电的局面，网调在全盘分析考虑，排除渭南变电站最可能的故障点后，决定对渭南变电站各个“T”接部分逐次充电，尽快将非故障元件恢复运行。

11∶04 网调用东郊变电站 3351 断路器对 3884 东渭Ⅰ线及渭南变电站 330kV Ⅱ母充电正常，证明渭南变电站 330kV Ⅱ母及渭东Ⅰ线“T”接部分无故障。随后将该断路器断开。

11∶27 网调用东郊变电站 3351 断路器对 3884 东渭Ⅰ线及渭南 330kV Ⅱ母与渭北Ⅰ、渭高、渭禹Ⅰ线、330kV＃1B、＃2B 间“T”接引线充电。充电失败，东郊侧东渭Ⅰ线 CSL－101A 保护动作出口，显示 B 相故障。可以初步判断以上“T”接引线可能存在故障。

12∶26 网调用北郊 3331 开关对 3866 北渭Ⅰ线及渭南 330kV Ⅱ母与渭北Ⅰ、渭高、330kV 2B 间引线充电正常。结合上次充电和保护动作情况，判断 330kV ＃1B“T”接部分可能存在故障。

12∶38 3884 渭东Ⅰ线 3320 断路器同期合环正常，渭北Ⅰ线与渭东Ⅰ线实现合环运行。

随后渭高线、渭南＃2B 和渭禹Ⅰ线在渭南变电站 330kV Ⅱ母恢复正常运行。

14∶54 用北郊变电站 3342 断路器对北渭Ⅱ线、渭南Ⅰ母充电。充电失败，判定渭南Ⅰ母存在故障。

15∶51 渭北Ⅱ线在渭南 330kV Ⅱ母同期合环。16∶02 渭南 330kV Ⅰ母转冷备用。

16∶17 330kV 禹渭Ⅱ线转检修处理 440 号杆瓷瓶闪络，22∶44 处理正常，恢复至渭南 330kV Ⅱ母运行。

至此，渭南变电站除 330kV ＃1B 及Ⅰ母冷备用检查外，其他所有元件在Ⅱ母运行，事故处理完毕。

六、事故原因及分析

330kV 禹渭Ⅱ线玻璃瓷瓶抗雾闪能力差，440 号杆塔瓷瓶闪落造成线路跳闸，是本次事故的起因。渭南变电站 330kV Ⅰ、Ⅱ段母线 GIS 内部绝缘部件制造和安装存在缺陷，不满足外部过电压要求，同时人为造成事故扩大。

七、事故处理过程分析

本次事故发生后，调度员对于电网运行方式的调整正确无误，考虑到动作出口的保护为渭禹Ⅱ线两套主保护、母线两套母差保护分别动作跳开Ⅰ、Ⅱ母，网调调度员通过保护出口的时间和动作情况判断出故障点在渭禹Ⅱ线和某一“T”型接线上，随后通过对渭南变电站各个“T”接部分逐次充电，尽快将非故障元件恢复运行，处理过程合理、迅速。

对于充电次序，由于 GIS 双母线设备的特殊性，无法直观看到内部故障，因此通过保护动作情况进行判断后，可采用逐段充电的方法对母线、母联隔离开关、元件“T”接部分一一进行故障排除，发现故障点后及时隔离，并进行继续充电，这种方法步骤明晰、稳妥，但需要逐个验证，较为耗时。也可以采用“分半法”，即将待充电验证的部分总数的一半先充电，再对另一半充电，对于充电失败的部分再采取分半法，直至找到故障点，这样能缩短故障点辨认的时间。

第四节　重要线路跳闸

案例一　2009年华中电网"7·23"500kV三龙Ⅱ、Ⅰ线相继跳闸

一、综述

2009年7月23日14时04分，三峡左一电厂出线500kV三龙Ⅱ回线因B、C相间故障跳闸；随后14时25分，又发生500kV三龙Ⅰ回线A、B相间故障跳闸，三龙Ⅰ回线跳闸时稳控装置动作切除三峡三台机（出力共1950MW），系统频率从49.982Hz降至49.88Hz三峡左一电厂3800MW出力受阻。事故发生后，在国调的统一指挥下，华中电网网、省调密切配合，事故得到迅速正确地处理，15时45分，系统恢复到故障前正常运行方式。事故未造成用电负荷损失。

二、事故前运行方式

华中电网跨区联络线：华中、华北通过1000kV长治—南阳—荆门特高压交流线路联网运行，特高压功率为华中送华北1220MW；华中、华东通过三回±500kV直流联网运行，其中龙政直流送华东3000MW；宜华直流送华东3000MW；葛南直流送华东1200MW；华中、南方通过±500kV江城直流联网运行，江城直流送南方3000MW；华中、西北通过灵宝背靠背直流联网运行，灵宝直流西北送华中340MW。事故前华中电网潮流简图如图11-19所示。

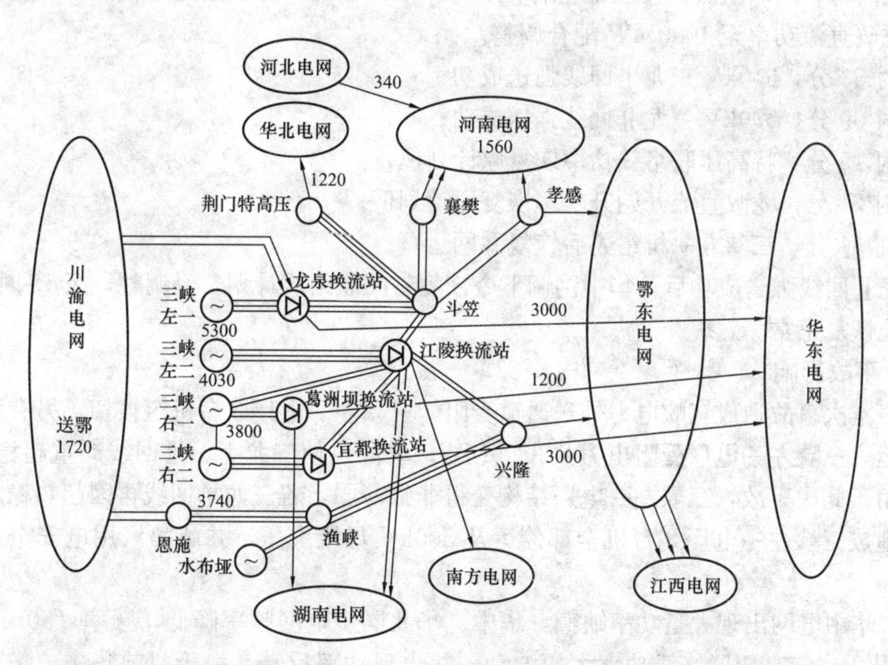

图11-19　事故前华中电网潮流简图（单位：MW）

华中电网省间联络线：鄂豫四回500kV线路运行，湖北送河南1560MW；鄂湘三回500kV线路运行，湖北送湖南1800MW；鄂赣三回500kV线路运行，湖北送江西1700MW；渝鄂四回500kV线路运行，重庆送湖北1720MW；川渝四回500kV线路运行，四川Ⅰ送重

庆 3430MW。

三峡电厂 26 台机组满发，出力 16 880MW，其中左一电厂开机 8 台，出力 5310MW；华中电网全网用电负荷 84 300MW，系统频率正常。

三、事故经过及处理过程

14 时 04 分，500kV 三龙Ⅱ回线跳闸，三龙Ⅰ、Ⅲ回线每条线的功率达到 2600MW。线路跳闸后，华中网调立即下令清江梯调事故开水布垭水电厂两台机，并增加直调电厂机组出力，配合国调控制三龙断面功率不超过 4500MW。同时，立即下令河南、湖北、湖南、江西省调加出力共约 800MW 填补三峡出力受阻造成的功率缺额。14 时 20 分，500kV 三龙断面功率控制在 4500MW 以内，电网运行恢复正常。

14 时 25 分，在三龙Ⅱ回线跳闸停运的方式下，500kV 三龙Ⅰ回线跳闸，三龙Ⅰ回线跳闸的同时稳控装置动作切除三峡 1、4、6 号机（出力共 1950MW），系统频率从 49.982Hz 降低至 49.88Hz。特高压联络线功率从北送 1220MW，变为南送最大值 590MW。

由于切机，三峡左一电厂出力由 4500MW 突降到 2500MW。为控制 500kV 三龙Ⅲ回线不超过稳定限额，14 时 40 分，将左一电厂出力减到 1500MW。三峡左一电厂共受阻出力 3800MW。

事故发生后，网调值班调度员立即下令水布垭水电厂、五强溪水电厂、三板溪水电厂事故开机并将出力加满；下令湖南、江西、湖北、河南省调事故加出力 2000MW；下令网调直调火电厂紧急加出力 400MW。

与此同时，国调值班调度员紧急停运三峡 2、8 号机，控制三龙断面功率到 1500MW，并降低龙政直流功率至 1000MW 配合调整。

14 时 53 分，500kV 三龙Ⅰ回线强送成功；

15 时 09 分，500kV 三龙Ⅱ回线强送成功；

15 时 15 分，特高压联络线功率恢复原计划值；

15 时 21 分，龙政直流开始升功率恢复原计划值；

15 时 31 分，三峡左一机组先后恢复并网运行。

三龙Ⅱ回线强送成功后，华中网调下令恢复省间联络线计划。经调整，至 15 时 45 分左右，系统恢复正常。

四、事故影响

（1）本次事故造成三峡电力外送通道受阻，三峡左一电厂 3 台机组被切，另有 2 台机组被迫停运，三峡左一电厂受阻出力共 3800MW；事故致使三龙Ⅰ、Ⅲ回线严重超稳定限额；另外，由于此次事故，三峡左一电厂结构变得非常薄弱，若三龙Ⅲ回线再因超热稳定极限而跳闸将造成三峡左一电厂 8 台机全部停运及 500kV 母线失压，并威胁厂用电安全，后果十分严重。

（2）华中电网出现大量功率缺额，华中、华北同步电网频率降低，频率（50±0.1）Hz 考核越限 2s。特高压联络线功率大幅波动，并出现功率反转。由于目前华中、华北仅通过一条 1000kV 特高压联络线联网运行，两大电网间属于弱连接，为保证两大电网及特高压设备的安全稳定运行，国调规定特高压联络线正常波动范围为±300MW，本次事故造成特高压联络线波动幅度超过 1810MW。

（3）在事故处理和恢复过程中，龙政直流和鄂豫、鄂湘、鄂赣省间联络线功率大幅变

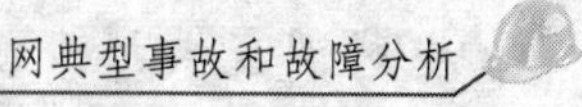

化，华中电网大量发电机组配合调整出力，对电网的安全稳定运行造成较大影响。

五、事故原因分析

本次事故发生时，三峡电厂所在的宜昌地区为雷雨大风天气。后经巡线发现：500kV三龙Ⅱ回线56号塔B、C相均压环遭雷击；500kV三龙Ⅰ回线82号塔B相跳线与A相均压环遭雷击。因重合闸装置均设置为单相重合闸，故相间故障重合闸不动作。

六、事故处理过程分析

三峡近区系统的安危关系到华中电网乃至全国电网的安全稳定运行，三峡近区事故影响范围大，事故处理需要国、网、省三级调度的密切配合。当年，三峡电厂已实现满发功率18 200MW，当三峡外送系统故障或其他故障导致电网大功率缺额时，必须充分发挥大电网优势，积极开展跨区、跨省事故支援。本次事故处理中，国调紧急停运三峡机组、压减三峡出力、降低龙政直流功率；华中网调紧急加水布垭、五强溪、三板溪等大型水电机组出力；河南、湖北、湖南、江西省调紧急加出力。由于鄂渝断面东送已满，四川、重庆未加出力，正是由于国、网、省三级调度密切配合、共同努力，本次事故造成的功率缺额在15min内就得到了补足。

值得指出的是，在本次事故中，14时04分，湖北500kV葛洲坝换流站、斗笠开关站第一时间汇报保护装置起动，为调度员锁定事故范围、查找事故源、及时处理事故发挥了重要的作用；同时，华中电网智能监视与预警系统和WAMS系使调度员能第一时间获取事故信息，采取措施，避免因现场值班人员汇报不及时而导致事故影响扩大。

第五节　双母接线方式下母线跳闸

双母线接线具有供电可靠，检修方便，调度灵活或便于扩建等优点。但这种接线所用设备多（特别是隔离开关），配电装置复杂，当母线系统故障时，须短时切除较多电源和线路，下面分析几个近年来发生的双母线接线方式下的母线跳闸的事故。

案例一　2006年福建电网“9·5”500kV福州变220kV母线跳闸

一、综述

2006年9月5日，福建电网500kV福州变电站发生了因隔离开关内部积水流出，隔离开关支柱绝缘子对地放电，导致220kV母线跳闸，馈供变电站全停并损失负荷的事故。

二、事故前运行方式

500kV福州变电站220kV系统正常方式运行，如图11-20所示。

三、事故经过及处理过程

9月5日，500kV福州变电站220kV Ⅰ、Ⅲ段母线按计划安排停运，需进行倒闸操作。

14时，在进行榕北Ⅰ路287断路器倒闸操作时，合上2872隔离开关后，对2871隔离开关进行分闸操作。当2871隔离开关分闸到位时，220kV Ⅰ、Ⅱ段母线母差保护动作，Ⅰ、Ⅱ段母线上的所有运行断路器全部跳闸（包括1号联变中压侧28A断路器及其他5个220kV线路断路器，Ⅲ、Ⅳ段母线运行正常），由福州变电站馈供的220kV黎明变失压（黎明变通过两条220kV线路连接到福州变电站，分别接于福州变电站220kV Ⅰ、Ⅱ段母线），福州地区损失负荷10MW。

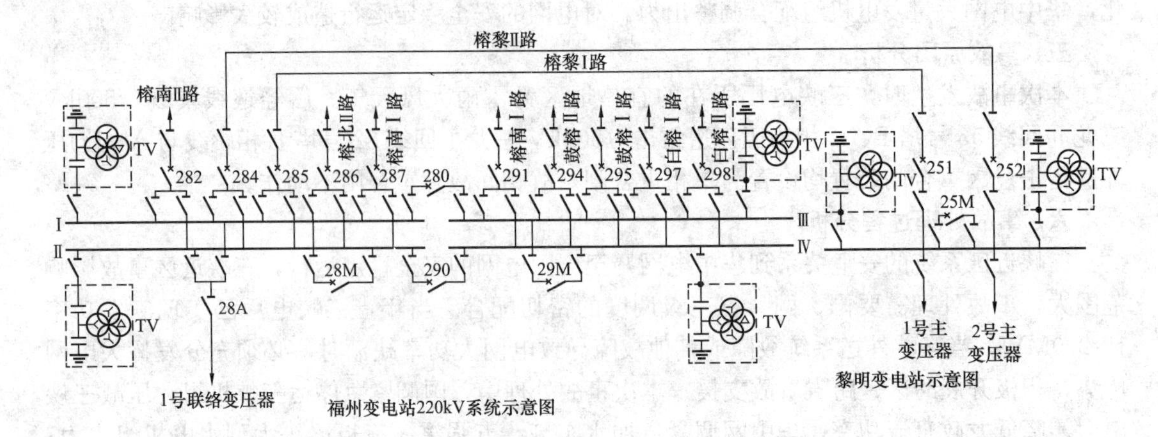

图 11-20　2006 年福州变电站 220kV 系统接线图

14 时 48 分，将福州变电站 220kV 榕北Ⅰ路 287 断路器故障间隔隔离。15 时 17 分，对福州变电站 220kV Ⅱ段母线送电。15 时 41 分，220kV 黎明变电站送电，损失负荷全部恢复。16 时 34 分，系统恢复正常运行方式。

四、事故原因分析

在倒闸操作过程中，2871 隔离开关由合闸转为分闸时，水平伸缩式隔离开关拐臂曲起，B 相动触头拐臂导电杆内部所积污水流出，沿着支柱瓷瓶和操作瓷瓶流下，导致 2871 B 相隔离开关支柱瓷瓶对地放电。经检查发现，隔离开关导电杆无排水孔，引起内部积水，水量多且脏，取样分析试验，积水的导电率超过正常雨水导电率约 500 倍，判定该隔离开关产品存在制造缺陷。

五、事故影响

事故造成福州变电站Ⅰ、Ⅱ段母线上的所有运行断路器全部跳闸（包括 1 号联络变压器中压侧 28A 断路器及其他 5 个 220kV 线路断路器，Ⅲ、Ⅳ段母线运行正常），由福州变电站馈供的 220kV 黎明变失压，福州地区损失负荷 10MW。

六、问题及措施

该种型号隔离开关产品存在家族性制造缺陷，不适合南方多雨水地区。具体防范措施如下：

（1）开展水平伸缩型结构隔离开关（导电杆未设计排水孔）的普查，根据普查的情况列出整改计划，在检修中消除缺陷。

（2）调度机构及现场应制订防止同类事故发生的事故预想和应急预案。

（3）现场人员在操作类似隔离开关前，应有针对性对隔离开关进行外观检查。

（4）现场人员加强异常天气情况下设备的巡视检查。

案例二　2005 年广东电网“5·27”沙角 A 厂母线跳闸

一、综述

2005 年 5 月 27 日 16 时 53 分，沙角 A 厂因 220kV 2212 断路器的 C 相盘式绝缘子被击穿，导致母差保护动作，跳开 220kV Ⅱ母上所有断路器。

二、事故前运行方式

事故前，沙角A厂、长安变电站、北栅变电站通过220kV朱北线、沙角A、B厂之间的500kV1、2号联络变压器中亚侧于广东主网相连，长安变电站、北栅变电站为受电变电站，如图11-21所示。其中沙角A厂为220kV双母运行，其中220kVⅠ母上接有沙角A厂与沙角B厂之间的500kV 2号联络变压器中2212断路器、沙长乙线2293断路器、沙北乙线2264断路器、母联2012断路器、2号主变压器变高2202断路器、2号启备变压器变高2210断路器，其余设备接于220kVⅡ母，沙角A厂接线图如图11-22所示。

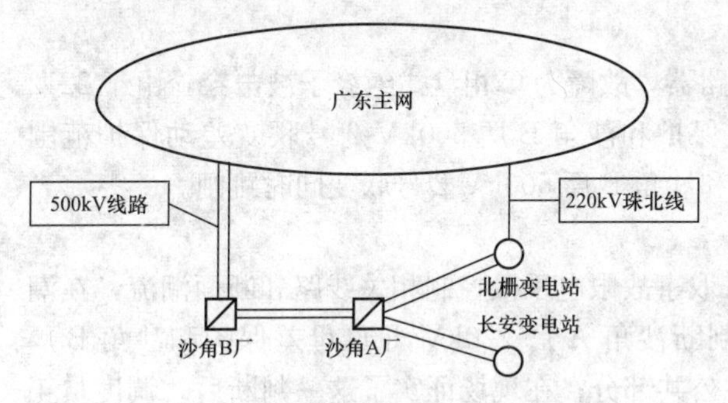

图11-21 事故发生地区电网接线示意图

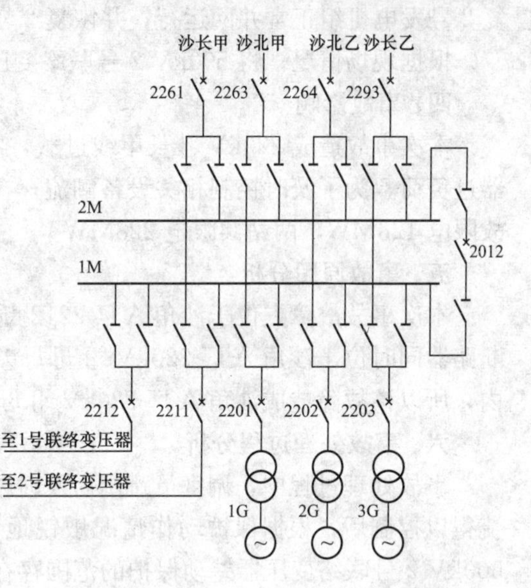

图11-22 沙角A厂升压站主接线图

三、事故经过及处理过程

2005年5月27日16∶53，沙角A厂220kV母差保护动作，跳开220kVⅡ母所有断路器，220kVⅡ母失压。接于220kVⅡ母上的2号机组解列，甩负荷20万kW。同时，沙角B厂汇报500kV 2号联络变压器差动保护动作跳开三侧断路器；长安站220kV沙长乙线2293断路器三相跳闸，保护情况为高频主保护动作；北栅变电站220kV沙北乙线2264断路器C相跳闸，重合成功，保护情况为高频主保护、距离保护Ⅰ段动作。

该事故造成220kV沙长甲线、沙北甲线、珠北线潮流重载，这三条线路正常限制电流为1000A，其中沙长甲线已过载。为了迅速消除220kV沙长甲线线路、沙北甲线＋珠北线输电界面和1号联络变压器＋珠北线输电界面的过载，防止事故扩大，保证其他输变电设备的安全运行，中调调度员下令在220kV长安站事故限电105MW，在220kV北栅站事故限电123MW，16∶58操作完毕，事故限电后的线路重载情况得以控制，沙长甲线潮流降至347MW。

将电网潮流控制在合理范围内后，调度员令现场详细检查保护动作情况，根据母差和2号联变差动保护均正确动作的信息，初步确认故障点为2212断路器，但由于沙角A厂为GIS设备，调度员又进行了如下验证操作：

(1) 利用北栅变沙北乙线2264断路器对沙北乙线线路和沙角A厂侧沙北乙线2264断路器至母线隔离开关的“T”接部分充电，在确认该区域无故障点后，将沙北乙线合环于沙角A厂220kVⅠ母。

(2) 利用长安变沙长乙线2293断路器对沙长乙线线路和沙角A厂侧沙长乙线2293断路器至母线隔离开关的“T”接部分充电。证实该区域没有故障点后，将沙长乙线恢复合环运行，其中沙角A厂侧运行于220kV Ⅰ母。

(3) 利用沙角A厂2号发电机组对其升压站的220kV Ⅱ母和2号主变压器变高2202断路器本体及母联2012断路器、2号启备变压器变高2210断路器至Ⅱ母的隔离开关部分进行零起升压，证实该区域没有故障点后，恢复沙角A厂升压站220kV双母正常运行方式，恢复2号发电机组正常并网运行，并恢复2号启备变压器的正常运行。

根据现场情况，将500kV 2号联络变压器转检修处理。

四、事故影响

本次事故造成220kV沙长甲线过载，220kV沙北甲线、珠北线和500kV 2号联络变压器过负荷，为了及时控制相关设备潮流，在长安变电站事故限电105MW，在北栅变电站事故限电123MW，两站共限电228MW。

五、事故原因分析

本次事故故障点位于沙角A厂2212断路器，故障为C相盘式绝缘子被击穿，由于2212断路器同时位于沙角A厂220kV Ⅱ母母差保护和沙角B厂500kV 2号联变差动保护范围内，所以该故障造成沙角A厂220kV Ⅱ母和沙角B厂500kV 2号联变同时跳闸。

六、事故处理过程分析

事故处理过程中，调度员跳闸后及时采取事故限电手段控制相关线路和断面潮流，在潮流得以控制后，根据保护动作情况敏锐地判断沙角A厂220kV Ⅱ母母差保护和沙角B厂500kV 2号联络变压器差动保护的范围存在公共部分；在现场证实了这一判断后，调度员正确判断出故障点即位于联络变压器变中的2212断路器；这一判断为本次事故的正确处理打下了坚实的基础。

虽然通过保护动作情况准确判断了故障点的位置，但因为沙角A厂的220kV Ⅱ母及其出线断路器和隔离开关均是GIS设备，现场不具备立即对跳闸设备进行外部检查的条件，因此也不能排除沙角A厂220kV Ⅱ母及其所连接的其他设备存在故障的可能性，为此，当值调度员，为尽快恢复对用户的正常供电、减少电网停电损失，同时也为最大限度地恢复发输变电设备的正常运行，面对GIS设备无法进行外部检查，无法有效确认故障点存在的困境，调度员灵活地采取了利用线路对侧断路器对停电设备进行逐段试充电和零起升压的方法来排除故障点的存在，在较短的时间内最大限度地恢复了停电设备的运行，事故处理正确、及时。

案例三 2005年河南电网“2·14”首阳山电厂母线故障

一、综述

2005年2月14日6时30分，首阳山电厂4号机组并网过程中，220kV北母东段发生故障失压，同时由于保护误动，造成首阳山电厂仅通过Ⅱ首常线一回220kV线路与主网联络，线路负荷满载达380MW。由于春节期间后夜电压高，华中网调将500kV Ⅰ牡嵩线停运调压，事故后豫西电力东送通道仅剩500kV Ⅱ牡嵩线一回线路。

二、事故前运行方式

首阳山电厂是河南电网骨干电厂，在豫西电力外送中占有举足轻重的枢纽地位。首阳山电厂有两台300MW机组、两台220MW机组，共有7回220kV联络线。豫西电力东送通道有两回500kV线路和四回220kV线路，其中的四回220kV联络线均在首阳山电厂。事故

前，首阳山电厂1号机组、2号机组、3号机组运行，出力420MW，4号机组备用于220kV北母东段，按省调命令准备并网；500kV Ⅰ牡嵩线因华中网调调压需要停运备用（停运时间为2005年2月14日1时14分）。首阳山电厂220kV母线事故前运行方式如图11-23所示。

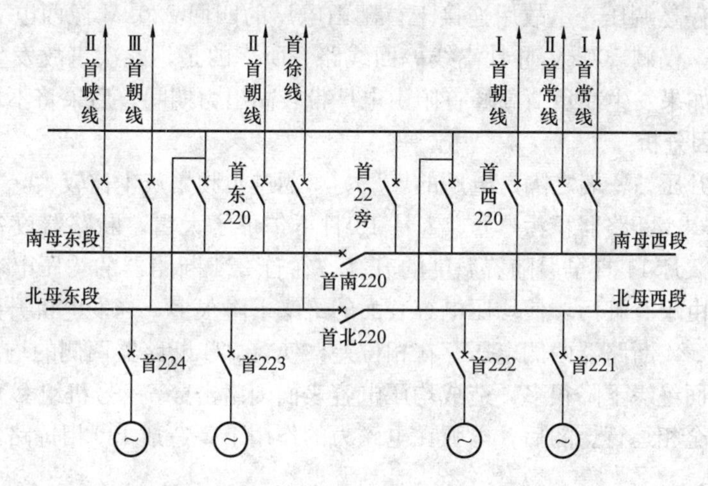

图11-23　首阳山电厂220kV母线事故前运行方式

首阳山电厂双母线四分段正常运行方式：

220kV北母西段：Ⅰ首常—1断路器、Ⅰ首朝—1断路器、首221断路器。

220kV南母西段：Ⅱ首常—1断路器、首222断路器。

220kV北母东段：Ⅲ首朝—1断路器、首徐—1断路器（首224断路器待并）。

220kV南母东段：Ⅱ首峡—1断路器、Ⅱ首朝—1断路器、首223断路器。

三、事故经过及处理过程

2005年2月14日6时15分，首224断路器恢备于220kV北母东段，首阳山电厂机组按计划安排起动并网。6时20分，省调许可4号机组并网。6时30分，准备进行并网操作，发电机加励磁，电压升到额定电压，三相电压指示正常。正准备并网时，首224断路器绝缘子因下雪发生污闪，造成B、C相短路，220kV东段母差保护动作，220kV北母东段失压，所接断路器Ⅲ首朝—1、首徐—1跳闸。同时由于高频方向保护误动，造成首阳山电厂对侧断路器Ⅰ首常—2、Ⅰ首朝—2、Ⅱ首朝—2、Ⅱ首峡—2跳闸，首阳山电厂仅通过Ⅱ首常线一回220kV线路与主网联络，线路负荷满载达380MW，220kV母线电压达250kV。由于春节期间后夜电压高，华中网调将500kV Ⅰ牡嵩线停运调压。事故后，豫西电力东送通道仅剩500kVⅡ牡嵩线一回线路。

事故发生后，省调即令首阳山电厂事故紧急减出力至300MW并查明故障原因，同时请求华中网调将500kV Ⅰ牡嵩线紧急送电。在查明事故起因，并根据相关保护动作情况综合分析判断后，当值调度员即决定对误动线路进行强送。6时55分Ⅱ首峡线强送成功，7时05分首224断路器解除备用。7时14分华中网调将500kV Ⅰ牡嵩线加入运行，7时16分Ⅰ首朝线强送成功，7时19分Ⅱ首朝线强送成功，8时05分Ⅰ首常线强送成功。首徐—1断路器、Ⅲ首朝—1断路器因检查发现有闪络痕迹无法加运，解除备用进行处理。

四、事故影响

此次事故虽未造成负荷损失，但对河南电网，尤其是豫西电网和装机容量1040MW的首阳山电厂的安全运行造成了重大的威胁。豫西电力东送通道有两回 500kV 线路和四回 220kV 线路，其中的四回 220kV 联络线均在首阳山电厂。事故不但造成首阳山电厂只通过Ⅱ首常线一回 220kV 线路与主网联络，同时，由于春节期间后夜电压高，华中网调将 500kV Ⅰ牡嵩线停运调压，事故后连接于首阳山电厂的四回 220kV 豫西电力东送通道上的 220kV 线路断开，仅剩 500kV Ⅱ牡嵩线一回线路。所幸的是，此次事故发生在早晨负荷水平较低的时候。如果发生在负荷高峰首阳山电厂带较高出力期间，后果将不堪设想。

五、事故原因分析

首阳山电厂升压站一墙之隔是电厂的煤厂。车辆进出频繁灰尘比较大，首 224 断路器间隔就在墙边，首 224 断路器积污严重。2 月 13 日下午下了大雪，断路器设备上覆盖一层厚度约 5cm 的雪，2 月 14 日早晨随着温度的升高，在首 224 断路器的均压电容上堆积的较厚的雪开始融化。由于有脏污，使均压电容表面的绝缘下降很多，当发电机升到额定电压准备并网时，由于首 224 断路器两侧电压存在相位差，使首 224 断路器两侧的均压电容承受的电压较高，由于表面绝缘下降很多，造成均压电容表面闪络击穿，4 号机组 C 相与系统通过电弧连通，造成非全相运行。随后，电弧在电磁力的作用下，造成 BC 相短路，220kV 东段母差保护动作跳闸。

同时，在首 224 断路器 C 相击穿发展到 BC 相故障后，电厂对侧断路器高频方向保护动作跳闸的原因是：由于总熔断器接触不良，电厂侧高频方向保护使用的直流电源电压降低，收、发信机未起动发信。Ⅰ首朝—1 高频方向保护虽然在 BC 相故障后发信，但发信电压很低，Ⅰ首朝—2 断路器高频方向保护收到的高频信号衰耗大且干扰严重，导致Ⅰ首朝—2 断路器跳闸。

六、事故处理过程分析

这是一起因污闪引发、由保护误动造成事故扩大的较为典型的区域性电网事故，给电网和电厂的安全运行带来了严重的威胁，也是对调度员处理复杂电网事故能力的一次考验。

此次事故发生后，首阳山电厂仅通过Ⅱ首常线与主网联络且严重过载，豫西电力东送通道仅剩 500kV Ⅱ牡嵩线一回线路。值班调度员立即下令首阳山电厂事故紧急减出力。同时请求华中网调将 500kV Ⅰ牡嵩线紧急送电，避免了事故扩大。事故中，调度员根据保护动作情况和事故现象综合分析，立即得出线路高频方向保护误动的结论，在首 224 开关尚未解备时，即将Ⅱ首峡线强送成功，并及时将其他跳闸设备恢复送电，为事故处理赢得了宝贵的时间。

在本次事故处理中，调度员首先减首阳山电厂出力，消除Ⅱ首常线过载；并请求华中网调将 500kV Ⅰ牡嵩线紧急送电，以加强豫西与豫中电网联系；根据设备状况制订送电方案，依次送电。当值调度员在处理这次复杂电网事故时，抓住事故的主要矛盾和薄弱环节，拟定了正确的事故处理方案，最大限度地减轻了事故给电网和电厂安全运行带来的威胁。

第六节　3/2 接线单（双）母线跳闸

3/2 接线方式具有较高的供电可靠性和运行灵活性。任一母线故障或检修，均不致停电，除联络断路器故障需要隔离时与其相连的两个元件短时停电外，其他任何断路器故障或检修均不会中断供电。此接线使用设备较多，特别是断路器和电流互感器，投资较大，二次

控制接线和继电保护都比较复杂。当双母接线的变电站发生两条母线跳闸时，虽然未停止功率输送，但对电网结构影响较大，本节分析几例双母接线变电站发生母线停电后的处理案例。

案例一　2007 年青海电网“11·21”大石门变电站双母跳闸

一、综述

2007 年 11 月 21 日，大石门变电站 330kV Ⅰ、Ⅱ母和 3310 断路器同时跳闸，联跳石龙Ⅱ线、石花线和 330kV ＃1B，石龙Ⅰ线带 330kV ＃2B 运行。跳闸后，龙羊峡只通过龙源双回于主网相连，接线薄弱；大石门负荷只有单台主变压器供电，＃1B 跳闸时大石门负荷约 280MW，事故后＃2B 重负荷，且方式薄弱。

二、事故前运行方式

330kV Ⅰ、Ⅱ母及 1、2、3 串所有断路器和线路均在运行状态；1、2 号主变压器高中压侧并列运行；110kV 设备Ⅳ母固定连接并列运行。

三、事故经过

2007 年 11 月 21 日 11：04 330kV Ⅰ、Ⅱ母 WMZ－41B 母线保护装置动作，跳开 330kV 3330、3332、3312、3311、3322、3321 断路器；3310 断路器保护单相偷跳起动重合，重合成功后再次三相跳闸；35kV 52 断路器跳闸，380V 2 号备自投动作，所用电切换至备用段。事故简图如图 11－24 所示。

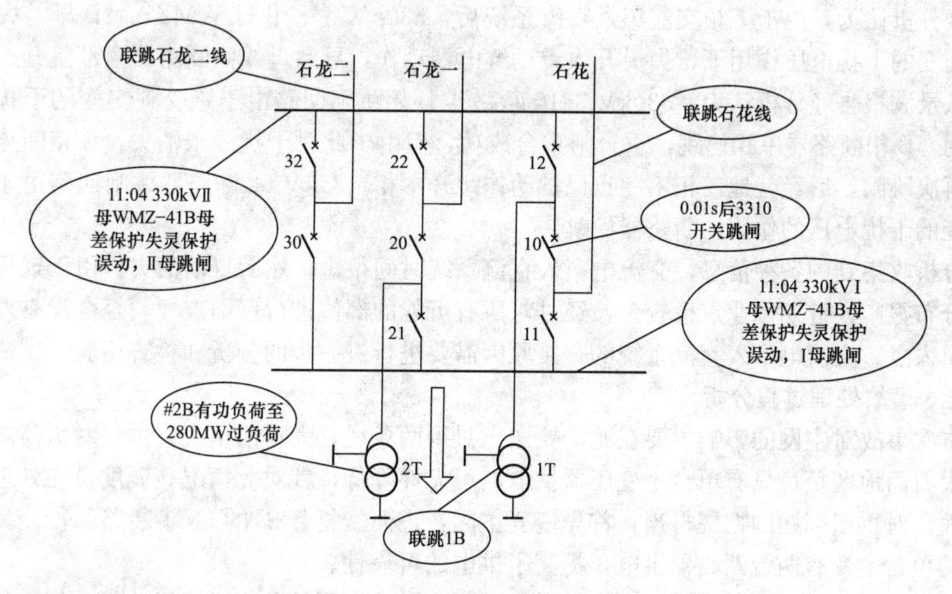

图 11－24　大石门变事故简图

四、事故影响

跳闸后，龙羊峡只通过龙源双回与主网相连，接线薄弱；大石门负荷只有单台主变压器供电，＃1B 跳闸时大石门负荷约 280MW，事故后＃2B 重负荷，且方式薄弱。

五、事故处理过程

事故发生后，网调调度员首先考虑主网，通过 3312、3332 断路器将石龙Ⅱ线和石花线恢复环网，继而通过 3330 断路器恢复 330kV Ⅰ母，后通过 3321 断路器将石龙Ⅰ线与＃2B

与主网合环。具体过程如下：

11：10 大石门变电站 160MW 负荷被倒至花园变电站，＃2B 过负荷情况消除。

14：50 330kV Ⅰ、Ⅱ母 WMZ－41B 母差保护退出运行。

15：21 用 3312 开关对Ⅱ母充电正常。

15：37 石龙Ⅱ线同期合环。

16：01 用 3330 断路器对Ⅰ母充电正常。

16：12 3321 断路器恢复运行。

16：24 3322 断路器恢复运行。

16：24 3322 断路器恢复运行。

17：17 ＃1B 恢复正常方式。

17：50 大石门变电站所带负荷倒至正常方式。

19：36 3310 断路器转冷备用检查。

六、事故原因分析

从现场收集到各种跳闸信息和检查情况来看，保护装置及二次回路不存在异常现象。跳闸发生时，大石门变电站直流系统发生严重异常。经过各种记录的分析，由于保护装置及其他信息反复有规律动作和复归，排除了其他干扰的可能，可以认定当时有工频交流电压混入站用直流系统，进而导致二次系统有关的继电器经电缆对地电容感受到交变的动作电压作用，造成继电器反复动作。上述分析在西宁供电公司继电保护实验室得到了实验验证。

经分析认为，由于工频交流窜入直流系统后，330kV Ⅰ、Ⅱ母 WMZ－41B 母差失灵保护在交变的干扰电压作用下，失灵开入重动继电器动作，导致母线侧断路器全部跳开。

从录波报告经分析认为：330kV 3310 断路器 B 相跳闸回路由于感受到交变的干扰电压的作用，B 相断路器单相偷跳，重合闸重合成功，但由于此时干扰源未消失，B 相断路器重合后再次跳闸，后经就地三相不一致保护动作跳开本相。35kV 52 断路器跳闸回路由于感受到交变的干扰电压的作用，断路器偷跳。

分析收集到的各种信息，交流电窜入直流系统时间很短，然后自动消失。由于现场二次系统分布很广，近期作业点也较多，经过对所有可能的部位进行仔细查找，至今没有发现明确的窜入点。交流电窜入直流系统的直接原因需要进行进一步的分析和检查检验。

七、事故处理过程分析

本次事故对主网的影响主要在龙羊峡送出只剩两条线，大石门单线直供，对负荷的影响则是大石门地区负荷只有单台主变压器供电，可靠性降低，针对此情况，调度员在处理中考虑全面，对重点问题的把握得当，首先恢复主网，进而恢复＃2B 的 3321 断路器，使大石门仅有的单台主变有两台断路器供电，提高了供电的可靠性。

值得一提的是，在讨论恢复方案的时候，调度员从不同的角度进行了分析，提出了不同的方案：即先通过 3312 断路器对 330kV Ⅱ母充电，后通过 3322 断路器将石龙Ⅰ线与 330kV ＃2B 与主网合环，进而恢复 3332 断路器将石龙Ⅱ线与主网合环，最后恢复 330kV Ⅰ母，这种方案能较快恢复主网，使龙羊峡的送出得到保证，且使先合环的石龙Ⅰ线和石花线在大石门侧有一个接地点，对主变压器的双断路器供电较晚。

对比这两种方案，我们认为第一种方案既考虑了事故对电网造成的影响，又考虑了对用户供电可靠性的影响，而第二种方案则考虑了主网恢复过程中主变接地点的因素和保护配合

的影响，两种方案各有特点，值得学习。

案例二　2001年西北电网“11·17”靖远电厂双母全停

一、综述

2001年11月17日，西北电网330kV靖远电厂两条母线跳闸，靖远电厂330kV系统分列运行，6串断路器失去联络。尽管此次事故并未造成负荷损失，但前后共有六回330kV线路跳闸，一座330kV变电站的两条330kV母线失压，网架结构发生很大变化，电网连接十分薄弱，极大地威胁了电网的安全稳定。在事故处理过程中网调共下达紧急事故调度指令10余条。

二、事故前电网运行方式

事故前，靖远电厂全接线方式运行，其中靖铜Ⅰ线与330kV 9号联络变压器在第一串运行，靖固线与3号发变组在第二串运行，靖银Ⅰ线与4号发变组在第三串运行，靖石线与靖银Ⅱ线在第四串运行，靖西线与5号发变组在第五串运行，靖永线与6号发变组在第六串运行。

靖远二厂5号、6号机组共带600MW出力，电网运行正常，各省备用充足。

事故前电网运行方式及靖远电厂电气接线如图11-25和图11-26所示。

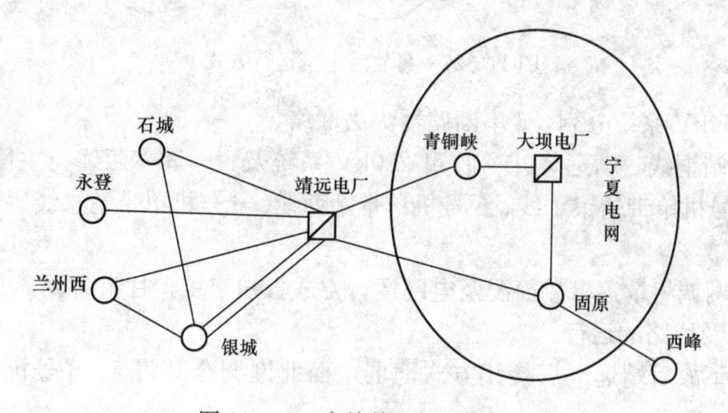

图11-25　事故前电网运行方式

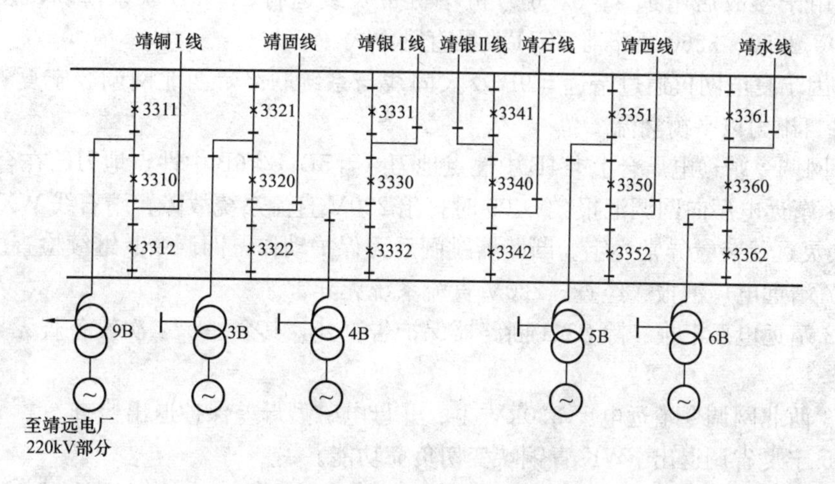

图11-26　靖远电厂电气接线图

三、事故经过及处理过程

9：10 靖远电厂除 3312、3331 断路器外，所有 330kV 母线断路器均跳闸，中间断路器均在运行。

9：17 西北网调令龙羊峡电厂负责全网调频，李家峡电厂全厂出力 550MW 固定，令安康电厂紧急开一台机。

事故后电网运行方式见图 11-27。

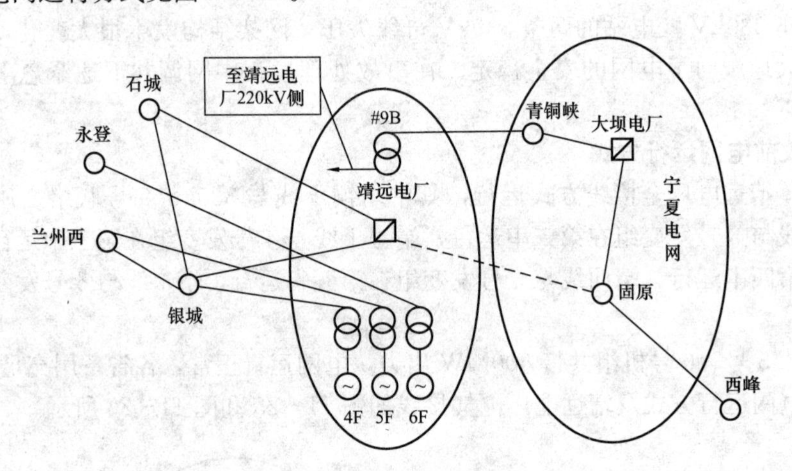

图 11-27　事故后电网运行方式

靖远电厂 330kV 系统分列，6 串断路器失去联络。

宁夏网通过靖铜线—靖远＃9B—甘肃 220kV 系统及大—固—西线与主网联络。靖远侧靖固线开环，4 号机单带靖银 1 线、5 号机单带靖西线、6 号机单带靖永线运行，靖银 2—靖石线直供石城变。

9：20 西北网调将靖远事故简况及电网运行方式告知宁夏、甘肃省调，并令其加强监视其网内其他电厂及线路的运行。

9：22 鉴于事故后靖远电厂接线方式薄弱，西北网调令其将 5、6 号机出力由 600MW 减至 400MW。

9：25 由于事故后靖远 4、5、6 号机单机带长线运行，＃9B 联系薄弱，西北网调将 3310、3330、3350、3360 断路器 ZCH 改投直跳方式。

9：00 因宁夏电网仅通过靖远＃9B 及大固线与系统联络，西北网调令宁夏省调、大坝电厂调整各自出力以平衡潮流。

9：37 网调令靖远电厂合上＃4B 中性点地刀（＃5B、＃6B 中性点地刀已在合位置）。

10：34 靖远电厂向网调汇报：9：09 时打出 220V 直流系统故障，靖石线 WXB-15A 微机保护及失灵远跳装置异常光字。断路器跳闸后无保护动作，网调令其继续检查。

11：07 靖远电厂汇报：经查，220V 直流系统无异常。

11：12 靖远电厂汇报：除 3341 断路器保护告警外，其余一、二次设备查无异常，具备带电条件。

11：13 西北网调令靖远电厂 330kV Ⅰ、Ⅱ母电磁型母差保护退出检查。

11：15 宁夏省调退出 FWK 青铜峡变切负荷功能。

11：26 靖远电厂 3342 断路器同期加运，靖铜线与靖银Ⅱ、靖石线并列成功。11：32

3322 断路器同期加运，靖固线同期合环。11：36 3321 断路器同期加运，330kV Ⅰ、Ⅱ母合环运行。11：53 3311、3332 断路器加运。12：10 3352、3361 断路器同期加运，3351、3362 断路器加运，靖西线、靖永线恢复合环运行。

12：19 宁夏省调投入 FWK 青铜峡变切负荷功能。

12：12 靖远电厂向网调汇报：3341 断路器已处理正常，可以加运。12：15 3341 断路器加运正常，3310、3330、3350、3360 断路器 ZCH 改投单重方式，并将主变压器中性点接地方式恢复正常。

14：01 网调令李家峡电厂负责全网调频，龙羊峡电厂出力最大固定。

16：15 靖远电厂 330kV Ⅰ、Ⅱ母电磁型母差保护经检查无异常，投入运行。

四、事故原因及分析（包括事故起因、扩大原因）

靖远电厂 330kV 升压站因失灵起动母差保护中间继电器不符合设计标准，且直流系统存在接地或干扰问题，造成母差保护误动，致使 330kV 两条母线跳闸。

五、事故处理过程分析

本次事故发生后，调度员对于电网运行方式的调整及时、合理，鉴于靖远 4、5、6 号机单机带长线运行，＃9B 联系薄弱，网调调度员将所有中断路器 ZCH 改投直跳方式，随后合上＃4B 中性点接地隔离开关，尽快令宁夏省调退出 FWK 青铜峡变电站切负荷功能，处理过程果断、正确。

六、3/2 接线方式下双母停电事故处理原则

分析本节两个双母停电的事故，可以看到对于 3/2 接线方式，双母停电对主网和用户供电的影响较大，对于主网，可能造成电网接线方式的较大变化。双母停电后，会使原线变串或线机串变成长线单供主变或单机带线路，对于有两台及以上主变且主变低压侧合环运行的变电站还会有电磁环网问题的存在，对电网稳定影响较大；而对于线线串，双母停电将造成两条线路通过一台断路器串联，电网结构发生变化，且影响保护配合，需要调度员在较快的时间内对电网结构做出正确的判断，进行正确的处理。

第七节　主变压器跳闸

案例一　2007 年青海电网“6·27”曹家堡两台主变压器跳闸

一、综述

6 月 27 日晚，青海部分地区突现雷雨大风天气，22 时 51 分，330kV 系统曹景Ⅰ线发生 C 相瞬时性接地故障，同期曹家堡变 1、2 号主变压器 CST－141B 微机差动保护动作，1、2 号主变压器中、低压侧跳闸，造成 6 座 110kV 变电站失电，损失负荷 78MW。

二、事故前电网运行方式

330kV 曹家堡变电站 330kV Ⅰ、Ⅱ母，1、2、3、4、5、6 串运行，3873 曹兰Ⅰ线、30628 曹景Ⅱ线、30627 曹兰Ⅱ线、30526 曹李Ⅱ线、3964 曹李Ⅰ线、3879 曹花线运行、30310 曹景Ⅰ线；1 号主变压器、2 号主变压器运行，两台主变压器和 110kV 设备在硝湾变运行。曹家堡和硝湾变之间新建了两条 330kV 联络线，形成目前曹家堡变通过两条 330kV 线路分别带硝湾变两台主变压器和 110kV 及 35kV 母线运行。事故前电网接线方式见图 11－28。

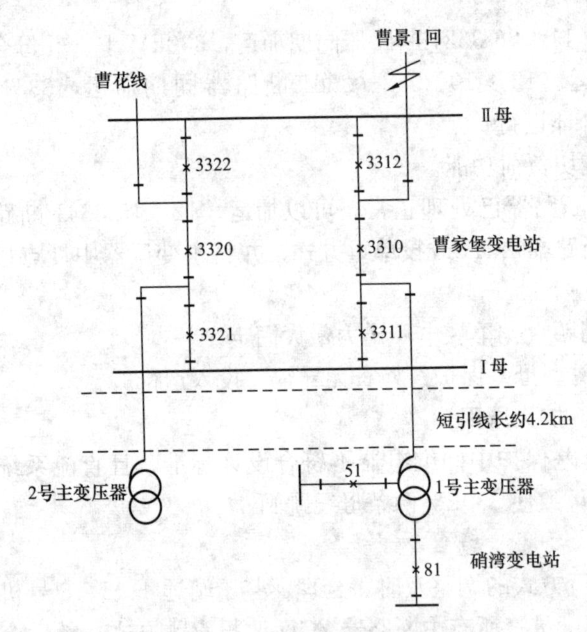

图 11-28　事故前电网接线方式

三、事故经过

22：51 景曹Ⅰ线 C 相两侧跳闸、景阳侧断路器重合成功，曹家堡 3311、3312 断路器及＃1B、＃2B 中低压侧断路器跳闸。3310 重合成功，3312 未重合，3311 断路器跳闸，瞬时沟通三跳，失灵联跳，3312 断路器瞬时联跳，沟通三跳。曹家堡 1、2 号主变压器 CST－141B 微机差动保护装置动作，分别跳开主变压器中低压侧 81、82、51、52 断路器，高压侧断路器 3310 和 3320、3321 断路器未跳闸。同一时间，李曹Ⅰ线 C 相李家峡侧跳闸，李家峡侧断路器重合成功，雷雨天气。

四、事故影响

22：51 曹家堡 3311、3312 断路器及＃1、＃2B 中低压侧断路器跳闸，造成 6 座 110kV 变电站（韵家口、东关、滨河、雨润、乐家湾、新亭）失电，损失负荷 78MW，损失负荷于 28 日 0：53 全部恢复，当时雷雨交加，天气特别恶劣。

五、事故处理过程

事故发生后，西北网调立即令现场检查一、二次设备情况，并根据保护和故障录波数据初步判断故障点处于曹景Ⅰ线线路。曹家堡 2 号主变压器高压侧断路器未跳闸，曹景Ⅰ线通过 3310 断路器带 1 号主变压器充电运行。0：50 对曹家堡下令：同期合上 30310 曹景Ⅰ线 3312 断路器，0：50 执行完毕，曹景Ⅰ线合环运行。0：52 对 3964 李曹Ⅰ线两侧下令退出 WXH801 保护进行检查，3：25 两侧均执行完毕。通知青海省调对李曹Ⅰ线、景曹Ⅰ线查线。事故处理同时，青海省调迅速恢复曹家堡 1、2 号主变压器中低压侧断路器跳闸损失负荷。0：53 损失负荷全部恢复，事故处理完毕。

六、事故原因及分析

现场检查所有保护回路正确；CT 接线组别、极性正确；定值正确，模拟小于差动门槛数值的故障，保护装置不动作，按照主变压器录波数据模拟区外单相接地故障试验时装置动作（原理上不应该动作）。根据对设备检查情况、装置模拟试验和主变压器故障录波图及装置动作报文值综合分析，问题在保护装置的软件逻辑上。当该 CST－141B 保护装置设置为 3 卷 3 侧模式，软件判断出现异常，对进入装置的电流不进行校正，直接计算各相差流，导致差动保护动作。28 日通知厂家派人来现场，技术人员到后，同样进行了以上检查过的项目，没有发现问题，对定值检查后也没有问题，技术人员电话和总部联系后，建议把 3 卷 3 侧模式下的定值改为 3 卷 4 侧模式下的定值，经对区外单相接地故障试验，装置不动作。模拟区内三相短路故障试验（高压侧），装置正确动作。分析证明该 CST－141B 及 CST－143B 主变压器差动保护装置不能自动适应三卷三侧模式，装置仍然默认为三卷四侧模式，出现了整定模式与内部逻辑判断不一致问题，致使 CST－141B 主变压器差动保护装置误动作。

曹家堡3312断路器三相跳闸原因为线路故障前3312断路器本体压力降低闭锁重合闸开入（信号）一直处于保持状态，并沟通三跳回路，因此线路故障保护动作后3312断路器直接三相跳闸。

3312断路器气体压力实际并没有降低而是处于正常状态，初步分析认为是气体压力降低闭锁重合闸的接点没有调试到位，验收时传动正常，而经过一段时间的外部温度变化该接点导通。运行人员见到“重合闸闭锁信息”后，检查断路器气压正常，信息复归后再未出现，所以认为是误发信息。导致该问题在线路故障前没有被发现。

曹家堡3310、3320、3321断路器未跳闸原因为WGQ－871远跳装置存在100ms的固有延时，而线路故障在大约45ms时切除，对侧硝湾变差动保护远跳命令在线路故障切除后收回，故3310、3320、3321断路器未跳闸。

七、事故处理过程分析

本次事故发生后，调度员对于电网运行方式的调整正确无误。鉴于当时青海曹家堡地区天气异常恶劣，值班人员无法进入保护小室调取事故后的二次信息，根据一次设备动作情况对故障点位置的准确判断显得尤为关键。根据李曹Ⅰ线仅WXH801保护动作出口，李侧断路器动作可判断该保护为误动作，因此将该保护退出检查，避免再次误动给系统带来冲击。曹景Ⅰ线带1号主变压器空充电，与系统解环，同期合上3312断路器恢复了主网正常接线方式。曹家堡3311断路器三相跳闸属于异常，因此维持该断路器热备用状态待专业人员检查。1、2号主变压器高压侧断路器充电状态，主变压器本体无故障，损失负荷可逐步恢复。

案例二　2004年宁夏电网“1·16”固原变电站主变压器跳闸

一、综述

2004年1月16日5时30分01秒，固原地区电网110kV南彭线42号杆C相因覆冰导致绝缘子闪络，1114南彭线断路器拒动，由于相关断路器和保护继续拒动，330kV固原变电站1号主变压器、2号主变压器三侧断路器跳闸，甩固原地区负荷27MW。

二、事故前运行方式

如图11－29所示，事故前固原变电站1号主变压器、2号主变压器运行，110kVⅠ、Ⅱ段母线并列运行，1100母联断路器在合位，110kV各出线按固定方式运行，1118固南Ⅱ线、1119固南Ⅰ线并列运行，南郊变电站1100母联断路器在合，1114南彭线运行。

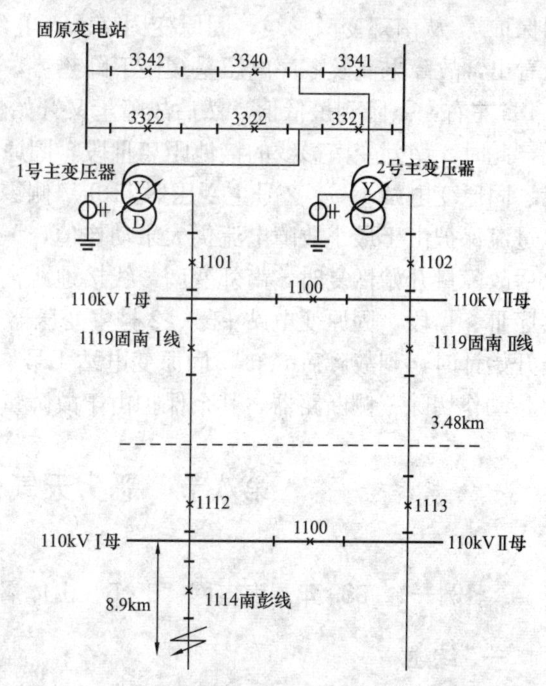

图11－29　固原地区事故前运行方式

三、事故经过及处理过程

2004年1月16日5时30分01秒，固原地区电网110kV南彭线42号杆C相因覆冰导致绝缘子闪络，南郊变电站

1114 南彭线保护（LFP－941A）接地距离Ⅰ段、Ⅱ段动作，零序电流Ⅰ段、Ⅱ段、Ⅲ段动作，保护出口，1114 南彭线断路器拒动，越级到固原变电站 1119 固南Ⅰ线、1118 固南Ⅱ线，由于 1119、1118 断路器保护未动，又越级到固原变电站 330kV 1 号、2 号主变电站 110kV 侧零序方向过流保护，110kV 侧零序方向过流保护仍未动，最后，至 5 时 30 分 07 秒，330kV 固原变电站 1 号主变压器、2 号主变压器公共绕组零序过流保护分别动作，切除 1 号、2 号主变压器三侧断路器，甩固原地区负荷 27MW。经紧急抢修处理于 6 时 17 分恢复全地区电网供电。

四、事故影响

由于当时固原变电站仅 2 台主变压器运行，事故造成固原主变压器全部跳闸，固原地区损失负荷 27MW。

五、事故原因分析

由于 1 月 16 日凌晨该地区有大雾，南郊变至彭阳变电站 110kV 南彭线 42 号杆 C 相因覆冰导致绝缘予闪络，靠近横担有 3 片瓷瓶炸裂，致使线路发生 C 相接地故障，是此次事故的起因。

南郊变电站 1114 南彭线断路器拒动，因故障电流间歇性变化，固原变电站固南Ⅰ、Ⅱ回线保护及 1 号、2 号主变压器 110kV 侧零序方向过流保护未动，导致主变压器公共绕组零序过流保护动作，切除 1 号、2 号主变压器，是造成事故扩大的原因。

通过进一步检查，南郊变电站 1114 南彭县断路器拒动原因为液压机构微动开关固定方式设计不合理，导致断路器拒动。保护越级动作原因为 1114 南彭线断路器由于压力开关闭锁而拒动，而南郊变电站、固原变电站 1100 母联断路器均在“合”位置，与此同时相关的后备保护均达到动作值，固原变电站 1118、1119 固南Ⅰ、Ⅱ线保护接地距离Ⅲ段、零序Ⅲ段（保护型号；LFP－943 A），固原变电站 1 号、2 号主变压器 110kV 侧零序方向过流，主变压器公共绕组过流保护也同步起动，执行元件动作开始计时（保护型号：WBH－100 系列保护）。从南郊变南彭线、固原变固南Ⅰ、Ⅱ线，1 号、2 号主变压器 110kV 侧录波图可以看出，故障电流及零序电压呈缓慢下降趋势，到故障后 3.36s 左右，故障量急剧下降，到 3.48s 左右，下降到最低值，然后故障量又开始恢复，在 3.36s 开始，由于故障量的急剧降低，此时，南郊变南彭线的接地距离Ⅲ段、固原变固南Ⅰ、Ⅱ线接地距离Ⅲ段、零序Ⅲ、Ⅳ段、固原变电站 1 号、2 号主变压器 110kV 侧零序方向过流保护均返回，而主变压器公共绕组过流保护由于最小故障电流仍大于动作值，一直动作，时间元件计时没有中断；到 3.48s 以后故障量开始恢复时，南郊变南彭线接地距离、固原变电站固南Ⅰ、Ⅱ线接地距离Ⅲ段、零序Ⅲ、Ⅳ段、固原变电站 1 号、2 号主变压器 110kV 侧零序方向过流保护又开始动作，重新开始计时，到故障后 6.6s，固原变电站 1 号、2 号主变压器公共绕组过流保护均到出口时限，动作切除三侧断路器，其余保护由于故障量消失而返回，均不到出口时限。

第八节　恶劣天气引起的跳闸事故

案例一　1999 年青海电网“8·5”山体滑坡导致李家峡出线倒塔

一、综述

1999 年 8 月 5 日凌晨 1：00 开始，青海黄南地区突降暴雨，李家峡电厂地区降雨量达

到 33.6mm，夏琼寺附近一宽约 2km 的山体发生滑坡，造成正在运行的 330kV 李兰线、李硝线和已建好但未投运的 330kV 李西 1、2 线多级铁塔倒塔，李家峡电厂与系统解列。由于李家峡—西宁、李家峡—黄化局所在地尖扎县公路多处被山洪及泥石流冲断，且事发地段山体仍蠕动、滑坡，人员无法接近，致使李家峡水电厂全停 11 天。

二、事故前电网运行方式

事故前李家峡电厂 3 台机运行，330kV 李兰线、李硝线与系统联络。全网负荷 9000MW。

三、事故经过

7：26 330kV 李兰线两侧高频方向、高频距离保护动作跳闸，李电侧重合闸未动，阿兰侧重合未成功，李兰线停电。

8：55 阿兰侧试送又未成功。

20：27 李硝线高频方向、高频闭锁距离保护动作，A 相跳闸，ZCH 未动作。造成李家峡电厂与系统解列，李家峡水电厂机组全部停机，致使系统频率降低（最低为 49.55Hz）。

20：55 频率恢复正常。

李家峡 2 条 330kV 出线停电后，电网运行方式如图 11－30 所示。

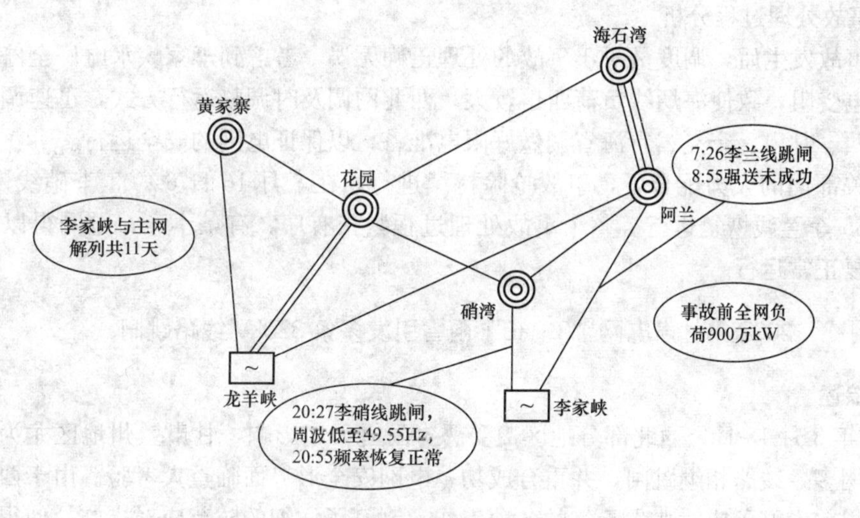

图 11－30　电网接线方式简图

四、事故影响

1999 年 8 月 5 日，李兰线、李硝线因山体滑坡相继倒杆，造成李家峡水电厂全停，龙羊峡水电厂发电受阻，西北网调及时调整运行方式，昼夜指挥处理事故，使之尽快恢复了发电生产。这次事故，虽然造成当时电网损失 2000MW 负荷，但未影响整个电网安全运行。

五、事故处理过程

事故发生后，西北网调立即令李家峡电厂将出力减至 60 万。8：49 向阿兰变电站下令：用 3331 断路器向 3961 李兰线充电。8：55 充电失败。经查李兰线 18 号塔杆严重倾斜，19、20 号塔杆倒塌。李硝线有两基杆塔处于滑坡体（$1km^2$），随时可能倒杆。

考虑晚高峰系统出力比较紧张，网调令甘肃、宁夏作好水电厂蓄水工作，争取晚高峰带至最大。

20：27 李硝线跳闸，ZCH 动作失败。令陕西、甘肃、宁夏、青海省调立即将所有备用出力加满并做好限电准备。经查：李兰线18、19、20号杆塔倒，21号塔倾斜；李硝线17号塔快倒，18号塔倾斜严重；李西一线：12、14、15、16、17号塔倒，13号塔快倒；李西二线：13、15、16、17号塔倒，12、14号塔快倒。

因海炳线负荷西送较大，网调加强对海炳线电流及有功监视，并令甘肃、青海火电保持最大方式运行，陕西减火电200MW。

6日1：48青海桥头7号机并网。4：10青海桥头二厂2号机并网。

7日相关单位召开关于李家峡全停事故抢修的会议，决定在8月15日左右先恢复一条线，18日恢复第二条出线；同时研究决定近期李家峡水位提升到2160m，龙羊峡出库应降低，以减少李家峡的弃水。

16日6：03李硝线恢复运行。

19日6：35李兰线恢复运行。

六、事故原因及分析

由于突降暴雨，造成山体滑坡倒塔引起李家峡电厂与系统解列，且事发地段公路多处被山洪及泥石流冲断，山体仍蠕动、滑坡，人员无法接近，通信不畅，致使事故抢险受阻。

七、事故处理过程分析

本次事故发生后，调度员对于事故的处理正确无误，考虑到李家峡水电厂全停，龙羊峡水电厂发电受阻，致使海炳线负荷西送较大，西北网调及时调整运行方式，迅速调用备用机组，令陕西、甘肃、宁夏、青海省调做好限电准备，以保证电网的安全运行。

在相关部门的大力配合下，事故抢险持续进行，在8月16日6：03李硝线恢复运行，19日6：35李兰线恢复运行。整个事故处理过程紧张有序，有条不紊，电网得以在最短的时间内恢复正常运行。

案例二 2007年甘肃电网“3·15”雨雪引发多条330kV线路跳闸

一、综述

2007年3月15日，西北部分地区遭受恶劣雨雪天气影响，甘肃兰州地区尤为严重，导致甘肃电网多条线路相继跳闸，并重合成功，电网安全形势面临重大考验。由于西北网调措施得力，提前做好了应对恶劣天气的各项工作，制订了详细的防范应对措施，使得电网经受住了考验，保证了“两会”期间的安全供电。

二、事故前电网运行方式

事故前，全网总用电负荷20 980MW，西北送华中360MW，主网各联络线及输电断面潮流在合理范围内，没有过载现象发生。330kV李吉Ⅰ线、安铜Ⅰ线、大铜Ⅱ线检修，电网运行正常，各部分备用充足。陕西、甘肃、青海大面积降雪，甘肃兰州地区最为严重。

三、事故经过

8：55 220kV龚桃线，连续两次跳闸，均重合成功。

8：55甘肃220kV龚家湾变电站1号主变压器，差动保护动作跳闸。23：14恢复运行。

10：02甘肃220kV龚家湾变电站220kV乙母母差保护动作跳乙母所带断路器。10：41乙母线在第一次跳闸后试送成功发生第二次跳闸，16：15恢复运行。

10：02 220kV刘龚Ⅱ线跳闸，重合成功。10：41线路再次跳闸，重合成功。

12：32 330kV和银Ⅱ线C相跳闸，重合成功。

12：34 330kV新庄变电站2号主变压器差动保护动作，三侧断路器跳闸。

12：53 330kV和东Ⅲ线C相跳闸，重合成功。

12：54 330kV海新Ⅰ线C相跳闸，重合成功。

13：01、13：03 330kV和东Ⅲ线跳闸两次，均为A相跳闸，重合成功。

13：06 330kV和东Ⅱ线A相跳闸，重合成功。

13：12 330kV靖银Ⅰ线B相跳闸，重合成功。

跳闸前电网接线方式及事故过程见图11-31。

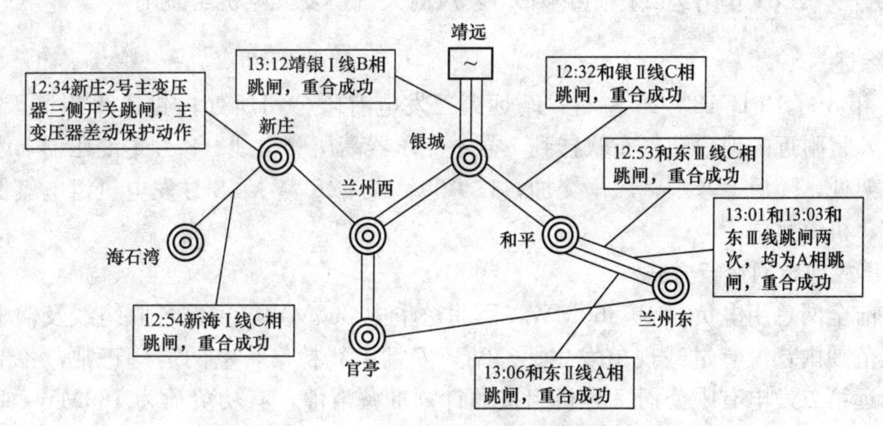

图11-31　跳闸前电网接线方式及事故过程

四、事故影响

事故造成甘肃网内共5条330kV线路7次跳闸并重合成功，1台330kV主变压器跳闸，2条220kV线路4次跳闸并重合成功，1条220kV母线2次跳闸，1台220kV主变压器跳闸。尽管没有损失负荷，但严重威胁着西北电网的安全稳定运行。

五、事故处理过程

事故发生后，网调迅速调整全网电厂出力，尽量降低事故地区输电线路潮流，保持各地区发、供电平衡，同时积极了解各事故单位一、二次设备动作情况，分析事故可能发生的原因及影响，下令甘肃省调立即安排对跳闸线路的查线。各相关单位，迅速展开查线及设备检查工作，结果如下：

330kV和银Ⅱ线136号塔C相绝缘子串下均压环对上均压环放电，有明显放电痕迹，不影响线路运行。

330kV和东Ⅲ线22号塔A、B、C三相合成绝缘子上均压环都有烧伤放电痕迹，不影响线路运行。

330kV和东Ⅱ线76号塔A相合成绝缘子上均压环有烧伤放电痕迹，不影响线路运行。

330kV靖银Ⅰ线157号杆左侧接地连接板与塔身连接处有轻微放电痕迹，不影响线路运行。

330kV海新Ⅰ线避雷器C相有瞬时放电痕迹，不影响线路运行。

330kV新庄变电站＃2B跳闸原因为33102、33121隔离开关共用瓷柱B相闪络。17日2：04新庄＃2B处理正常转运行。

六、事故原因及分析

事故根本原因为蒙古国冷空气扩散南下至河套地区，青藏高原到陕西上空西南暖湿气流发展，西北电网部分地区遭受恶劣雨雪天气影响。暴露出西北电网受自然灾害影响较大，发生大面积停电的可能是存在的。

七、事故处理过程分析

网调调度员在多条330kV线路相继跳闸并重合成功，并了解网内相关厂站天气情况后，准确判断为恶劣天气引起的线路瞬时故障，及时要求有关单位加强设备巡检、做好随时起动紧急事故应急预案的准备工作，有效防止了事故扩大。

案例三 2007年靖远二厂“8·10”暴风雨天气引发火电机组跳闸

一、综述

2007年8月10日18：25左右，靖远第二发电有限公司所处白银市平川区天气突变，刮起大风，将附近的地膜塑料布吹挂到7号主变压器高压侧引线、8号主变压器B相PT套管及龙门架处，随后下暴雨，风雨交加，18：39、18：45 7号、8号发电机组电气保护相继正确动作、机组跳闸。

二、事故前电网运行方式

事故前全网总用电负荷19 660MW，西北送华中360MW，主网各联络线及输电断面潮流在合理范围内，没有过载现象发生。330kV安靖Ⅰ线检修，电网运行正常，各部分备用充足。靖远第二发电有限公司7号机组按照计划准备滑停，有功负荷为180MW，8号机组负荷为200MW，开关站内设备均运行正常。

三、事故经过

18：25靖远第二发电有限公司值长汇报：天气突变，刮大风并下暴雨，检查现场发现7号主变压器高压侧引线、8号主变压器B相PT套管及龙门架处挂有塑料布，已汇报公司专业负责人，并做相关事故预想。

18：39 7号发电机跳闸，汽机跳闸，锅炉MFT动作灭火，检查发变组保护柜，“发变组A相差流速断”，“发变组B相差流速断”，“发变组C相差流速断”等保护动作，6kV厂用自投正常。

18：45 8号发电机跳闸，检查为发电机过激磁保护动作（原因为主变压器高压侧B相接地导致主变压器过激磁保护动作）。

跳闸前靖远二厂接线及事故过程见图11－32。

四、事故影响

事故造成靖远第二发电有限公司7号、8号机组相继跳闸，全网损失380MW有功出力。因当时全网负荷不大，备用充足，未造成低周情况。

五、事故处理过程

19：30暴风雨停止，申请调度部门同意，拉开7号、8号发电机出口33716、33826隔离开关，组织人员检查7号、8号发变压器组及升压站330kV系统一、二次设备没有异常情况，并组织人员清理7号主变压器高压侧引线、8号主变压器B相PT套管及龙门架处塑料布。因7号机组计划B级检修，申请调度同意发电机不再并网恢复，8号机组调度同意恢复起动。

21：55 7号主变压器高压侧引线、8号主变压器B相PT套管及龙门架处塑料布全部清理干净，8号发变组及升压站330kV系统一、二次设备没有异常情况，申请调度同意，合上8号发电机出口33826隔离开关。

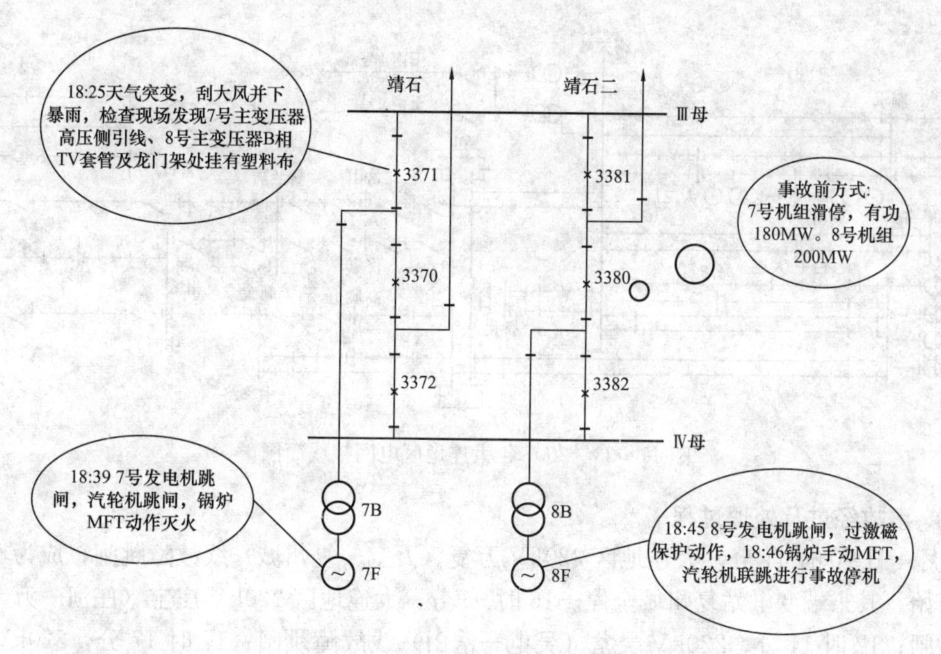

图 11－32　跳闸前靖远二厂接线及事故过程

22：29 8 号发电机并网成功。

六、事故原因及分析

(1) 7 号机组跳闸后，检查发现 7 号机发变组保护 A 柜主变差动速断保护 A、B、C 三相动作，由于差动保护高压侧电流进入保护后进行了星/角转换，从 7 号机发变组故障录波器主变压器高压侧电流数据分析主变压器高压侧发生了 B、C 相短路。

(2) 8 号机组跳闸后，检查 8 号机发变组保护 A 柜过励磁保护反时限动作解列灭磁，从 8 号机发变组故障录波器主变压器高压侧电流数据分析主变压器高压侧发生了 B、C 相经电阻接地短路。

(3) 经过对保护动作情况分析及现场实际情况确认，7 号、8 号机组跳闸原因是由于天气突变，大风将附近的地膜塑料布吹挂到 7 号主变压器高压引线侧、8 号主变压器 B 相 PT 套管及龙门架处，随后下暴雨，强烈的暴风雨使挂在设备上的地膜塑料布与母线发生接触、短路，发电机组电气保护相继正确动作，机组跳闸。

七、事故处理过程分析

当恶劣天气发生后，电厂值班人员能够及时汇报网调，并做好相关事故预想。机组跳闸后，根据保护动作情况准确判断故障原因，为调度人员处理事故提供了有力支持。

案例四　2007 年辽宁电网"3·4～3·9"暴雪导致多条线路跳闸

一、综述

2007 年 3 月 4 日～9 日，辽宁地区普降大到暴雪并伴有 9 级左右的大风，辽宁电网多条输电线路故障跳闸，大连地区电网与主网解列，电网安全稳定运行受到极大威胁。

二、事故前运行方式

辽宁电网正常运行方式。其接线简图见图 11－33。

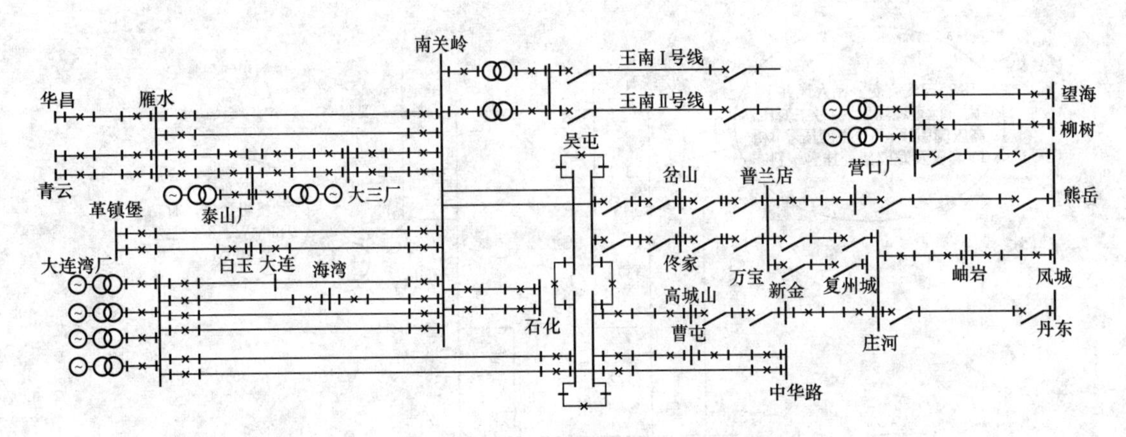

图 11－33　2007 年大连地区电网接线简图

三、事故经过及处理过程

3 月 4 日 10 时 41 分，大连地区 220kV 万复（万宝—复州城）线故障跳闸，成为本次事故的开始，其末端变电站复州城全停。16 时 05 分，大连地区 220kV 庄宝（庄河—万宝）线故障跳闸；17 时 11 分，220kV 吴岔（吴屯—岔山）线故障跳闸；17 时 17 分，220kV 兰岔（普兰店—岔山）线故障跳闸；17 时 36 分，500kV 王南Ⅱ线故障跳闸；18 时 16 分，500kV 王南Ⅰ线故障跳闸，至此大连地区电网仅剩一回 220kV 线路与主网相连。22 时 01 分，220kV 高新线故障跳闸，大连电网与主网解列，因此前调整得当，大连电网孤网运行稳定。3 月 5 日 1 时 16 分，大连湾至吴屯的 220kV 线路经同期送电，大连电网与主网恢复并列；11 时 35 分，500kV 王南Ⅱ线试送成功；15 时 02 分，500kV 王南Ⅰ线恢复送电。事故发生后短时未能恢复的 220kV 线路共 7 条，巡线发现其中 4 条 220kV 线路发生倒塔、3 条 220kV 线路 OPGW 光缆断线。

3 月 9 日晚，受大风、雨雪天气影响，辽宁大连、丹东地区再次出现多条线路跳闸，220kV 和 66kV 线路各跳闸 3 条次，未损失负荷。其中，大连地区 220kV 佟宝线（佟家—万宝）发生倒塔，因佟家变电站另一回出线（吴屯—佟家）此前倒塔仍未恢复，佟家变电站 220kV 系统全停。

至 3 月 19 日 21 时 01 分，大连地区 220kV 万复线及复州城变恢复送电，大连地区因雪灾停运 220kV 设备全部恢复。

四、事故影响

本次事故共造成辽宁电网 500kV 线路故障跳闸 4 条 13 次，220kV 线路跳闸 35 条 92 次，66kV 线路跳闸 241 条 666 次，10kV 线路跳闸 1115 条 2476 次。14 座 220kV 变电站全停，205 座 66kV 变电站全停，3 台 220kV 主变跳闸，1 条 220kV 母线故障跳闸。大连电网受事故影响最为严重，该地区与主网联系的 2 条 500kV 线路（王石—南关岭双线）和 3 条 220kV 线路相继故障跳闸，大连地区电网孤网运行 3 小时 15 分。事故期间大连地区先后共有 14 个 220kV 变电站全停（全地区共 21 座），损失电力约 1000MW。

五、事故原因分析

辽宁遭到 56 年不遇的温带风暴潮袭击，全省范围内大面积降雪并伴有大风，恶劣天气是造成本次多条线路相继跳闸的主要原因。

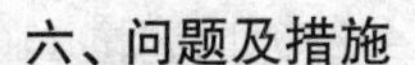

六、问题及措施

(1) 对于大连电网这样的受端电网，在设计建设与主网的多条联络线时，应考虑走不同的输电走廊。自然灾害往往集中在某一地区，输电走廊尽量分散，抗自然灾害的能力就强。灾害频发地区、沿海地区应提高设计标准，如增大爬距等。

(2) 电源、负荷尽量平衡，减少联络线输电潮流，可以大大提高电网的抗灾害能力，提高供电可靠性。辽南地区为辽宁乃至东北地区的负荷中心，负荷增长迅猛，因此应加快有关电厂项目的建设。

(3) 加强运行值班力量，增加人员配备，避免在处理大事故时人力不足。

(4) 随着现代通信技术的高速发展，应考虑省调与地调及变电站之间通过视频会议系统等现代通信设备相连，便于在事故处理时交流信息。

(5) 加强与气象部门联系，遇灾害性气候能随时了解到天气的发展情况。

七、针对恶劣天气防范措施

(1) 和气象部门加强沟通，密切关注天气预报情况并及时通知相关省调和重要厂站，认真分析研究，做好负荷预测及电力电量平衡工作，提前制订交易计划，合理安排电网运行方式，加强需求侧管理，严禁电网输、变电设备过载或超稳定运行，有针对性地做好事故预想及处理预案。

(2) 认真落实防汛责任制，加强防汛和大坝安全工作。做好汛情预报和防汛值班工作，及时、准确、全面地了解、分析和上报汛情，确保防汛信息畅通。积极配合防汛部门做好洪水调度工作，确保不发生水电厂垮坝、洪水漫坝、水淹厂房等事故。

(3) 要高度关注雷雨天气对系统运行的影响，尤其要保障系统内同杆双回线路运行的安全可靠性。生产技术部门要做好重点雷区设备的防雷措施，送电工区要加强对线路尤其是同杆并架线路的巡视和维护，调度部门要做好相关反事故预案，以确保电网的安全稳定运行。

第九节　责　任　事　故

案例一　1995年广东电网“12·25”联络线相继跳闸

一、事故前方式和事故经过

事故前，广东电网主网统调出力6520MW，单厂容量大于12MW的非统调出力240MW，粤北电网通过三条220kV罗（洞）郭（塘）线、黄（浦）郭（塘）西安、清（远）红（星）线与主网联系，粤北地区总负荷805MW，从系统受电351MW。

18时26～41分，韶关电厂9号机因3号轴瓦温度（高达77℃）超标，出力从180MW降至20MW，由于正在晚高峰期间，韶关9号机减出力，所以三条220kV线路北送功率急增，罗郭线电流达780A，超过额定值610A的27%，中调当值未及时察觉罗郭线过负荷，而该线两侧变电站值班员也没有报告。

18时41分6秒，罗郭线A相接地（对树放电），两侧高频距离、方向保护动作A相跳闸，重合失败。

18时44分5秒，黄郭线A相接地（对树放电），两侧保护动作A相跳闸，重合失败，黄郭线跳闸后，粤北电网仅靠220kV清红线与系统相连，韶关地区发生振荡，低频减负荷装置动作，切负荷 90MW，中调下令韶关地调手动切负荷 110MW，下令清远地调拉 110kV 清石、清七线负荷 78MW，以缓解清红线过负荷。

18 时 47 分 5 秒～18 时 51 分 50 秒，韶关电厂 9、3、5 号机相继解列、跳闸，清红线过负荷继续发展。此期间，中调曾令广州地调事故限电，因命令不够明确且受保供电等因素影响，迟迟未实现。

18 时 56 分～19 时 02 分，长湖、南水、流溪河等电厂机组因过负荷又相继跳闸。

19 时 03 分 34 秒，清红线过负荷严重对树放电，清远侧高频闭锁保护动作、B 相跳闸，0.41s 后，零序Ⅱ段出口跳三相。

至此，因功率缺额过大，最后导致粤北电网频率、电压崩溃。

事故接线图见图 11－34。

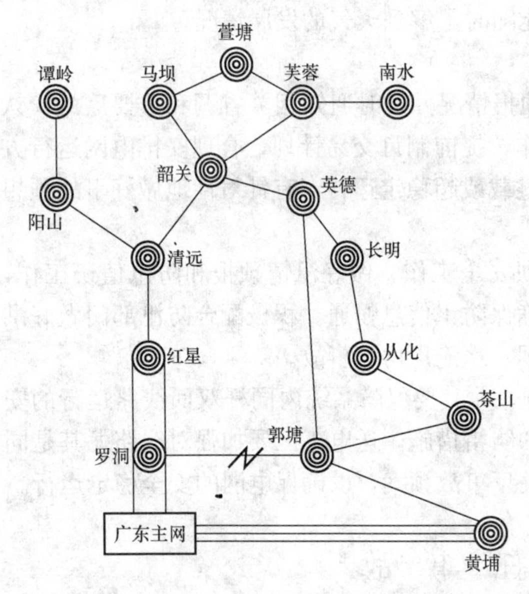

图 11－34　1995 年广东电网“12·25”事故接线图

二、事故影响

事故造成粤北网三条联络线因过负荷弧垂增大，相继跳闸后，粤北网频率、电压崩溃。

三、事故原因分析

事故起因是罗郭线过负荷，18 杆和 19 杆 A 相导线弧垂增大，对下面的树木放电。事故扩大的原因是罗郭线过负荷后，黄郭线过负荷达到 57%，弧垂增加，140 杆和 141 杆间 A 相导线对树放电；随后引发粤北电网异步振荡，韶关电厂 9、5、3、1、2 号机相继解列，长湖、南水、流溪河机组随后解列，因安全自动装置和手动减负荷未跟上需要，导致最后维系粤北电网与主网联系的清红线也因过负荷，弧垂下降，106 杆和 107 杆间 B 相导线对树放电。

四、经验教训及防范措施

1. 事故暴露出以下问题

(1) 线路无过负荷报警装置，两侧（罗洞、郭塘）值班员未及时报告过负荷，中调当值调度员未能及时发现罗郭线过负荷并及时予以处理。

(2) 电网结构薄弱，当粤北机组减出力，出现南电北送的恶劣局面时，不能满足 $N-1$ 方式下安全、稳定运行的要求。

(3) 继电保护定值管理有漏洞。事故前因红星站有工作，清红线清远侧零序Ⅱ段时间定值改小，工作结束后没有改回原定值，导致事故时清红线清远侧三相跳闸不重合。

(4) 电网安全自动装置（如线路过负荷或跳闸联切负荷、线路振荡解列等）切负荷容量不足，未能迅速限制事故而导致扩大。

(5) 事故拉电手段不足，没有制订出特殊情况下交给调度的拉电手段，制约了事故处理；有些地调在事故处理中对中调“事故拉电”命令执行不力。

2. 应采取的防范措施

(1) 加强设备参数管理，准确地提供调度使用参数。

(2) 加强事故预想，针对系统薄弱环节重新编制事故紧急拉电序位表。

(3) 安装重要线路过负荷报警装置，采用线路过负荷自动减负荷装置，防止线路过负荷。

(4) 加强继电保护定值管理工作。

(5) 加强调度岗位培训，提高事故处理能力。

案例二 1997年西北电网"7·30"联络线过负荷

一、事故综述和经过

1997年7月30日20时52分，110kV地下变电站地（下）北（郊）线断路器进线套管渗油严重，变电站要求地北线（当时输送功率约为90MW）停运，20时58分，调度员未了解清楚潮流转移的具体情况，下令地下变电站地北线断路器停运，21时02分，因潮流转移导致110kV枣（园）渭（河）线过负荷，枣渭线枣侧C相故障零序Ⅱ段动作跳闸，重合闸失败，渭侧距离Ⅱ段动作跳闸，重合闸失败，21时04分，渭河一厂2号机（50MW）跳闸解列（事故前1号机停机备用），解列后，110kV地下变电站、永乐变电站、泾阳变电站、肖家村变电站、玉祥门变电站停电。21时30分，调度下令从陕柴变供渭河一厂厂用电。23时06分，当值调度员了解地下变电站地北线断路器虽然漏油但仍可运行，下令该断路器投入运行，恢复送电；7月31日0时18分，渭河一厂2号机恢复并网；0时37分，恢复所有停电负荷。后经查线发现枣渭线2号杆C相引流线由于过负荷而烧断，4时38分，经抢修后恢复。事故简图见图11-35。

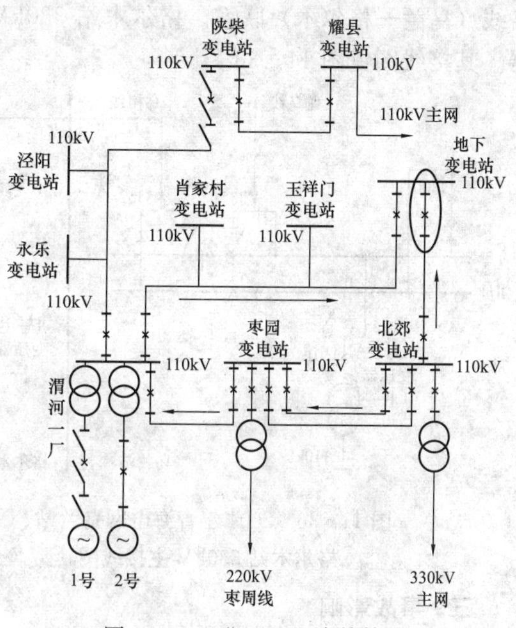

图11-35 "7·30"事故简图

二、事故影响

事故造成6个110kV变电站停电。西安城区供电受到影响。

三、事故原因及分析

(1) 枣渭线（导线型号LGJ-185）已运行40年，设备老化。

(2) 调度员对系统方式变化后的线路潮流转移情况认识不清。

(3) 当值调度员未认真分析潮流转移后的潮流分布情况，造成枣渭线过负荷跳闸，导致110kV地下变电站、永乐变电站、泾阳变电站、肖家村变电站、玉祥门变电站停电。

四、经验教训及防范措施

加强调度人员培训，熟悉调管电网潮流分布情况。当线路停运，特别是重负荷线路停运时，必然会引起潮流有较大变化，是否会引起元件过负荷。调度员在停运线路前可以应用调度员潮流进行模拟计算，对线路停运后潮流变化做到心里有数，并要有事故预想等预防措施；操作后，应及时了解有关元件新的潮流情况，已验证操作前的判断，一旦出现异常，可按照预先拟定的措施进行处理。

设备维护单位应加强设备维护，及时进行设备消缺，更换老、旧设备；提高厂站值班人员专业水平，加强对设备的维护，准确汇报厂站设备运行情况。强化调度运行值班人员的工作责任心。

案例三 2004年青海电网“5·7”格尔木电网与主网解列

一、综述

2004年5月7日，青海电网发生因330kV乌兰变电站运行人员误碰保护，导致母联断路器跳闸，造成格尔木电网与主网解列的事故。

二、事故前运行方式及事故经过

2004年青海格尔木电网由330kV格尔木变电站与110kV系统组成，对外通过330kV乌格线（乌兰—格尔木）联系。格尔木站330kV侧无母线，乌格线直接馈供该站1号主变压器。其接线图见图11-36。

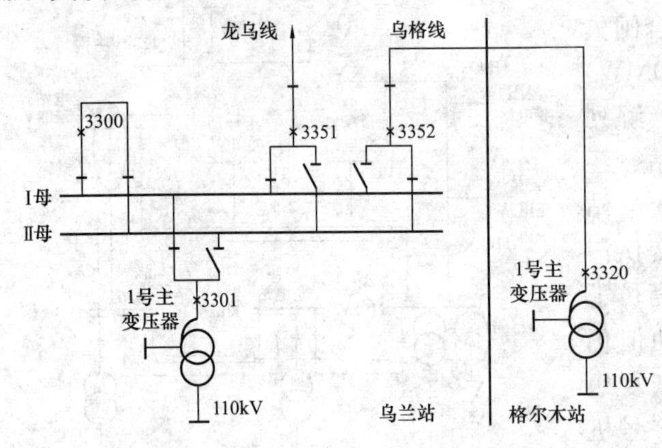

图11-36 2004年青海电网乌兰站、格尔木站330kV主接线图

乌兰变电站330kV侧为双母线结构，正常方式下，1号母线带龙乌线（龙羊峡—乌兰）和1号主变压器，2号母线单带乌格线运行，通过3300断路器合母运行。

2004年5月7日15时21分，乌兰站3300断路器跳闸，1号、2号母线分列运行，格尔木电网与主网解列。

15时47分，乌兰站3300断路器合闸，格尔木电网恢复并列运行。事故未造成负荷损失。

三、事故影响

格尔木电网与西北主网解列，但未造成负荷损失。

四、事故原因分析

事后查明，当时乌兰站运行人员正在清扫3300开关汇控柜，毛刷进入52TX继电器下部小孔，触动继电器衔铁，造成断路器跳闸。

五、经验教训及防范措施

1. 本次事故暴露的问题

(1) 事故暴露出现场工作人员安全意识不强，工作责任心差，站内人员对工作安全技术管理不严格，部分职工业务技术素质不高。

(2) 清扫二次盘柜时的毛刷使用应有严格规定，不能任意触碰。

(3) 青海格尔木电网依靠主网单线直馈供电，供电可靠性差，不能满足《电力系统安全稳定导则》规定的第一级安全稳定标准。

2. 采取的防范措施

(1) 严肃调度纪律，严格执行各项规程制度，尤其要严格执行“两票三制”，抓好反习

惯性违章，把各项安全管理及安全措施真正落实到实处。在检修工作中，不仅对第一种工作票所列的工作要做好安全措施，而且对第二种工作票的各项工作同样也要充分考虑防止误动的安全措施。

(2) 完善现场工作管理制度，加强监督管理，提高职工业务素质，防止误碰。

(3) 进一步完善电网结构，加强电网建设，满足 $N-1$ 方式下系统的安全性，同时合理安排电网方式，保证电网留有一定的安全裕度。

参 考 文 献

[1] 陈慈萱. 电气工程基础（上册）[M]. 北京：中国电力出版社，2003.
[2] 陈慈萱. 电气工程基础（下册）[M]. 北京：中国电力出版社，2004.
[3] 王士祯. 电网调度运行技术 [M]. 沈阳：东北大学出版社，1997.
[4] 马振良，吕惠成，焦日升. 10～500kV 变电站事故预想与事故处理 [M]. 北京：中国电力出版社，2006.
[5] 王晴. 变电设备事故及异常处理 [M]. 北京：中国电力出版社，2007.
[6] 上海超高压运输变电公司. 常用中高压断路器及其运行 [M]. 北京：中国电力出版社，2007.
[7] 陈家斌. 变电设备运行异常及故障处理技术 [M]. 北京：中国电力出版社，2009.
[8] 陈化钢. 电力设备异常运行及事故处理手册 [M]. 北京：中国水利水电出版社，2009.
[9] 孟凡超，吴龙. 发电机励磁技术问答及事故分析 [M]. 北京：中国电力出版社，2008.
[10] 贺家李，宋从矩. 电力系统继电保护原理 [M]. 北京：中国电力出版社，1994.
[11] 苏文博，李鹏博，张高峰. 继电保护事故处理技术与实例 [M]. 北京：中国电力出版社，2004.
[12] 国家电力调度通信中心. 电力系统继电保护实用技术问答 [M]. 北京：中国电力出版社，2000.
[13] 贾伟. 电网运行与管理技术问答 [M]. 北京：中国电力出版社，2007.
[14] 国网运行有限公司. 高压直流输电岗位培训教材（交流保护设备）[M]. 北京：中国电力出版社，2009.
[15] 艾新法. 变电站异常运行处理及反事故演习 [M]. 北京：中国电力出版社，2009.
[16] 张全元. 变电站现场事故处理及典型案例分析（一）[M]. 北京：中国电力出版社，2008.
[17] 李学发. 变电运行技能技术问答 [M]. 北京：中国电力出版社，2007.
[18] 乔秋文. 黄河上游梯级水电站调度与水量综合利用 [J]. 电网与水力发电进展，2007，95（2）：51-54.
[19] 薛金淮，乔秋文，朱教新，左园忠. 安康水库汛期分段控制水位效益研究 [J]. 水电自动化与大坝监测，2002，26（1）：69-71.
[20] 熊炳恒，董德兰，徐俊，施嘉斌. 石泉、安康两水库联合防洪调度的研究 [J]. 陕西水力发电，1991（2）：1-4.
[21] 国家电力调度通信中心. 电网典型事故分析（1999—2007 年）[M]. 北京：中国电力出版社，2008.
[22] 廖小初. 拉萨电网全停事故分析 [J]. 电力安全技术，2004，6（3）：28-29.
[23] 贾新民，汪林科，景志滨. "11·8" 蒙西电网与华北电网解网事故分析 [J]. 内蒙古电力技术，2001，19（3）：22-24.
[24] 陈慧坤. 由一起电网事故处理引起的思考 [J]. 武汉船舶职业技术学院学报，2006，5（3）：43-55.
[25] 周鹏，刘轶，胡扬宇. 洛阳首阳山电厂 "2·14" 事故处理及分析 [J]. 河南电力，2007，35（1）：58-61.
[26] 聂春元，程燕军，王春明. "7·23" 500kV 三龙Ⅱ、Ⅰ回线相继跳闸事故分析 [J]. 华中电力，2009，22（5）：8-11.
[27] 刘晓宏. 一起断路器拒动引起的电网事故分析 [J]. 西北电力技术，2006，34（1）：47-49.
[28] 国家电力调度通信中心. 全国网省调度局（所）电网责任事故分析（1990—1997）[M]. 北京：中国电力出版社，1999.